메가스터디 N제

과학탐구영역 생명과학 I

250제

구성과 특징 STRUCTURE

- ⊘ 2015 개정 교육과정이 적용된 수능, 평가원, 교육청의 출제 경향에 맞추어 새로운 문항을 개발했습니다.
- ⊘ 교과서와 최신 기출 분석을 토대로 빈출 개념 & 대표 기출 & 적중 예상 문제를 수록했습니다.
- ⊘ 수능 1등급을 위한 신유형, 고난도, 통합형 문제를 단원별로 구성했습니다.

STEP 1 학습 가이드

최신 기출 문제를 철저히 분석하여 단원별 출제 비율과 경향을 정리하고, 이를 바탕으로 고득점을 위한 학습 전략을 제시했습니다.

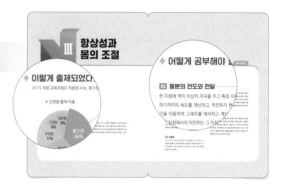

STEP 2 개념 정리 & 대표 기출 문제

최신 기출을 분석하여 ☆ 고빈출, ☆ 빈출 개념을 정리하고, 대표 기출 문제를 선별하여 분석했습니다. 빈출 개념과 유형을 한눈에 파악하여 효율적인 학습을 할 수 있습니다.

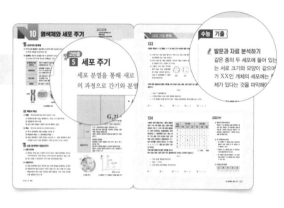

STEP 3 적중 예상 문제

빈출 유형과 신유형 문제가 수록된 적중 예상 문제를 주제별로 구성했습니다. 스스로 풀어보면서 실력을 향상시켜 보세요.

STEP 4 1등급 도전 문제

등급을 가르는 고난도 문제와 최신 경향의 개념 통합 문제를 단원별로 구성했습니다. 수능 1등급에 자신감을 가지세요.

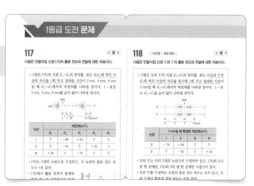

📖 **정답 및 해설** 친절하고 정확한 정답 및 해설로 틀린 문제를 반드시 점검하세요.

차례 CONTENTS

I ~ II
생명 과학의 이해 ~ 사람의 물질대사

01 생물의 특성   006
02 생명 과학의 탐구   010
03 생명 활동과 에너지   014
04 물질대사와 건강   018
✔ 1등급 도전 문제   022

III 항상성과 몸의 조절

05 흥분의 전도와 전달   026
06 근육의 구조와 수축의 원리   034
07 신경계   042
08 항상성   048
09 방어 작용   054
✔ 1등급 도전 문제   060

IV 유전

10 염색체와 세포 주기   070
11 세포 분열   076
12 사람의 유전   082
13 염색체 이상과 유전자 이상   090
✔ 1등급 도전 문제   098

V 생태계와 상호 작용

14 생태계의 구성과 기능   108
15 에너지 흐름과 물질의 순환   114
✔ 1등급 도전 문제   118

Ⅳ Ⅰ 생명 과학의 이해
Ⅱ 사람의 물질대사

◆ 이렇게 출제되었다!

2015 개정 교육과정이 적용된 수능, 평가원, 교육청 기출 문제를 철저히 분석했습니다.

● 단원별 출제 비율

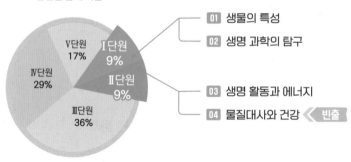

- **01** 생물의 특성
- **02** 생명 과학의 탐구

- **03** 생명 활동과 에너지
- **04** 물질대사와 건강 〈 빈출

Ⅰ 생명 과학의 이해	생명 과학의 탐구 방법 중 연역적 탐구 방법을 적용한 사례를 분석하는 문제가 가장 많이 출제되었고, 생물의 특성에 대한 여러 가지 예가 제시되고 그 예가 생물의 특성 중 어떤 특성에 해당하는 것인지 묻는 문제가 자주 출제되었다.
Ⅱ 사람의 물질 대사	영양소가 세포 호흡에 사용되었을 때 생성된 노폐물의 배출 과정과 기관계의 통합적 작용을 그림을 통해 파악하는 문제가 자주 출제되었는데, 최근에는 그림보다는 글을 분석하여 유추하는 형태의 문제가 출제되고 있다.

◆ 어떻게 공부해야 할까?

01 생물의 특성

기출 문제에서 출제되었던 생물의 특성의 예를 각 특성에 따라 분류하여 정리해 두어야 한다. 생물의 특성의 예를 암기하는 것보다 제시된 예의 내용을 파악하고 생물의 특성에 적용하는 것이 중요하다.

02 생명 과학의 탐구

다양한 연역적 탐구 방법의 사례를 통해 대조군과 실험군을 구분하고 각 변인들을 파악하며, 결과 해석을 통해 결론을 도출하는 연습을 해야 한다.

03 생명 활동과 에너지

물질대사를 동화 작용과 이화 작용으로 구분하여 각 특징과 해당하는 예를 정리해 두어야 하며, 영양소가 세포 호흡 과정을 거쳐 최종 분해 산물로 전환되고, 이때 방출된 에너지의 일부가 ATP에 저장되는 과정을 알아 두어야 한다.

04 물질대사와 건강

영양소가 세포 호흡에 사용되었을 때 생성된 노폐물의 종류와 배출 과정에 대해 잘 정리해 두어야 한다. 기관계의 통합적 작용에 해당하는 그림은 기본적으로 알고 있어야 하며, 글로 나타낸 자료를 분석하는 연습도 해두어야 한다.

01 생물의 특성

✔ **출제 개념**
- 생물의 특성
- 생물의 특성의 예
- 바이러스의 구조와 특성
- 생물과 바이러스의 비교

⭐ 고빈출
1 생물의 특성

(1) 세포로 구성: 모든 생물은 세포로 구성되어 있음

① 세포: 생물의 몸을 구성하는 구조적 단위이며, 생명 활동이 일어나는 기능적 단위

② 세포의 수에 따른 생물의 구성

구분	특징
단세포 생물	• 몸이 하나의 세포로 이루어져 있음 예 짚신벌레, 아메바, 대장균 등
다세포 생물	• 몸이 많은 수의 세포로 이루어져 있음 • 세포 → 조직 → 기관 → 개체에 이르는 복잡하고 정교한 체제를 갖추고 있음 예 개구리, 우산이끼, 시금치 등

(2) 물질대사: 생물체 내에서 일어나는 화학 반응

① 반드시 에너지가 출입하고, 효소가 관여함

② 생물은 물질대사를 통해 생명 활동에 필요한 물질과 에너지를 얻음

종류	물질의 변화	에너지 출입	예
동화 작용	저분자 물질 → 고분자 물질	흡수(흡열)	광합성, 단백질 합성
이화 작용	고분자 물질 → 저분자 물질	방출(발열)	세포 호흡, 소화

(3) 자극에 대한 반응과 항상성

① 자극에 대한 반응: 생물은 외부 자극을 받아들이고 이에 대해 적절한 반응을 나타냄

예 창가에 둔 식물이 빛이 오는 방향으로 굽어 자람 ➡ 식물의 양성 굴광성

예 오징어가 빛이 있는 쪽으로 이동함 ➡ 동물의 양성 주광성

② 항상성: 생물은 외부 환경 변화에 대해 체내 환경을 항상 일정하게 유지하려는 성질이 있음

예 사람은 체온(36.5 ℃), 혈당량(0.1 %), 혈장 삼투압 등이 일정하게 유지됨

(4) 발생과 생장: 다세포 생물은 발생과 생장을 통해 구조적·기능적으로 완전한 개체로 발달함

① 발생: 하나의 수정란이 세포 분열을 통해 세포 수가 늘어나고, 세포의 종류와 기능이 다양하게 분화되면서 개체가 되는 과정

예 개구리 알은 부화하여 올챙이를 거쳐 개구리가 됨

② 생장: 발생을 거쳐 형성된 어린 개체가 세포 분열을 통해 성숙한 개체로 커지는 현상

(5) 생식과 유전

① 생식: 자기 자신과 닮은 자손을 남김으로써 자손 수를 증가시키고 종족을 보존하는 현상

예 짚신벌레는 분열법으로 번식함

② 유전: 생식이 일어날 때 유전 물질이 자손에게 전달되어 자손이 어버이의 유전 형질을 이어받는 것

예 어머니가 적록 색맹이면 아들은 반드시 적록 색맹임

(6) 적응과 진화

① 적응: 생물이 서식 환경에 적합한 몸의 형태, 기능, 생활 습성 등을 갖게 되는 것

예 선인장은 잎이 가시로 변해 건조한 환경에 살기에 적합함

② 진화

• 생물이 환경에 적응하는 과정에서 유전자 구성이 다양하게 변화

• DNA를 가지고 있기 때문에 돌연변이가 일어날 수 있고 환경에 적응된 개체는 생존하여 진화함 ➡ 다양한 생물종이 나타남

2 바이러스

(1) 바이러스의 구조와 특성

① 구조: 핵산(DNA 또는 RNA)+단백질 껍질

② 크기: 세균보다 작아 세균 여과기를 통과함

③ 비생물적 특성과 생물적 특성

비생물적 특성	• 세포로 이루어져 있지 않으며(비세포 구조), 숙주 세포 밖에서 입자로 존재 • 스스로 물질대사를 할 수 없음
생물적 특성	• 유전 물질인 핵산(DNA 또는 RNA)을 가짐 • 숙주 세포 안에서 핵산을 복제해 증식하며, 이 과정에서 유전 현상이 나타남 • 돌연변이가 일어나 새로운 형질이 나타나면서 환경에 적응하고 진화 가능

(2) 바이러스의 종류

① 숙주 세포의 종류에 따른 분류: 동물성 바이러스, 식물성 바이러스, 세균성 바이러스

② 핵산의 종류에 따른 분류: DNA 바이러스, RNA 바이러스

(3) 바이러스와 세균의 구조 비교

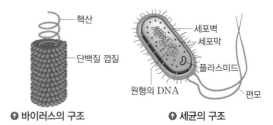

↑ 바이러스의 구조　　　　↑ 세균의 구조

(4) 바이러스의 증식

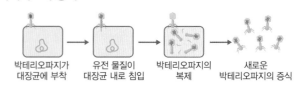

박테리오파지가 대장균에 부착 → 유전 물질이 대장균 내로 침입 → 박테리오파지의 복제 → 새로운 박테리오파지의 증식

대표 기출 문제

001

다음은 식물 X에 대한 자료이다.

> X는 ㉠잎에 있는 털에서 달콤한 점액을 분비하여 곤충을 유인한다. ㉡X는 털에 곤충이 닿으면 잎을 구부려 곤충을 잡는다. X는 효소를 분비하여 곤충을 분해하고 영양분을 얻는다.

이 자료에 대한 설명으로 옳은 것만을 〈보기〉에서 있는 대로 고른 것은?

| 보기 |

ㄱ. ㉠은 세포로 구성되어 있다.
ㄴ. ㉡은 자극에 대한 반응의 예에 해당한다.
ㄷ. X와 곤충 사이의 상호 작용은 상리 공생에 해당한다.

① ㄱ   ② ㄷ   ③ ㄱ, ㄴ   ④ ㄴ, ㄷ   ⑤ ㄱ, ㄴ, ㄷ

002

표는 생물의 특성 (가)와 (나)의 예를, 그림은 애벌레가 번데기를 거쳐 나비가 되는 과정을 나타낸 것이다. (가)와 (나)는 항상성, 발생과 생장을 순서 없이 나타낸 것이다.

구분	예
(가)	㉠
(나)	더운 날씨에 체온 유지를 위해 땀을 흘린다.

애벌레 번데기 나비

이에 대한 설명으로 옳은 것만을 〈보기〉에서 있는 대로 고른 것은?

| 보기 |

ㄱ. (가)는 발생과 생장이다.
ㄴ. 그림에 나타난 생물의 특성은 (가)보다 (나)와 관련이 깊다.
ㄷ. '북극토끼는 겨울이 되면 털 색깔이 흰색으로 변하여 천적의 눈에 띄지 않는다.'는 ㉠에 해당한다.

① ㄱ   ② ㄴ   ③ ㄷ   ④ ㄱ, ㄴ   ⑤ ㄱ, ㄷ

003

상 중 하

다음은 어떤 도마뱀에 대한 자료이다.

(가) 썩어가는 잎사귀 모양의 꼬리를 가지며, 얼룩덜룩한 갈색을 띠고 나뭇잎처럼 행동하기 때문에, 다른 동물의 눈에 잘 띄지 않아 포식자를 피하거나, 먹이를 사냥하므로 도움이 된다.

(나) 포식자의 눈에 띄면 턱을 크게 열어 무섭고 밝은 붉은 입을 보임으로써 위협을 가한다.

(가)와 (나)에 나타난 생물의 특성으로 가장 적절한 것은?

	(가)	(나)
①	적응과 진화	항상성
②	적응과 진화	자극에 대한 반응
③	발생과 생장	자극에 대한 반응
④	자극에 대한 반응	항상성
⑤	자극에 대한 반응	생식과 유전

004

상 중 하

표 (가)는 개구리와 독감 바이러스에서 특징 ㉠, ㉡의 유무를, (나)는 ㉠과 ㉡을 순서 없이 나타낸 것이다. A와 B는 개구리와 독감 바이러스를 순서 없이 나타낸 것이다.

구분	㉠	㉡
A	○	○
B	○	×

(○: 있음, ×: 없음)

(가)

특징(㉠, ㉡)

○ 핵산을 갖는다.
○ 독립적으로 효소 합성이 가능하다.

(나)

이에 대한 설명으로 옳은 것만을 〈보기〉에서 있는 대로 고른 것은?

| 보기 |

ㄱ. A는 개구리이다.
ㄴ. B는 세포로 이루어진 조직을 갖는다.
ㄷ. ㉠은 '독립적으로 효소 합성이 가능하다.'이다.

① ㄱ ② ㄴ ③ ㄷ ④ ㄱ, ㄴ ⑤ ㄱ, ㄷ

005

상 중 하

다음은 어떤 식충 식물 (가)에 대한 자료이다.

○ (가)는 잎에 있는 털에서 ㉠향기 나는 점액을 합성하고 잎 밖으로 분비하여 작은 곤충들을 유인한다.
○ (가)는 ㉡털에 곤충이 닿으면 잎을 구부려 곤충을 잡는다.

이 자료에 대한 설명으로 옳은 것만을 〈보기〉에서 있는 대로 고른 것은?

| 보기 |

ㄱ. (가)는 세포로 이루어져 있다.
ㄴ. ㉠에서 물질대사가 일어난다.
ㄷ. ㉡은 자극에 대한 반응의 예에 해당한다.

① ㄱ ② ㄴ ③ ㄱ, ㄷ ④ ㄴ, ㄷ ⑤ ㄱ, ㄴ, ㄷ

006

상 중 하

다음은 뻐꾸기에 대한 자료이다.

(가) ㉠뻐꾸기는 알에서 태어나 성조로 성장한다.
(나) 뻐꾸기는 주로 작은 곤충을 먹고 생명 활동에 필요한 에너지를 얻는다.
(다) 뻐꾸기는 다른 새의 둥지에 몰래 알을 낳는 탁란을 통해 번식에 드는 에너지를 최소화한다.

이 자료에 대한 설명으로 옳은 것만을 〈보기〉에서 있는 대로 고른 것은?

| 보기 |

ㄱ. ㉠은 단세포 생물이다.
ㄴ. (나)는 생물의 특성 중 물질대사의 예에 해당한다.
ㄷ. (다)는 상리 공생의 예에 해당한다.

① ㄱ ② ㄴ ③ ㄱ, ㄷ ④ ㄴ, ㄷ ⑤ ㄱ, ㄴ, ㄷ

007 | 신유형 |
상 중 하

다음은 열대 우림에서 발견되는 식물 A에 대한 자료이다.

> (가) A는 열대 우림에서 키
> 가 큰 나무 B의 높은
> 곳에 붙어 자란다.
> (나) (가)는 열대 우림에서
> 키가 작은 A가 광합성
> 에 필요한 빛과 빗방울이나 안개 등에서 나오는 물을 놓
> 고 다른 식물들과 경쟁하는 데 적합하다.
> (다) 열대 우림에서 A가 붙어 있는 B는 상대적으로 시원하
> 고 습해서 살기 좋은 환경을 얻을 수 있다.

이 자료에 대한 설명으로 옳은 것만을 〈보기〉에서 있는 대로 고른 것은?

> | 보기 |
> ㄱ. A에서 동화 작용이 일어난다.
> ㄴ. (나)는 발생과 생장의 예에 해당한다.
> ㄷ. A와 B의 상호 작용은 상리 공생에 해당한다.

① ㄱ　　② ㄴ　　③ ㄷ　　④ ㄱ, ㄴ　　⑤ ㄱ, ㄷ

008
상 중 하

그림은 사람에서 독감을 일으키는 병원체 X를 나타낸 것이다. ㉠과 ㉡은 단백질과 RNA를 순서 없이 나타낸 것이다.

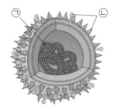

이에 대한 설명으로 옳은 것만을 〈보기〉에서 있는 대로 고른 것은?

> | 보기 |
> ㄱ. X는 세포 호흡을 한다.
> ㄴ. ㉠은 X의 유전 물질이다.
> ㄷ. ㉡은 살아 있는 세포 내에서 합성된다.

① ㄱ　　② ㄴ　　③ ㄱ, ㄷ　　④ ㄴ, ㄷ　　⑤ ㄱ, ㄴ, ㄷ

009
상 중 하

표는 생물의 특성의 예를 나타낸 것이다. (가)와 (나)는 자극에 대한 반응, 발생과 생장을 순서 없이 나타낸 것이다.

생물의 특성	예
(가)	개구리알이 올챙이를 거쳐 개구리가 되었다.
(나)	박쥐는 ㉠빛을 피해 이동한다.
물질대사	ⓐ

이에 대한 설명으로 옳은 것만을 〈보기〉에서 있는 대로 고른 것은?

> | 보기 |
> ㄱ. (가)는 발생과 생장이다.
> ㄴ. ㉠은 자극에 해당한다.
> ㄷ. '식물은 물과 이산화 탄소를 이용해 포도당을 합성한다.'
> 는 ⓐ에 해당한다.

① ㄱ　　② ㄴ　　③ ㄱ, ㄷ　　④ ㄴ, ㄷ　　⑤ ㄱ, ㄴ, ㄷ

010
상 중 하

그림은 박테리오파지 P의 증식 과정을 나타낸 것이다. ㉠과 ㉡은 단백질과 핵산을 순서 없이 나타낸 것이다.

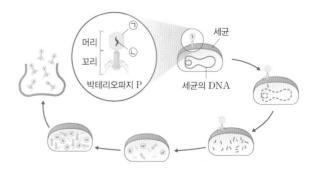

이에 대한 설명으로 옳은 것만을 〈보기〉에서 있는 대로 고른 것은?

> | 보기 |
> ㄱ. P는 핵을 가지고 있다.
> ㄴ. ㉠의 기본 단위는 아미노산이다.
> ㄷ. P는 세포 밖에서 스스로 증식할 수 있다.

① ㄱ　　② ㄴ　　③ ㄷ　　④ ㄱ, ㄴ　　⑤ ㄱ, ㄷ

02 생명 과학의 탐구

⊘ 출제 개념
• 귀납적 탐구 방법과 연역적 탐구 방법
• 대조군과 실험군
• 조작 변인과 종속변인

1 귀납적 탐구 방법

(1) 귀납적 탐구 방법

① 자연 현상을 관찰하여 얻은 자료를 종합하고 분석하여 규칙성을 발견하고, 이로부터 일반적인 원리나 법칙을 이끌어내는 탐구 방법

② 여러 개별적인 사실로부터 결론을 이끌어내며, 연역적 탐구 방법에서와 달리 가설을 설정하지 않음

(2) 귀납적 탐구의 과정

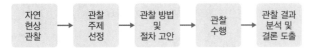

(3) 귀납적 탐구의 사례

① 세포설: 여러 과학자들이 현미경으로 다양한 생물을 관찰한 결과 모든 생물은 세포로 구성되어 있다는 결론을 얻음

② 다윈의 자연 선택설: 다윈은 갈라파고스 군도를 비롯한 여러 나라에 살고 있는 생물의 특성을 관찰하고 자료를 수집하여 분석한 결과 자연 선택에 의한 진화의 원리를 밝힘

[사례] 다윈의 귀납적 탐구

과정	내용
자연 현상의 관찰	갈라파고스 군도에 사는 핀치의 부리 모양이 서로 다른 것을 관찰함
관찰 주제의 선정	다양한 환경에 서식하는 핀치의 부리를 관찰하기로 함
관찰 방법과 절차의 고안 및 관찰 수행	갈라파고스 군도의 각 섬에 사는 핀치를 관찰, 채집한 후 부리 모양을 서로 비교
관찰 결과 분석 및 결론 도출	서식 지역과 먹이에 따라 핀치의 부리 모양이 달라졌다는 결론을 내림

• 가설 설정 단계 없음
• 관찰 결과를 종합하여 결론을 도출함

2 연역적 탐구 방법

(1) 연역적 탐구 방법

① 생명 현상을 관찰하는 과정에서 인식한 문제를 해결하기 위해 의문에 대한 가설을 설정하고 체계적 탐구 과정을 거쳐 가설을 검증하는 방법

② 가설: 의문에 대한 잠정적인 답으로, 관찰된 사실을 설명하고 새로운 사실을 예측할 수 있어야 함

> 가설＝조작 변인＋종속변인

(2) 연역적 탐구의 과정

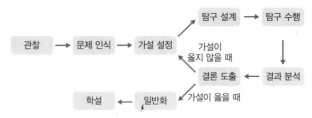

(3) 대조 실험: 탐구를 수행할 때 대조군을 설정하고 실험군과 비교하는 실험으로, 실험 결과의 타당성을 높이는 실험

① 대조군: 검증하려는 요인(변인)을 변화시키지 않은 집단

② 실험군: 가설을 검증하기 위해 의도적으로 어떤 요인(변인)을 변화시킨 집단

(4) 변인: 탐구와 관계된 다양한 요인으로, 독립변인과 종속변인으로 구분됨

① 독립변인: 탐구 결과에 영향을 미칠 수 있는 변인

통제 변인	대조군과 실험군에서 모두 동일하게 유지하는 변인
조작 변인	대조군과 비교되도록 실험군에서 의도적으로 변화시키는 변인

② 종속변인: 조작 변인의 영향을 받아 변하는 요인으로, 탐구에서 측정되는 값에 해당함

③ 변인 통제: 실험할 때 조작 변인을 제외한 다른 모든 독립변인을 일정하게 유지하는 것

④ 연역적 탐구 방법의 예: 에이크만의 각기병 탐구 과정

문제 인식	에이크만은 사람의 각기병 증세와 유사한 증세를 보이는 병든 닭을 계속 관찰하던 중 각기병에 걸린 닭들이 다시 건강해진 것을 보고 '닭은 어떻게 각기병이 나았을까?'라는 의문을 갖게 되었음
가설 설정	닭의 모이가 백미에서 현미로 바뀐 후부터 각기병이 치료된 사실을 알아내고, '현미에는 닭의 각기병을 치료하는 물질이 들어 있을 것이다.'라고 생각함
탐구 설계 및 탐구 수행	건강 상태가 동일한 닭을 두 집단으로 나누어 한 집단에는 백미를 모이로 주고, 다른 집단에는 현미를 모이로 주어 기르면서 각기병 증세를 관찰함 • 실험군: 모이로 현미를 주어 기르는 집단 • 대조군: 모이로 백미를 주어 기르는 집단 • 조작 변인: 모이의 종류(현미, 백미) • 종속변인: 각기병 발병 여부
결과 분석	백미를 모이로 준 집단의 닭에서는 각기병 증세가 나타났지만, 현미를 모이로 준 집단의 닭은 건강하였음
결론 도출	에이크만은 '현미에는 각기병을 예방하는 물질이 들어 있다.'고 결론내렸음
일반화	• 1896년 에이크만은 쌀겨에 각기병을 예방하는 성분이 있다는 것을 발표하였음 • 1912년 폴란드의 풍크는 쌀겨에서 각기병을 예방하고 치료할 수 있는 성분을 분리, 이를 비타민이라고 명명하였음

대표 기출 문제

011

다음은 플랑크톤에서 분비되는 독소 ㉠과 세균 S에 대해 어떤 과학자가 수행한 탐구이다.

> (가) S의 밀도가 낮은 호수에서보다 높은 호수에서 ㉠의 농도가 낮은 것을 관찰하고, S가 ㉠을 분해할 것이라고 생각했다.
> (나) 같은 농도의 ㉠이 들어 있는 수조 Ⅰ과 Ⅱ를 준비하고 한 수조에만 S를 넣었다. 일정 시간이 지난 후 Ⅰ과 Ⅱ 각각에 남아 있는 ㉠의 농도를 측정했다.
> (다) 수조에 남아 있는 ㉠의 농도는 Ⅰ에서가 Ⅱ에서보다 높았다.
> (라) S가 ㉠을 분해한다는 결론을 내렸다.

이 자료에 대한 설명으로 옳은 것만을 〈보기〉에서 있는 대로 고른 것은? [3점]

> | 보기 |
> ㄱ. (나)에서 대조 실험이 수행되었다.
> ㄴ. 조작 변인은 수조에 남아 있는 ㉠의 농도이다.
> ㄷ. S를 넣은 수조는 Ⅰ이다.

① ㄱ   ② ㄴ   ③ ㄱ, ㄷ   ④ ㄴ, ㄷ   ⑤ ㄱ, ㄴ, ㄷ

수능 기출

✎ **발문과 자료 분석하기**
대조 실험, 조작 변인, 통제 변인, 종속변인 등을 구별하고 조작 변인이 종속변인에 주는 영향을 분석할 수 있어야 한다.

✎ **꼭 기억해야 할 개념**
1. 대조 실험에서는 대조군과 실험군을 두고 조작 변인이 종속변인에 미치는 영향을 확인한다.
2. 조작 변인은 대조군과 실험군에서 비교되도록 계획적으로 다르게 설정하는 독립변인이다.
3. 실험 결과 조작 변인과 종속변인의 관계를 분석하여 가설의 진위를 판단한다.

✎ **선지별 선택 비율**

①	②	③	④	⑤
92 %	1 %	5 %	1 %	1 %

012

다음은 생명 과학의 탐구 방법에 대한 자료이다. (가)는 귀납적 탐구 방법에 대한 사례이고, (나)는 연역적 탐구 방법에 대한 사례이다.

> (가) 카로 박사는 오랜 시간 동안 가젤 영양이 공중으로 뛰어 오르며 하얀 엉덩이를 치켜드는 뜀뛰기 행동을 다양한 상황에서 관찰하였다. 관찰된 특성을 종합한 결과 가젤 영양은 포식자가 주변에 나타나면 엉덩이를 치켜드는 뜀뛰기 행동을 한다는 결론을 내렸다.
> (나) 에이크만은 건강한 닭들을 두 집단으로 나누어 현미와 백미를 각각 먹여 기른 후 각기병 증세의 발생 여부를 관찰하였다. 그 결과 백미를 먹인 닭에서는 각기병 증세가 나타났고, 현미를 먹인 닭에서는 각기병 증세가 나타나지 않았다. 이를 통해 현미에는 각기병을 예방하는 물질이 들어 있다는 결론을 내렸다.

이에 대한 설명으로 옳은 것만을 〈보기〉에서 있는 대로 고른 것은?

> | 보기 |
> ㄱ. (가)의 탐구 방법에서는 여러 가지 관찰 사실을 분석하고 종합하여 일반적인 원리나 법칙을 도출한다.
> ㄴ. (나)에서 대조 실험이 수행되었다.
> ㄷ. (나)에서 각기병 증세의 발생 여부는 종속변인이다.

① ㄱ   ② ㄷ   ③ ㄱ, ㄴ   ④ ㄴ, ㄷ   ⑤ ㄱ, ㄴ, ㄷ

수능 기출

✎ **발문과 자료 분석하기**
생명 과학의 탐구 방법 중 가설을 설정하고 대조 실험을 수행하는 단계가 있는 연역적 탐구 방법과 그렇지 않은 귀납적 탐구 방법을 구별할 수 있어야 한다.

✎ **꼭 기억해야 할 개념**
1. 여러 가지 관찰 사실을 분석하고 종합하여 일반적인 원리나 법칙을 도출하는 것은 귀납적 탐구 방법이다.
2. 대조 실험은 대조군과 실험군을 두어 비교하고 분석하여 실험 결과를 도출하는 것이다.
3. 종속변인은 실험에서 독립변인의 영향을 받아 변화될 수 있는 변인으로 실험 결과 얻을 수 있는 측정 결과에 해당한다.

✎ **선지별 선택 비율**

①	②	③	④	⑤
1 %	2 %	7 %	2 %	88 %

013

상 중 **하**

다음 (가)와 (나)는 귀납적 탐구 방법에 대한 사례와 연역적 탐구 방법에 대한 사례를 순서 없이 나타낸 것이다.

> (가) 코흐는 ㉠'세균이 동물에게 병을 일으킬 것이다.'라 생각하고 질병에 걸린 동물로부터 세균을 분리하여 배양한 후 건강한 동물에 주사하여 질병이 생기는지를 조사하였다.
>
> (나) 로버트 훅은 자신이 고안한 현미경으로 세포를 관찰하였다. 이후 식물세포설과 동물세포설이 발표되고, 모든 생물은 세포로 이루어져 있다는 세포설이 확립되었다.

이에 대한 설명으로 옳은 것만을 〈보기〉에서 있는 대로 고른 것은?

> **│ 보기 │**
> ㄱ. (가)는 귀납적 탐구 방법에 대한 사례이다.
> ㄴ. ㉠은 실험이나 관찰을 통해 검증될 수 있어야 한다.
> ㄷ. 다윈이 자연 선택설을 발견한 과정은 (나)에 적용된 탐구 방법에 해당한다.

① ㄱ ② ㄴ ③ ㄱ, ㄷ ④ ㄴ, ㄷ ⑤ ㄱ, ㄴ, ㄷ

014 │ 신유형 │

상 중 **하**

다음은 어떤 과학자가 수행한 탐구이다.

> (가) 세균 S는 젖당보다 포도당을 이용할 때 잘 증식할 것으로 생각하였다.
>
> (나) 같은 조건에서 배양한 S가 들어 있는 배지 Ⅰ~Ⅲ을 준비하고 각 배지에 표와 같이 첨가액 ㉠~㉢을 넣어 영양 조건에 변화를 주었다. ㉠~㉢은 각각 증류수, 포도당 수용액, 젖당 수용액을 순서 없이 나타낸 것이다.
>
> | Ⅰ | Ⅱ | Ⅲ |
> |---|---|---|
> | ㉠ | ㉡ | ㉢ |
>
> (다) 일정 시간이 지난 후 배지 Ⅰ~Ⅲ에 남아 있는 S의 개체 수를 측정한 결과 S의 개체 수는 Ⅰ<Ⅱ<Ⅲ이다.
>
> (라) 'S는 젖당보다 포도당을 이용할 때 잘 증식한다.'는 결론을 내렸다.

이에 대한 설명으로 옳은 것만을 〈보기〉에서 있는 대로 고른 것은?

> **│ 보기 │**
> ㄱ. ㉢은 젖당 수용액이다.
> ㄴ. (가)에서 의문에 대한 잠정적인 답이 설정되었다.
> ㄷ. '배지에 넣은 첨가액의 종류'는 통제 변인이다.

① ㄱ ② ㄴ ③ ㄱ, ㄷ ④ ㄴ, ㄷ ⑤ ㄱ, ㄴ, ㄷ

015

상 중 **하**

다음은 어떤 과학자가 수행한 탐구이다.

> (가) 해조류를 먹지 않는 돌돔이 서식하는 지역에서 해조류를 먹는 성게의 개체 수가 적게 관찰되었다.
>
> (나) 돌돔이 있으면 성게에게 먹히는 해조류의 양이 감소할 것이라고 생각했다.
>
> (다) 같은 양의 해조류가 있는 지역 A와 B에 동일한 개체 수의 성게를 각각 넣은 후 ㉠에만 돌돔을 넣었다. ㉠은 A와 B 중 하나이다.
>
> (라) 일정 시간이 지난 후 남아 있는 해조류의 양은 A에서가 B에서보다 많았다.
>
> (마) 돌돔이 있으면 성게에게 먹히는 해조류의 양이 감소한다는 결론을 내렸다.

이 자료에 대한 설명으로 옳은 것만을 〈보기〉에서 있는 대로 고른 것은?

> **│ 보기 │**
> ㄱ. (가)는 가설 설정 단계이다.
> ㄴ. A와 B에 넣은 성게의 개체 수는 독립변인이다.
> ㄷ. ㉠은 A이다.

① ㄱ ② ㄴ ③ ㄱ, ㄷ ④ ㄴ, ㄷ ⑤ ㄱ, ㄴ, ㄷ

016

상 중 **하**

그림 (가)와 (나)는 귀납적 탐구 방법과 연역적 탐구 방법을 순서 없이 나타낸 것이다. ㉠과 ㉡은 각각 가설 설정과 결과 분석 중 하나이다.

이에 대한 설명으로 옳은 것만을 〈보기〉에서 있는 대로 고른 것은?

> **│ 보기 │**
> ㄱ. (가)는 귀납적 탐구 방법이다.
> ㄴ. ㉠은 가설 설정이다.
> ㄷ. 플레밍의 페니실린 발견 과정은 (나)의 사례이다.

① ㄱ ② ㄴ ③ ㄷ ④ ㄱ, ㄴ ⑤ ㄴ, ㄷ

017

상 중 하

다음은 어떤 과학자가 수행한 탐구이다.

(가) 생쥐의 털색이 주변 환경과 대비되는 정도는 생쥐가 올빼미에 잡히는 데 영향을 미칠 것이라고 생각하였다.

(나) 밝은 털색인 생쥐 A와 어두운 털색인 생쥐 B를 사육장에 동시에 풀어 놓았다.

(다) 사육장에 올빼미를 넣고 15분 내에 잡힌 생쥐의 수를 측정했다.

(라) 보름달과 그믐달일 때, 밝은 토양의 사육장과 어두운 토양의 사육장에서 (나)~(다)의 과정을 반복하면서 기록한 결과는 그림과 같다.

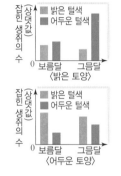

이에 대한 설명으로 옳은 것만을 〈보기〉에서 있는 대로 고른 것은?

| 보기 |

ㄱ. (가)는 가설 설정 단계이다.

ㄴ. 사육장의 토양이 밝고 어두운 정도는 종속변인이다.

ㄷ. 실험 결과는 가설을 지지한다.

① ㄱ   ② ㄷ   ③ ㄱ, ㄴ   ④ ㄱ, ㄷ   ⑤ ㄴ, ㄷ

018

상 중 하

다음은 어떤 학생이 수행한 탐구 과정의 일부이다.

(가) 'pH가 높아질수록 효소 X의 활성이 낮아질 것이다.'라고 생각하였다.

(나) 시험관 A~C에 ⓐ표와 같이 물질을 10 mL씩 넣고, A~C에 X가 들어 있는 감자즙을 각각 3 mL씩 첨가한다.

시험관	물질
A	증류수
B	묽은 염산
C	수산화 나트륨 수용액

(다) 각 시험관에 과산화 수소를 10 mL씩 넣고, 10초 후 거품이 올라온 높이를 측정한다.

(라) 거품이 올라온 높이는 A>B=C이다.

이에 대한 설명으로 옳은 것만을 〈보기〉에서 있는 대로 고른 것은?

| 보기 |

ㄱ. 연역적 탐구 방법이 이용되었다.

ㄴ. ⓐ는 통제 변인에 해당한다.

ㄷ. 실험 결과는 가설을 지지하지 않는다.

① ㄱ   ② ㄴ   ③ ㄱ, ㄷ   ④ ㄴ, ㄷ   ⑤ ㄱ, ㄴ, ㄷ

019

상 중 하

다음은 어떤 과학자가 수행한 탐구 과정의 일부이다.

(가) 비둘기 무리의 개체 수가 많을수록, 비둘기 무리가 참매를 발견했을 때의 거리(d)가 클 것이라고 생각하였다.

(나) 비둘기 무리의 개체 수를 표와 같이 달리하여 집단 A~C로 나눈 후, 참매를 풀어놓았다.

집단	A	B	C
개체 수	5	25	50

(다) 그림은 A~C에서 ㉠비둘기 무리가 참매를 발견했을 때의 거리(d)를 나타낸 것이다.

이에 대한 설명으로 옳은 것만을 〈보기〉에서 있는 대로 고른 것은?

| 보기 |

ㄱ. (가)는 대조 실험의 설계 단계이다.

ㄴ. ㉠은 종속변인이다.

ㄷ. A가 C보다 참매에게 포식될 확률이 높다.

① ㄱ   ② ㄴ   ③ ㄱ, ㄷ   ④ ㄴ, ㄷ   ⑤ ㄱ, ㄴ, ㄷ

020

상 중 하

다음은 어떤 과학자가 수행한 탐구이다. ⓐ는 A와 B 중 하나이다.

(가) 식물의 싹이 빛을 향해 자라는 것을 통해 싹의 윗부분에 빛의 방향을 감지하는 부위가 있을 것이라고 생각하였다.

(나) 암실에서 싹을 틔운 같은 종의 식물 A와 B를 꺼내 B에만 덮개를 씌워 윗부분에 빛이 닿지 못하도록 했다.

(다) A와 B의 측면에서 빛을 비추고 생장 과정을 관찰했다.

(라) ⓐ만 식물의 싹이 빛을 향해 구부러져 자랐다.

(마) '싹의 윗부분에 빛의 방향을 감지하는 부위가 있다.'는 결론을 내렸다.

이에 대한 설명으로 옳은 것만을 〈보기〉에서 있는 대로 고른 것은?

| 보기 |

ㄱ. 연역적 탐구 방법이 이용되었다.

ㄴ. 덮개를 씌우는지의 여부는 종속변인이다.

ㄷ. ⓐ는 A이다.

① ㄱ   ② ㄷ   ③ ㄱ, ㄴ   ④ ㄱ, ㄷ   ⑤ ㄴ, ㄷ

03 생명 활동과 에너지

✅ 출제 개념
- 동화 작용과 이화 작용
- 세포 호흡과 에너지 이용
- ATP와 ADP
- 에너지의 전환과 이용

1 물질대사

(1) **물질대사** : 생물체 내에서 일어나는 물질의 화학 반응

① 반드시 에너지의 출입이 동반됨

② 효소가 관여함

(2) **물질대사의 종류**

구분	동화 작용	이화 작용
에너지 출입	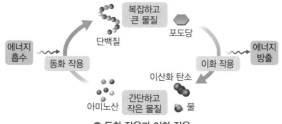	
예	광합성, 단백질 합성, 글리코젠 합성 등	세포 호흡, 소화 등

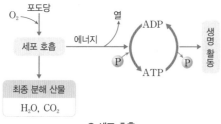

↑ 동화 작용과 이화 작용

2 세포 호흡과 에너지 이용

(1) **세포 호흡**

세포 호흡	세포 내에서 영양소를 분해하여 생명 활동에 필요한 에너지를 얻는 과정
기능	• 우리가 섭취한 음식물의 화학 에너지는 체내에 저장되었다가 세포 호흡에 의해 생명 활동에 필요한 에너지로 전환 • 세포 호흡이 일어날 때 만들어지는 여러 중간 생성물들은 생물체에 필요한 다른 다양한 물질로 전환되어 이용될 수 있음
장소	주로 미토콘드리아에서 일어남
과정	• 포도당은 세포질을 거쳐 미토콘드리아에서 산소에 의해 산화되어 이산화 탄소와 물로 최종 분해됨 포도당+산소 → 이산화 탄소+물+ATP+열에너지 • 세포 호흡이 진행되는 동안 방출되는 에너지의 일부는 ATP에 저장되고, 나머지는 열에너지로 방출됨

↑ 세포 호흡

---

(2) **에너지의 전환과 이용**

① **ATP** : 생명 활동에 이용되는 에너지 저장 물질, 전달 물질

• 구조 : 아데노신(아데닌+리보스)+3개의 무기 인산

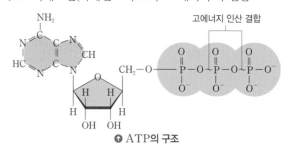

↑ ATP의 구조

• ATP의 고에너지 인산 결합이 끊어지면 ADP와 무기 인산으로 분해되면서 에너지 방출

• 세포 호흡에 의해 포도당의 화학 에너지 일부는 ATP의 화학 에너지로 저장

② **에너지 전환과 이용** : ATP의 분해로 방출된 에너지는 여러 형태로 전환되어 다양한 생명 활동에 이용됨

근육 운동	동물의 근육 수축에 이용
능동 수송	낮은 농도에서 높은 농도로 물질을 이동시킬 때 예 Na^+-K^+ 펌프, 영양소 흡수 등
물질 합성	단백질과 핵산 등의 합성

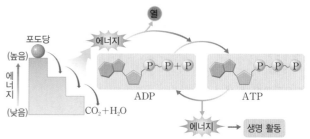

↑ 세포 호흡 및 에너지의 전환과 이용

(3) **광합성과 세포 호흡**

① **공통점** : 생물체 내에서 일어나는 화학 반응으로 효소가 관여함

② **차이점**

구분	광합성	세포 호흡
물질 전환	동화 작용	이화 작용
에너지 출입	에너지 흡수	에너지 방출
일어나는 장소	엽록체	주로 미토콘드리아, 일부 세포질

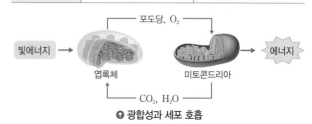

↑ 광합성과 세포 호흡

대표 기출 문제

021

다음은 세포 호흡에 대한 자료이다. ⊙과 ⓒ은 각각 ADP와 ATP 중 하나이다.

> (가) 포도당은 세포 호흡을 통해 물과 이산화 탄소로 분해된다.
> (나) 세포 호흡 과정에서 방출된 에너지의 일부는 ⊙에 저장되며, ⊙이 ⓒ과 무기 인산(P_i)으로 분해될 때 방출된 에너지는 생명 활동에 사용된다.

이에 대한 설명으로 옳은 것만을 〈보기〉에서 있는 대로 고른 것은? [3점]

> | 보기 |
> ㄱ. (가)에서 이화 작용이 일어난다.
> ㄴ. 미토콘드리아에서 ⓒ이 ⊙으로 전환된다.
> ㄷ. 포도당이 분해되어 생성된 에너지의 일부는 체온 유지에 사용된다.

① ㄱ   ② ㄴ   ③ ㄱ, ㄷ   ④ ㄴ, ㄷ   ⑤ ㄱ, ㄴ, ㄷ

022

그림은 사람의 미토콘드리아에서 일어나는 세포 호흡을 나타낸 것이다. ⊙~ⓒ은 각각 ADP, ATP, CO_2 중 하나이다.

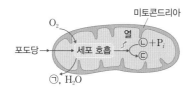

이에 대한 설명으로 옳은 것만을 〈보기〉에서 있는 대로 고른 것은?

> | 보기 |
> ㄱ. 순환계를 통해 ⊙이 운반된다.
> ㄴ. ⓒ의 구성 원소에는 인(P)이 포함된다.
> ㄷ. 근육 수축 과정에는 ⓒ에 저장된 에너지가 사용된다.

① ㄱ   ② ㄷ   ③ ㄱ, ㄴ   ④ ㄴ, ㄷ   ⑤ ㄱ, ㄴ, ㄷ

023

상 중 하

다음은 사람에서 일어나는 물질대사에 대한 자료이다.

> (가) 암모니아는 간에서 독성이 적은 요소로 전환된다.
> (나) 지방은 소화 과정을 거쳐 지방산과 모노글리세리드로 분해된다.

이에 대한 설명으로 옳은 것만을 〈보기〉에서 있는 대로 고른 것은?

| 보기 |

> ㄱ. (가)는 동화 작용에 해당한다.
> ㄴ. (나)는 에너지가 흡수되는 과정이다.
> ㄷ. (가)와 (나)에서 모두 효소가 이용된다.

① ㄱ   ② ㄴ   ③ ㄱ, ㄷ   ④ ㄴ, ㄷ   ⑤ ㄱ, ㄴ, ㄷ

024

상 중 하

그림은 사람에서 일어나는 물질대사 과정 ㉠과 ㉡을 나타낸 것이다.

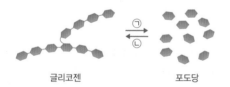

글리코젠   포도당

이에 대한 설명으로 옳은 것만을 〈보기〉에서 있는 대로 고른 것은?

| 보기 |

> ㄱ. ㉠에서 효소가 관여한다.
> ㄴ. ㉡에서 에너지가 흡수된다.
> ㄷ. 간에서 ㉠과 ㉡ 중 ㉡만 일어난다.

① ㄱ   ② ㄷ   ③ ㄱ, ㄴ   ④ ㄴ, ㄷ   ⑤ ㄱ, ㄴ, ㄷ

025

상 중 하

그림은 광합성과 세포 호흡에서의 에너지와 물질의 이동을 나타낸 것이다. (가)와 (나)는 광합성과 세포 호흡을 순서 없이 나타낸 것이고, ㉠과 ㉡은 각각 O_2와 CO_2 중 하나이다.

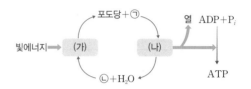

이에 대한 설명으로 옳은 것만을 〈보기〉에서 있는 대로 고른 것은?

| 보기 |

> ㄱ. (가)는 미토콘드리아에서 일어난다.
> ㄴ. (나)에서 방출된 에너지는 모두 ATP에 저장된다.
> ㄷ. 사람의 경우 ㉡의 농도는 들숨에서보다 날숨에서가 높다.

① ㄱ   ② ㄷ   ③ ㄱ, ㄴ   ④ ㄴ, ㄷ   ⑤ ㄱ, ㄴ, ㄷ

026

상 중 하

그림은 사람에서 일어나는 물질대사 과정 (가)와 (나)를 나타낸 것이다.

포도당 $\xrightarrow{\text{(가)}}$ 글리코젠

암모니아 $\xrightarrow{\text{(나)}}$ 요소

이에 대한 설명으로 옳은 것만을 〈보기〉에서 있는 대로 고른 것은?

| 보기 |

> ㄱ. (가)는 동화 작용에 해당한다.
> ㄴ. (나)에서 에너지가 흡수된다.
> ㄷ. (나)는 주로 콩팥에서 일어난다.

① ㄱ   ② ㄷ   ③ ㄱ, ㄴ   ④ ㄴ, ㄷ   ⑤ ㄱ, ㄴ, ㄷ

027

<상 중 하>

그림은 ADP와 ATP 사이의 전환을 나타낸 것이다.

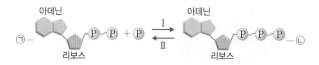

이에 대한 설명으로 옳은 것만을 〈보기〉에서 있는 대로 고른 것은?

| 보기 |

ㄱ. 1분자당 저장된 에너지는 ㉠이 ㉡보다 많다.
ㄴ. 미토콘드리아에서 과정 Ⅰ이 일어난다.
ㄷ. 근육 수축에 과정 Ⅱ에서 방출되는 에너지가 이용된다.

① ㄱ   ② ㄷ   ③ ㄱ, ㄴ   ④ ㄴ, ㄷ   ⑤ ㄱ, ㄴ, ㄷ

028

<상 중 하>

그림은 광합성과 세포 호흡에서 일어나는 물질 전환과 에너지 출입을 나타낸 것이다. (가)와 (나)는 각각 사람 세포에서 일어나는 세포 호흡과 식물 세포에서 일어나는 광합성 중 하나이며, ⓐ와 ⓑ는 각각 포도당과 CO_2 중 하나이다.

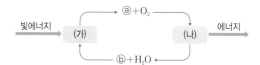

이에 대한 설명으로 옳은 것만을 〈보기〉에서 있는 대로 고른 것은?

| 보기 |

ㄱ. ⓐ는 ⓑ보다 크고 복잡한 물질이다.
ㄴ. (가)는 주로 미토콘드리아에서 일어난다.
ㄷ. (나)에서 방출되는 에너지의 일부는 ADP와 무기 인산 사이의 결합에 저장된다.

① ㄱ   ② ㄴ   ③ ㄱ, ㄷ   ④ ㄴ, ㄷ   ⑤ ㄱ, ㄴ, ㄷ

029

| 신유형 | <상 중 하>

다음은 사람에서 일어나는 세포 호흡에 대한 자료이다. ㉠은 포도당과 아미노산 중 하나이고, ⓐ는 O_2와 CO_2 중 하나이다.

(가) 에너지원인 ㉠이 세포 호흡을 통해 분해되면 ⓐ, 물, 암모니아가 생성되고 에너지가 방출된다.
(나) (가)에서 방출된 에너지의 일부는 ATP에 저장된다.

이에 대한 설명으로 옳은 것만을 〈보기〉에서 있는 대로 고른 것은?

| 보기 |

ㄱ. ㉠은 글리코젠의 단위체이다.
ㄴ. ⓐ는 O_2이다.
ㄷ. 근육 수축 과정에서 ATP에 저장된 에너지가 이용된다.

① ㄱ   ② ㄴ   ③ ㄷ   ④ ㄱ, ㄴ   ⑤ ㄱ, ㄷ

030

| 신유형 | <상 중 하>

표는 시험관 Ⅰ~Ⅳ에 넣은 용액과 일정 시간이 지난 후 BTB 용액을 떨어뜨려 변화된 색깔을 나타낸 것이다. ㉠과 ㉡은 연두색과 푸른색을 순서 없이 나타낸 것이다.

시험관		Ⅰ	Ⅱ	Ⅲ	Ⅳ
넣은 용액	증류수	23 mL	21 mL	3 mL	1 mL
	오줌	0 mL	0 mL	20 mL	20 mL
	생콩즙	0 mL	2 mL	0 mL	2 mL
변화된 색깔		초록색	초록색	㉠	㉡

이에 대한 설명으로 옳은 것만을 〈보기〉에서 있는 대로 고른 것은? (단, 제시된 조건 이외의 다른 조건은 동일하다.)

| 보기 |

ㄱ. ㉠은 연두색이다.
ㄴ. Ⅱ와 Ⅳ에서 오줌의 유무는 조작 변인이다.
ㄷ. Ⅳ에서 에너지 방출이 일어났다.

① ㄱ   ② ㄷ   ③ ㄱ, ㄴ   ④ ㄴ, ㄷ   ⑤ ㄱ, ㄴ, ㄷ

물질대사와 건강

1 기관계의 통합적 작용

고빈출

(1) 기관계의 통합적 작용: 소화계, 순환계, 호흡계, 배설계가 순환계를 중심으로 서로 통합적으로 작용하여 세포에 영양소와 산소를 공급하고 노폐물을 제거함

① 소화계: 음식물 속에 들어 있는 영양소를 세포가 흡수할 수 있는 작은 영양소로 분해하여 흡수를 도움

② 순환계: 소화계를 통해 흡수된 영양소와 호흡계를 통해 흡수된 산소를 조직 세포로 운반함, 조직 세포에서 세포 호흡 결과 생성된 노폐물을 호흡계와 배설계로 운반함

③ 호흡계: 세포 호흡에 필요한 산소를 흡수하고, 세포 호흡 결과 발생한 이산화 탄소를 배출함

④ 배설계: 조직 세포에서 세포 호흡 결과 생성된 노폐물을 걸러 오줌의 형태로 몸 밖으로 내보냄

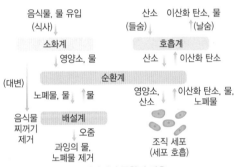

↑ 기관계의 통합적 작용

(2) 기관계와 혈액 순환: 혈액은 소화계에서 흡수한 영양소와 호흡계에서 흡수한 산소를 조직 세포에 공급하고, 조직 세포에서 생성된 노폐물을 호흡계와 배설계로 운반함

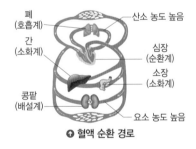

↑ 혈액 순환 경로

빈출

(3) 노폐물의 생성과 배설

① 조직 세포에서 세포 호흡 결과 생성된 노폐물을 날숨과 오줌의 형태로 몸 밖으로 내보냄

② 노폐물의 생성과 배설

영양소	노폐물	기관	배출 경로
탄수화물, 단백질, 지방	이산화 탄소	폐	날숨(호흡계)
	물	폐, 콩팥	날숨(호흡계), 오줌(배설계)
단백질	암모니아	콩팥	오줌(배설계)

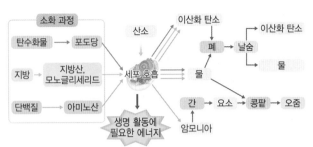

↑ 소화 과정 및 노폐물의 생성과 배설

2 대사성 질환과 에너지 균형

(1) 대사성 질환: 우리 몸에서 물질대사 장애에 의해 발생하는 질환

(2) 대사성 질환의 종류

질환	원인	증상	합병증
고혈압	스트레스, 식습관 등 환경적 요인과 유전적 요인의 상호 작용에 의해 발생	• 혈압이 정상보다 높게 나타남 • 두통, 코피, 어지럼증, 손발 저림 등이 나타날 수 있음	뇌졸중, 심혈관 질환, 콩팥 질환 등
당뇨병	혈당 조절에 필요한 인슐린의 분비가 부족하거나 인슐린이 제대로 작용하지 못해 발생	• 혈당 수치가 높고, 오줌에 당이 섞여 나옴 • 소변이 자주 마렵고 갈증과 배고픔이 심해지며 체중이 감소함	심혈관 질환, 당뇨 망막병 등
고지혈증	비만, 음주, 운동 부족 등과 같은 잘못된 생활 습관 및 유전적 요인에 의해 발생	혈액 속에 콜레스테롤이나 중성 지방 등이 과다하게 들어 있음	동맥 경화, 뇌졸중, 심혈관 질환 등

(3) 에너지 대사량

① 기초 대사량

• 특별한 활동을 하지 않더라도 생명 유지에 필요한 최소한의 에너지양

• 여자<남자, 노인<젊은 사람, 키 작은 사람<키 큰 사람, 체표면적 작은 사람<체표면적 큰 사람

② 활동 대사량: 기초 대사량 이외에 활동에 필요한 에너지양

③ 1일 대사량: 기초 대사량＋활동 대사량＋기타 에너지 대사량 (음식물의 소화·흡수에 필요한 에너지 대사량)

(4) 에너지 균형

① 에너지 섭취량이 에너지 소비량보다 많으면 비만이 될 수 있으며, 대사성 질환에 걸릴 확률이 높아짐

② 에너지 소비량이 에너지 섭취량보다 많으면 체중이 감소하며, 면역력 저하 등이 발생할 수 있음

대표 기출 문제

031

다음은 에너지 섭취와 소비에 대한 실험이다.

| 실험 과정 및 결과

(가) 유전적으로 동일하고 체중이 같은 생쥐 A~C를 준비한다.

(나) A와 B에게 고지방 사료를, C에게 일반 사료를 먹이면서 시간에 따른 A~C의 체중을 측정한다. t_1일 때부터 B에게만 운동을 시킨다.

(다) t_2일 때 A~C의 혈중 지질 농도를 측정한다.

(라) (나)와 (다)에서 측정한 결과는 그림과 같다. ㉠과 ㉡은 A와 B를 순서 없이 나타낸 것이다.

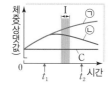
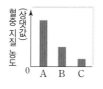

이에 대한 설명으로 옳은 것만을 〈보기〉에서 있는 대로 고른 것은? (단, 제시된 조건 이외는 고려하지 않는다.) [3점]

| 보기 |

ㄱ. ㉠은 A이다.

ㄴ. 구간 Ⅰ에서 B는 에너지 소비량이 에너지 섭취량보다 많다.

ㄷ. 대사성 질환 중에는 고지혈증이 있다.

① ㄱ ② ㄴ ③ ㄱ, ㄷ ④ ㄴ, ㄷ ⑤ ㄱ, ㄴ, ㄷ

032

그림은 사람의 배설계와 호흡계를 나타낸 것이다. A와 B는 각각 폐와 방광 중 하나이다.

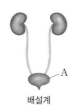
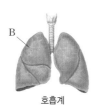

배설계　　　　　호흡계

이에 대한 설명으로 옳은 것만을 〈보기〉에서 있는 대로 고른 것은?

| 보기 |

ㄱ. 간은 배설계에 속한다.

ㄴ. B를 통해 H_2O이 몸 밖으로 배출된다.

ㄷ. B로 들어온 O_2의 일부는 순환계를 통해 A로 운반된다.

① ㄱ ② ㄴ ③ ㄱ, ㄷ ④ ㄴ, ㄷ ⑤ ㄱ, ㄴ, ㄷ

033
상 중 하

다음은 사람의 기관 A와 B에 대한 자료이다. A와 B는 폐와 동맥을 순서 없이 나타낸 것이다.

- A를 통해 CO_2가 몸 밖으로 배출된다.
- ⓐ혈액 속의 콜레스테롤 농도가 지나치게 높아 B의 내벽에 콜레스테롤 등이 쌓이면 뇌졸중 발생의 원인이 될 수 있다.

이에 대한 설명으로 옳은 것만을 〈보기〉에서 있는 대로 고른 것은?

| 보기 |

ㄱ. A는 순환계에 속한다.
ㄴ. ⓐ는 고지혈증의 증상이다.
ㄷ. 간에서 생성된 요소의 일부는 B를 통해 배설계로 이동한다.

① ㄱ　　② ㄷ　　③ ㄱ, ㄴ　　④ ㄴ, ㄷ　　⑤ ㄱ, ㄴ, ㄷ

034
상 중 하

표 (가)는 사람의 기관이 가질 수 있는 3가지 특징을, (나)는 (가)의 특징 중 간과 기관 A, B가 갖는 특징의 개수를 나타낸 것이다. A와 B는 각각 심장과 콩팥 중 하나이다.

특징
○ 오줌을 생성한다.
○ 소화계에 속한다.
○ 동화 작용이 일어난다.

(가)

기관	특징의 개수
간	㉠
A	1
B	2

(나)

이에 대한 설명으로 옳은 것만을 〈보기〉에서 있는 대로 고른 것은?

| 보기 |

ㄱ. ㉠은 1이다.
ㄴ. A는 심장이다.
ㄷ. 암모니아를 요소로 전환하는 대표 기관은 B이다.

① ㄱ　　② ㄴ　　③ ㄷ　　④ ㄱ, ㄴ　　⑤ ㄱ, ㄷ

035
상 중 하

그림은 사람에서 일어나는 영양소의 물질대사 과정 일부를 나타낸 것이다. ㉠과 ㉡은 물과 암모니아를 순서 없이 나타낸 것이다.

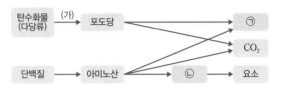

이에 대한 설명으로 옳은 것만을 〈보기〉에서 있는 대로 고른 것은?

| 보기 |

ㄱ. 과정 (가)는 주로 미토콘드리아에서 일어난다.
ㄴ. ㉠은 주로 호흡계와 배설계를 통해 몸 밖으로 배출된다.
ㄷ. ㉡은 요소보다 독성이 약한 물질이다.

① ㄱ　　② ㄴ　　③ ㄷ　　④ ㄱ, ㄴ　　⑤ ㄱ, ㄷ

036
상 중 하

그림은 사람의 기관계에서 일어나는 통합적 작용을 나타낸 것이다. A~C는 각각 배설계, 소화계, 호흡계 중 하나이다.

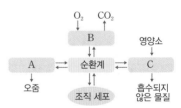

이에 대한 설명으로 옳은 것만을 〈보기〉에서 있는 대로 고른 것은?

| 보기 |

ㄱ. A는 배설계이다.
ㄴ. 이자는 C에 속한다.
ㄷ. A, B, C에서 모두 이화 작용이 일어난다.

① ㄱ　　② ㄴ　　③ ㄱ, ㄷ　　④ ㄴ, ㄷ　　⑤ ㄱ, ㄴ, ㄷ

037

상 중 하

표는 대사성 질환 (가)~(다)의 특징을 나타낸 것이다. (가)~(다)는 고혈압, 당뇨병, 고지혈증을 순서 없이 나타낸 것이다.

질환	특징
(가)	혈압이 정상 범위보다 높은 만성 질환이다.
(나)	혈액에 콜레스테롤과 중성 지방 등이 과다하게 들어 있는 상태이다.
(다)	ⓐ

이에 대한 설명으로 옳은 것만을 〈보기〉에서 있는 대로 고른 것은?

| 보기 |

ㄱ. (가)는 고지혈증이다.
ㄴ. '혈관 내벽에 콜레스테롤 등이 쌓여 혈관이 좁아지고 탄력을 잃는 증상이다.'는 ⓐ에 해당한다.
ㄷ. 에너지 섭취량이 에너지 소비량보다 많은 상태가 오랫동안 지속되는 것은 (가)~(다)의 원인이 된다.

① ㄱ   ② ㄴ   ③ ㄷ   ④ ㄱ, ㄴ   ⑤ ㄱ, ㄷ

038

상 중 하

그림은 사람에서 일어나는 영양소 (가)~(다)의 물질대사 과정의 일부와 노폐물이 폐와 콩팥으로 이동하는 경로를 나타낸 것이다. (가)~(다)는 각각 지방, 단백질, 탄수화물 중 하나이고, A~C는 각각 물, 요소, 이산화 탄소 중 하나이다.

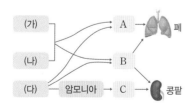

이에 대한 설명으로 옳은 것만을 〈보기〉에서 있는 대로 고른 것은?

| 보기 |

ㄱ. A는 이산화 탄소이다.
ㄴ. (다)의 기본 단위는 포도당이다.
ㄷ. 간에서 생성된 C는 콩팥으로 이동할 때 순환계를 거친다.

① ㄱ   ② ㄴ   ③ ㄷ   ④ ㄱ, ㄴ   ⑤ ㄱ, ㄷ

039

상 중 하

사람의 몸을 구성하는 기관계에 대한 설명으로 옳은 것만을 〈보기〉에서 있는 대로 고른 것은?

| 보기 |

ㄱ. 위, 대장은 모두 소화계에 속하는 기관이다.
ㄴ. 소화계를 통해 몸 안으로 들어온 포도당의 일부는 순환계를 통해 배설계로 운반된다.
ㄷ. 물질대사의 결과 생성되는 노폐물의 일부는 호흡계를 통해 몸 밖으로 배출된다.

① ㄱ   ② ㄴ   ③ ㄱ, ㄴ   ④ ㄴ, ㄷ   ⑤ ㄱ, ㄴ, ㄷ

040 | 신유형 |

상 중 하

다음은 정상인 A~C의 1일 에너지 섭취량과 소비량에 대한 자료이다.

- A~C가 1일 동안 음식물로부터 얻은 에너지 섭취량과 1일 동안 소비하는 에너지의 총량인 ㉠1일 대사량은 표와 같다.

구분	A	B	C
에너지 섭취량(kcal/일)	1800	2900	2600
1일 대사량(kcal/일)	2250	2600	2700

- A~C의 기초 대사량과 체중은 표와 같다.

구분	A	B	C
기초 대사량(kcal/kg·h)	0.9	1.0	1.1
체중(kg)	50	60	60

이에 대한 설명으로 옳은 것만을 〈보기〉에서 있는 대로 고른 것은? (단, 음식물의 소화·흡수에 이용되는 에너지는 활동 대사량에 포함한다.)

| 보기 |

ㄱ. ㉠에는 1일 기초 대사량(kcal/일)이 포함된다.
ㄴ. $\dfrac{\text{1일 활동 대사량}}{\text{1일 대사량}}$ 은 B에서가 A에서보다 크다.
ㄷ. 생활 습관이 유지될 때, 비만이 될 가능성이 가장 큰 사람은 C이다.

① ㄱ   ② ㄴ   ③ ㄷ   ④ ㄱ, ㄴ   ⑤ ㄱ, ㄷ

041

상 중 하

표는 생물의 특성의 예를 나타낸 것이다. (가)와 (나)는 생식과 유전, 적응과 진화를 순서 없이 나타낸 것이다.

생물의 특성	예
(가)	건조한 사막의 캥거루쥐는 진한 오줌을 소량만 배설해 수분 손실을 줄인다.
(나)	짚신벌레는 ⓒ분열법으로 번식한다.
자극에 대한 반응	ⓐ

이에 대한 설명으로 옳은 것만을 〈보기〉에서 있는 대로 고른 것은?

| 보기 |

ㄱ. (가)는 생식과 유전이다.
ㄴ. ⓒ에서 발생과 생장이 일어난다.
ㄷ. '지렁이가 빛을 피해 이동한다.'는 ⓐ에 해당한다.

① ㄱ　　② ㄷ　　③ ㄱ, ㄴ　　④ ㄴ, ㄷ　　⑤ ㄱ, ㄴ, ㄷ

042

상 중 하

다음은 감자에 대한 자료이다.

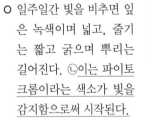

○ 감자를 암실에 방치하면 줄기는 길고 잎은 펼쳐져 있지 않고, 뿌리는 짧은 형태로 자란다. ⓒ이는 싹을 틔울 때 땅속에서 토양을 뚫고 나오는 데 적합하다.

○ 일주일간 빛을 비추면 잎은 녹색이며 넓고, 줄기는 짧고 굵으며 뿌리는 길어진다. ⓒ이는 파이토크롬이라는 색소가 빛을 감지함으로써 시작된다.

이에 대한 설명으로 옳은 것만을 〈보기〉에서 있는 대로 고른 것은?

| 보기 |

ㄱ. 감자는 세포로 구성되어 있다.
ㄴ. ⓒ과 가장 관련이 깊은 생물의 특성은 생식과 유전이다.
ㄷ. ⓒ은 자극에 대한 반응에 해당한다.

① ㄱ　　② ㄴ　　③ ㄱ, ㄷ　　④ ㄴ, ㄷ　　⑤ ㄱ, ㄴ, ㄷ

043

상 중 하

다음은 어떤 과학자가 수행한 탐구이다.

(가) 카카오나무의 체내에서 발견되는 내생 균류 E가 카카오나무에 역병균 P에 의한 역병 발생률을 감소시킬 것이라고 생각하였다.
(나) E와 P에 감염되지 않은 카카오 묘목을 집단 Ⅰ과 집단 Ⅱ로 나누고 한 집단에만 E를 처리했다.
(다) 14일 후 P를 Ⅰ과 Ⅱ에 처리하고 다시 10일 후 Ⅰ과 Ⅱ에서 ⓐ역병에 걸려 죽은 잎의 비율을 확인한 결과는 그림과 같다.

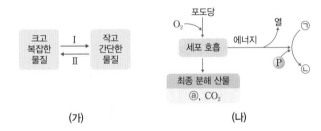

(라) E는 카카오나무에서 역병 발생률을 감소시킨다고 결론을 내렸다.

이에 대한 설명으로 옳은 것만을 〈보기〉에서 있는 대로 고른 것은?

| 보기 |

ㄱ. ⓐ는 종속변인이다.
ㄴ. (가)는 의문에 대한 잠정적인 답에 해당한다.
ㄷ. (나)에서 E를 처리한 집단은 Ⅱ이다.

① ㄱ　　② ㄴ　　③ ㄱ, ㄷ　　④ ㄴ, ㄷ　　⑤ ㄱ, ㄴ, ㄷ

044 | 개념 통합 |

상 중 하

그림 (가)는 사람에서 일어나는 물질대사 Ⅰ과 Ⅱ를, (나)는 사람에서 세포 호흡을 통해 포도당이 최종 분해 산물로 전환되는 과정을 나타낸 것이다. Ⅰ과 Ⅱ는 각각 동화 작용과 이화 작용 중 하나이며, ⓐ는 물과 암모니아 중 하나이고, ⓒ과 ⓒ은 각각 ADP와 ATP 중 하나이다.

이에 대한 설명으로 옳은 것만을 〈보기〉에서 있는 대로 고른 것은?

| 보기 |

ㄱ. Ⅰ에서 에너지가 흡수된다.
ㄴ. ⓒ이 ⓒ으로 전환되는 과정은 Ⅱ에 해당한다.
ㄷ. 아미노산이 세포 호흡에 이용될 때 ⓐ는 생성되지 않는다.

① ㄱ　　② ㄴ　　③ ㄱ, ㄷ　　④ ㄴ, ㄷ　　⑤ ㄱ, ㄴ, ㄷ

045 | 신유형 | 상 중 하

표는 물질대사 결과 발생한 노폐물 ⓐ~ⓒ에서 수소(H)와 산소(O)의 유무를, 그림은 혈액의 순환 경로를 나타낸 것이다. ㉠~㉢은 간, 폐, 콩팥을 순서 없이, ⓐ~ⓒ는 물, 암모니아, 이산화 탄소를 순서 없이 나타낸 것이다.

노폐물	수소(H)	산소(O)
ⓐ	?	?
ⓑ	○	?
ⓒ	?	×

(○: 있음, ×: 없음)

이에 대한 설명으로 옳은 것만을 〈보기〉에서 있는 대로 고른 것은?

| 보기 |

ㄱ. ⓐ는 이산화 탄소이다.
ㄴ. ⓑ의 일부는 ㉠을 통해 몸 밖으로 배출된다.
ㄷ. ⓒ는 주로 ㉢에서 독성이 약한 물질로 전환된다.

① ㄱ　　② ㄴ　　③ ㄷ　　④ ㄱ, ㄴ　　⑤ ㄴ, ㄷ

046 상 중 하

다음은 효모를 이용한 실험의 일부이다. ㉠은 O_2와 CO_2 중 하나이다.

(가) 증류수에 효모를 넣어 효모액을 만든다.
(나) 발효관 A~C에 표와 같이 용액을 넣는다.

발효관	용액
A	10 % 포도당 용액 20 mL + 효모액 10 mL
B	5 % 포도당 용액 20 mL + 효모액 10 mL
C	증류수 20 mL + 효모액 10 mL

(다) 맹관부에 기체가 들어가지 않도록 발효관을 세우고 입구를 솜으로 막은 후 일정한 온도를 유지하며 10분을 기다린다.
(라) 발효가 일어나 맹관부에 모인 기체 ㉠의 부피를 측정한다.

맹관부

이에 대한 설명으로 옳은 것만을 〈보기〉에서 있는 대로 고른 것은?

| 보기 |

ㄱ. ㉠은 O_2이다.
ㄴ. 이 실험에서 C는 대조군이다.
ㄷ. (라)에서 측정된 ㉠의 부피는 A에서가 가장 크다.

① ㄱ　　② ㄴ　　③ ㄱ, ㄷ　　④ ㄴ, ㄷ　　⑤ ㄱ, ㄴ, ㄷ

047 상 중 하

그림은 사람의 2가지 기관계를 나타낸 것이다. (가)와 (나)는 배설계와 소화계를 순서 없이 나타낸 것이고, A와 B는 각각 간과 콩팥 중 하나이다.

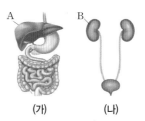

(가)　　　　(나)

이에 대한 설명으로 옳은 것만을 〈보기〉에서 있는 대로 고른 것은?

| 보기 |

ㄱ. (가)와 (나) 사이의 물질 이동은 순환계를 통해 일어난다.
ㄴ. 폐를 통해 들어온 O_2의 일부는 B에서 사용된다.
ㄷ. A에서는 동화 작용과 이화 작용이 모두 일어난다.

① ㄱ　　② ㄴ　　③ ㄱ, ㄷ　　④ ㄴ, ㄷ　　⑤ ㄱ, ㄴ, ㄷ

048 상 중 하

다음은 사람에서 일어나는 물질대사에 대한 자료이다. ㉠과 ㉡은 암모니아와 이산화 탄소를 순서 없이 나타낸 것이다.

(가) 단백질이 미토콘드리아에서 일어나는 세포 호흡을 통해 분해되면 대사 노폐물인 ㉠과 ㉡이 생성된다.
(나) ㉠은 초록색 BTB 용액을 푸른색으로 변화시킨다.

이에 대한 설명으로 옳은 것만을 〈보기〉에서 있는 대로 고른 것은?

| 보기 |

ㄱ. (가)에서 O_2가 생성된다.
ㄴ. ㉠은 주로 간에서 독성이 적은 요소로 전환된다.
ㄷ. ㉡은 주로 순환계를 거쳐 배설계를 통해 몸 밖으로 배출된다.

① ㄱ　　② ㄴ　　③ ㄱ, ㄷ　　④ ㄴ, ㄷ　　⑤ ㄱ, ㄴ, ㄷ

III 항상성과 몸의 조절

◆ 이렇게 출제되었다!

2015 개정 교육과정이 적용된 수능, 평가원, 교육청 기출 문제를 철저히 분석했습니다.

● 단원별 출제 비율

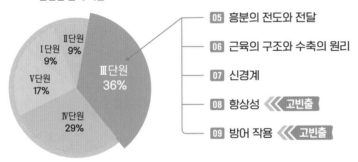

05 흥분의 전도와 전달

06 근육의 구조와 수축의 원리

07 신경계

08 항상성 《 고빈출

09 방어 작용 《 고빈출

III 항상성과 몸의 조절

삼투압 조절이나 체온 조절 과정을 묻는 문제나 방어 작용을 묻는 문제는 거의 매 시험에서 출제된다. 항상성에서는 자료 분석을 바탕으로 하여 호르몬의 작용이나 결과 등을 찾는 문제로 출제되었다. 방어 작용에서는 병원체의 특징과 질병을 연결하는 문제가 출제되었고, 면역 작용의 경우 실험 분석이나 자료 분석을 통한 문제가 출제되었다. 특히 흥분의 전도에서 전도 속도를 계산하는 문제나 근육 원섬유 마디의 길이를 조건을 통해 계산하는 문제는 고난도 문제로 출제되고 있다.

◆ 어떻게 공부해야 할까?

05 흥분의 전도와 전달

한 지점에 역치 이상의 자극을 주고 특정 지점까지 흥분이 이동하기까지의 속도를 계산하고, 막전위가 변화하는 데 걸리는 시간을 이용하여 그래프를 해석하고 계산하는 문제가 출제된다. 특정 지점에서의 막전위는 그 지점까지 흥분이 이동하는 시간에 막전위 변화에 소모되는 시간까지 고려하여 문제를 해결하는 연습이 필요하다.

06 근육의 구조와 수축의 원리

근육 원섬유 마디의 길이를 계산하는 문제가 자주 출제되므로 A대인 마이오신 필라멘트의 길이가 변화하지 않는다는 것과 H대의 길이 변화가 근육 원섬유 마디 길이 변화와 같다는 것을 이용하여 문제를 해결할 수 있도록 해야 한다.

07 신경계

뇌의 구조와 기능에 대한 문제가 주로 출제된다. 뇌와 척수의 각 부분에 연결된 신경과 함께 말초 신경계의 특징을 알아두는 것이 필요하다. 교감 신경과 부교감 신경의 구조와 기능, 특징을 확인해 두어야 한다.

08 항상성

티록신의 분비 조절 과정이나 삼투압, 체온 유지에 관한 문제가 출제된다. 따라서 항상성이란 무엇이며, 혈당량, 체온, 삼투압 조절 과정에서 호르몬과 신경계가 하는 기능에 대해서 잘 알아두어야 한다. 특히 혈압이나 혈액량, 체내 삼투압의 변화에 따른 항이뇨 호르몬의 분비량과 오줌량의 관계를 확실하게 학습하는 것이 필요하다.

09 방어 작용

여러 가지 병원체의 특징을 묻는 문제나 방어 작용을 묻는 문제가 출제된다. 따라서 체액성 면역 과정과 세포성 면역 과정뿐만 아니라 각 과정에서 작용하는 B 림프구와 T 림프구의 역할, 형질 세포와 기억 세포의 특징 등을 확인해 둘 필요가 있다. 또한 ABO식 혈액형의 판정 문제를 해결하기 위해 항 A 혈청, 항 B 혈청에 대해서도 알아두어야 한다.

흥분의 전도와 전달

1 뉴런

(1) 뉴런의 구조

신경 세포체	핵과 미토콘드리아 등을 가지고 있는 부분으로, 뉴런의 생장과 물질대사에 관여함
가지 돌기	신경 세포체에서 뻗어 나온 짧은 돌기로, 자극 수용기나 다른 뉴런에서 오는 자극을 받아들임
축삭 돌기	신경 세포체에서 뻗어 나온 긴 돌기로, 다른 뉴런이나 근육에 흥분을 전달해 주는 통로 역할을 함

(2) 말이집의 유무에 따른 분류

말이집 뉴런	• 축삭 돌기가 말이집으로 둘러싸인 뉴런 • 도약 전도가 일어나 흥분 전도 속도가 빠름
민말이집 뉴런	• 축삭 돌기가 말이집으로 둘러싸이지 않은 뉴런 • 흥분 전도 속도가 느림

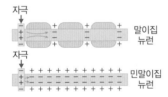

☆ 빈출 (3) 뉴런의 종류

구심성 뉴런 (감각 뉴런)	• 감각 기관에서 수용한 자극을 중추 신경계로 전달함 • 신경 세포체가 축삭 돌기 한쪽 옆에 위치
연합 뉴런	• 감각 뉴런과 운동 뉴런 사이에서 흥분을 중계함 • 중추 신경계인 뇌와 척수를 구성
원심성 뉴런 (운동 뉴런)	• 중추 신경계로부터 근육과 같은 반응 기관으로 정보를 전달함 • 체성 신경과 자율 신경을 구성

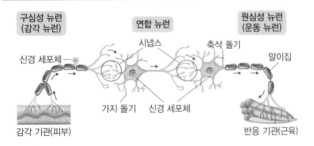

☆ 고빈출 2 흥분의 전도

(1) 뉴런의 특정 부위에 탈분극이 일어나면 세포 안으로 유입된 Na^+이 인접한 부위로 확산되면서 연속적으로 탈분극을 일으켜 흥분이 전도됨

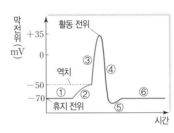

① 분극	• K^+ 통로가 일부 열려 있는 상태 • Na^+-K^+ 펌프 작동 ➡ ATP 소모 • 세포막 안팎의 이온의 농도 기울기 형성, 휴지 전위 상태 ($-70\,mV$)
② 탈분극 : Na^+ 통로 열리기 시작	• 확산으로 Na^+ 유입 • Na^+-K^+ 펌프 작동(능동 수송에 의해 Na^+ 유출) • 분극 상태 벗어나 막전위 상승 ➡ 탈분극이라고 함
③ 탈분극 : 대부분의 Na^+ 통로 열림	• Na^+-K^+ 펌프 작동 : 능동 수송에 의해 Na^+ 유출, K^+ 유입 • 역치 전위를 넘어서 활동 전위 발생(약 $+100\,mV$)
④ 재분극 : Na^+의 유입 멈춤, K^+ 유출	• K^+ 통로 열림 : 확산에 의해 K^+ 유출 • Na^+-K^+ 펌프 작동 : 능동 수송에 의해 K^+ 유입, Na^+ 유출 • 막전위 하강
⑤ 과분극 : 일부 K^+ 통로 여전히 열림	• K^+ 유출($-80\,mV$까지) ➡ 과분극이라고 함 • Na^+-K^+ 펌프 작동 : 능동 수송에 의해 K^+ 유입, Na^+ 유출은 계속 진행
⑥ 분극	• 다시 분극 상태로 되돌아감 • Na^+-K^+ 펌프 작동

(2) 흥분의 전도 속도에 영향을 주는 요인

① 말이집의 유무 : 말이집 뉴런이 도약 전도가 일어나 민말이집 뉴런보다 흥분 전도 빠름

② 축삭 돌기의 지름 : 지름이 클수록 흥분 전도 빠름

☆ 빈출 3 흥분의 전달

신경 전달 물질이 들어 있는 시냅스 소포는 축삭 돌기 말단에만 있으므로 흥분은 항상 시냅스 이전 뉴런의 축삭 돌기 말단에서 시냅스 이후 뉴런의 가지 돌기나 신경 세포체 쪽으로만 전달됨

(1) **시냅스 이전 뉴런의 흥분** : 축삭 돌기 말단으로 이동한 흥분 → 시냅스 소포 자극 → 시냅스 틈으로 아세틸콜린 분비

(2) **아세틸콜린의 작용** : 아세틸콜린 확산 → 시냅스 이후 뉴런 가지 돌기 수용체 자극 → 가지 돌기의 Na^+ 통로 열림

(3) **시냅스 이후 뉴런의 흥분** : 가지 돌기에 Na^+ 다량 유입 → 탈분극 → 흥분의 전도 다시 시작 → 아세틸콜린 분해 제거

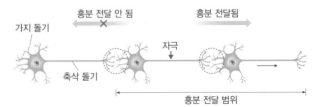

대표 기출 문제

049

그림은 조건 Ⅰ∼Ⅲ에서 뉴런 P의 한 지점에 역치 이상의 자극을 주고 측정한 시간에 따른 막전위를 나타낸 것이고, 표는 Ⅰ∼Ⅲ에 대한 자료이다. ㉠과 ㉡은 Na^+과 K^+을 순서 없이 나타낸 것이다.

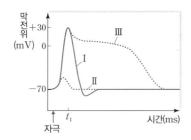

구분	조건
Ⅰ	물질 A와 B를 처리하지 않음
Ⅱ	물질 A를 처리하여 세포막에 있는 이온 통로를 통한 ㉠의 이동을 억제함
Ⅲ	물질 B를 처리하여 세포막에 있는 이온 통로를 통한 ㉡의 이동을 억제함

이에 대한 설명으로 옳은 것만을 〈보기〉에서 있는 대로 고른 것은? (단, 제시된 조건 이외에는 고려하지 않는다.) [3점]

| 보기 |

ㄱ. ㉠은 Na^+이다.

ㄴ. t_1일 때, Ⅰ에서 ㉡의 $\dfrac{\text{세포 안의 농도}}{\text{세포 밖의 농도}}$는 1보다 작다.

ㄷ. 막전위가 $+30\ mV$에서 $-70\ mV$가 되는 데 걸리는 시간은 Ⅲ에서가 Ⅰ에서보다 짧다.

① ㄱ　　　② ㄴ　　　③ ㄷ　　　④ ㄱ, ㄴ　　　⑤ ㄴ, ㄷ

050

다음은 민말이집 신경 A의 흥분 전도와 전달에 대한 자료이다.

- A는 2개의 뉴런으로 구성되고, 각 뉴런의 흥분 전도 속도는 ㉮로 같다. 그림은 A의 지점 $d_1 \sim d_5$의 위치를, 표는 ㉠d_1에 역치 이상의 자극을 1회 주고 경과된 시간이 2 ms, 4 ms, 8 ms일 때 $d_1 \sim d_5$에서의 막전위를 나타낸 것이다. I ~ III은 2 ms, 4 ms, 8 ms를 순서 없이 나타낸 것이다.

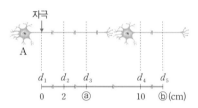

구분	막전위(mV)				
	d_1	d_2	d_3	d_4	d_5
I	?	−70	?	+30	0
II	+30	?	−70	?	?
III	?	−80	+30	?	?

- A에서 활동 전위가 발생하였을 때, 각 지점에서의 막전위 변화는 그림과 같다.

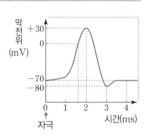

이에 대한 설명으로 옳은 것만을 〈보기〉에서 있는 대로 고른 것은? (단, A에서 흥분의 전도는 1회 일어났고, 휴지 전위는 −70 mV이다.)

| 보기 |

ㄱ. ㉮는 2 cm/ms이다.
ㄴ. ⓐ는 4이다.
ㄷ. ㉠이 9 ms일 때 d_5에서 재분극이 일어나고 있다.

① ㄱ ② ㄷ ③ ㄱ, ㄴ ④ ㄴ, ㄷ ⑤ ㄱ, ㄴ, ㄷ

수능 기출

✎ 발문과 자료 분석하기
민말이집 신경 A의 흥분 전도와 전달에 대한 자료를 분석하여 흥분 전도 속도와 I ~ III이 각각 2 ms, 4 ms, 8 ms 중 어느 것인지를 파악해야 한다.

✎ 꼭 기억해야 할 개념
1. 분극 상태인 뉴런의 한 지점에 역치 이상의 자극을 주면 그 지점의 세포막에서는 분극 → 탈분극 → 재분극 → 분극 순으로 막전위 변화가 일어난다.
2. 흥분이 도달해야 막전위 변화가 일어나므로 각 지점에서 막전위 변화가 진행된 시간은 전체 경과된 시간에서 흥분이 전도되는 데 걸린 시간을 뺀 시간이다.

✎ 선지별 선택 비율

①	②	③	④	⑤
3 %	4 %	20 %	7 %	66 %

적중 예상 문제

051 (상 중 하)

그림 (가)는 어떤 뉴런에 역치 이상의 자극을 주었을 때 이 뉴런의 축삭 돌기 한 지점에서 시간에 따른 막전위를, (나)는 이 지점에서 시간에 따른 ㉠과 ㉡의 막 투과도를 나타낸 것이다. ㉠과 ㉡은 각각 K^+과 Na^+ 중 하나이다.

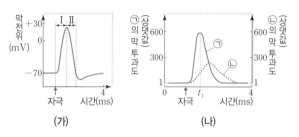

(가)　　　　　(나)

이에 대한 설명으로 옳은 것만을 〈보기〉에서 있는 대로 고른 것은?

| 보기 |

ㄱ. 구간 Ⅰ에서 ㉠의 농도는 세포 안에서가 세포 밖에서보다 높다.

ㄴ. 구간 Ⅱ에서 ㉡은 세포 안에서 밖으로 확산된다.

ㄷ. t_1일 때 이온 통로를 통한 ㉠의 이동에 ATP가 사용된다.

① ㄱ　　② ㄴ　　③ ㄱ, ㄷ　　④ ㄴ, ㄷ　　⑤ ㄱ, ㄴ, ㄷ

052 (상 중 하)

그림 (가)는 어떤 뉴런에 역치 이상의 자극을 주었을 때 이 뉴런의 한 지점에서 측정한 이온 ㉠과 ㉡의 시간에 따른 막 투과도를, (나)는 t_1일 때 이 지점에서 이온 통로를 통한 ㉠의 확산을 나타낸 것이다. ㉠과 ㉡은 K^+과 Na^+을 순서 없이 나타낸 것이고, Ⅰ과 Ⅱ는 세포 안과 세포 밖을 순서 없이 나타낸 것이다.

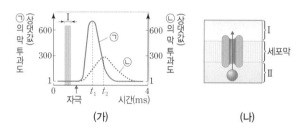

(가)　　　　　(나)

이에 대한 설명으로 옳은 것만을 〈보기〉에서 있는 대로 고른 것은?

| 보기 |

ㄱ. t_1일 때 이온의 $\dfrac{Ⅰ에서의\ 농도}{Ⅱ에서의\ 농도}$ 는 ㉠이 ㉡보다 크다.

ㄴ. t_2일 때 재분극이 일어나고 있다.

ㄷ. 구간 Ⅰ에서 세포막을 통한 ㉡의 확산은 일어나지 않는다.

① ㄱ　　② ㄴ　　③ ㄱ, ㄷ　　④ ㄴ, ㄷ　　⑤ ㄱ, ㄴ, ㄷ

053 | 신유형 |

상 중 하

다음은 민말이집 신경 A~C의 흥분 전도에 대한 자료이다.

- 그림은 A~C의 지점 d_1~d_4의 위치를 나타낸 것이다. A~C의 흥분 전도 속도는 A>B>C 순이다.

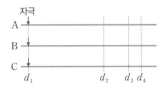

- 그림은 A~C 각각에서 활동 전위가 발생하였을 때 각 지점에서의 막전위 변화를, 표는 ⓐA~C의 d_1에 역치 이상의 자극을 동시에 1회 주고 경과된 시간이 4 ms일 때 d_2~d_4에서의 막전위가 속하는 구간을 나타낸 것이다. (가)~(다)는 A~C를 순서 없이, ㉠~㉢은 d_2~d_4를 순서 없이 나타낸 것이다. ⓐ일 때 각 지점에서의 막전위는 구간 I~III 중 하나에 속한다.

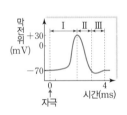

신경	4 ms일 때 막전위가 속하는 구간		
	㉠	㉡	㉢
(가)	I	?	II
(나)	?	II	I
(다)	II	?	III

이에 대한 설명으로 옳은 것만을 〈보기〉에서 있는 대로 고른 것은? (단, A~C에서 흥분의 전도는 각각 1회 일어났고, 휴지 전위는 −70 mV이다.)

| 보기 |

ㄱ. ㉢은 d_3이다.
ㄴ. ⓐ일 때 A의 d_4에서 탈분극이 일어나고 있다.
ㄷ. ⓐ일 때 B의 ㉡에서의 막전위는 I에 속한다.

① ㄱ　　② ㄷ　　③ ㄱ, ㄴ　　④ ㄴ, ㄷ　　⑤ ㄱ, ㄴ, ㄷ

054

상 중 하

다음은 민말이집 신경 A의 흥분 전도에 대한 자료이다.

- 그림은 A의 지점 d_1~d_3의 위치를, 표는 d_1에 역치 이상의 자극을 1회 주고 경과된 시간이 I~IV일 때 ㉠~㉢에서 측정한 막전위를 나타낸 것이다. ㉠~㉢은 d_1~d_3을 순서 없이 나타낸 것이고, I~IV는 2 ms, 3 ms, 4 ms, 5 ms를 순서 없이 나타낸 것이다.

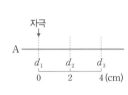

지점	막전위(mV)			
	I	II	III	IV
㉠	−70	−50	−70	?
㉡	−80	−70	?	+30
㉢	?	−80	+30	−70

- A에서 활동 전위가 발생하였을 때, 각 지점에서의 막전위 변화는 그림과 같다.

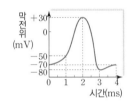

이에 대한 설명으로 옳은 것만을 〈보기〉에서 있는 대로 고른 것은? (단, A에서 흥분의 전도는 1회 일어났고, 휴지 전위는 −70 mV이다.)

| 보기 |

ㄱ. ㉢은 d_1이다.
ㄴ. III은 4 ms이다.
ㄷ. 흥분 전도 속도는 1 cm/ms이다.

① ㄱ　　② ㄷ　　③ ㄱ, ㄴ　　④ ㄴ, ㄷ　　⑤ ㄱ, ㄴ, ㄷ

055 | 신유형 |
상 중 하

다음은 민말이집 신경 A와 B의 흥분 전도에 대한 자료이다.

• 그림은 A와 B의 지점 d_1~d_4의 위치를, 표는 A와 B의 P에 역치 이상의 자극을 동시에 1회 주고 경과한 시간이 I~IV일 때 A의 ㉠과 B의 ㉡에서 측정한 막전위를 나타 낸 것이다. P는 d_1과 d_2 중 하나이고, ㉠과 ㉡은 d_3과 d_4를 순서 없이 나타낸 것이며, I~IV는 2 ms, 3 ms, 4 ms, 5 ms를 순서 없이 나타낸 것이다.

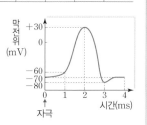

신경	지점	막전위(mV)			
		I	II	III	IV
A	㉠	+30	−70	ⓐ	−80
B	㉡	ⓑ	?	−70	+30

• A와 B의 흥분 전도 속도는 각각 3v와 4v 중 하나이다.
• A와 B 각각에서 활동 전위가 발생하였을 때, 각 지점에서의 막전위 변화는 그림과 같다.

이에 대한 설명으로 옳은 것만을 〈보기〉에서 있는 대로 고른 것은? (단, A와 B에서 흥분의 전도는 각각 1회 일어났고, 휴지 전위는 −70 mV이다.)

| 보기 |

ㄱ. ㉠은 d_3이다.
ㄴ. II는 2 ms이다.
ㄷ. ⓐ와 ⓑ는 모두 −60이다.

① ㄱ ② ㄴ ③ ㄱ, ㄷ ④ ㄴ, ㄷ ⑤ ㄱ, ㄴ, ㄷ

056
상 중 하

다음은 민말이집 신경 X의 흥분 전도에 대한 자료이다.

• 그림은 X의 지점 d_1~d_3의 위치를, 표는 d_1~d_3 중 한 지점에 역치 이상의 자극을 주고 경과된 시간이 3 ms, 4 ms, 5 ms일 때 d_1~d_3에서 측정한 막전위를 나타낸 것이다. t_1~t_3은 각각 3 ms, 4 ms, 5 ms 중 하나이다.

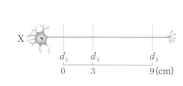

지점	측정한 막전위(mV)		
	t_1	t_2	t_3
d_1	㉠	−70	+30
d_2	+30	㉡	−80
d_3	?	−80	−70

• X의 흥분 전도 속도는 3 cm/ms이다.
• X에서 활동 전위가 발생하였을 때, 각 지점에서의 막전위 변화는 그림과 같다.

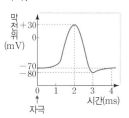

이에 대한 설명으로 옳은 것만을 〈보기〉에서 있는 대로 고른 것은? (단, X에서 흥분의 전도는 1회 일어났고, 휴지 전위는 −70 mV이다.)

| 보기 |

ㄱ. t_1은 t_2보다 이른 시점이다.
ㄴ. 자극을 준 지점은 d_2이다.
ㄷ. ㉠과 ㉡은 같다.

① ㄱ ② ㄴ ③ ㄷ ④ ㄱ, ㄴ ⑤ ㄴ, ㄷ

057

상 중 하

다음은 민말이집 신경 Ⅰ∼Ⅲ의 흥분 전도와 전달에 대한 자료이다.

- 그림은 Ⅰ∼Ⅲ의 지점 $d_1 \sim d_5$의 위치를, 표는 ㉠Ⅰ과 Ⅱ의 P에, Ⅲ의 Q에 역치 이상의 자극을 동시에 1회 주고 경과된 시간이 4 ms일 때, $d_1 \sim d_5$에서의 막전위를 나타낸 것이다. P와 Q는 각각 $d_1 \sim d_5$ 중 하나이다.

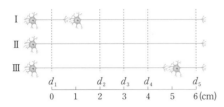

신경	4 ms일 때 막전위(mV)				
	d_1	d_2	d_3	d_4	d_5
Ⅰ	−70	ⓐ	−70	−80	?
Ⅱ	ⓑ	?	ⓒ	?	+30
Ⅲ	ⓑ	−80	?	ⓒ	ⓑ

- Ⅰ을 구성하는 두 뉴런의 흥분 전도 속도는 $2v$로 서로 같고, Ⅱ와 Ⅲ을 구성하는 두 뉴런의 흥분 전도 속도는 각각 $3v$와 $4v$ 중 하나이다.
- Ⅰ∼Ⅲ 각각에서 활동 전위가 발생하였을 때, 각 지점에서의 막전위 변화는 그림과 같다.

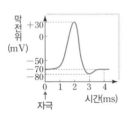

이에 대한 설명으로 옳은 것만을 〈보기〉에서 있는 대로 고른 것은? (단, Ⅰ∼Ⅲ에서 흥분의 전도는 각각 1회 일어났고, 휴지 전위는 −70 mV이다.)

| 보기 |

ㄱ. P는 d_3이다.
ㄴ. Ⅲ의 흥분 전도 속도는 1.5 cm/ms이다.
ㄷ. ㉠이 3 ms일 때 Ⅰ의 d_2에서의 막전위는 ⓑ이다.

① ㄱ   ② ㄴ   ③ ㄱ, ㄷ   ④ ㄴ, ㄷ   ⑤ ㄱ, ㄴ, ㄷ

058

상 중 하

다음은 민말이집 신경 A∼C의 흥분 전도와 전달에 대한 자료이다.

- 그림은 A∼C의 지점 $d_1 \sim d_4$의 위치를, 표는 A∼C의 d_3에 역치 이상의 자극을 동시에 1회 주고 경과된 시간이 t_1일 때 $d_1 \sim d_4$에서의 막전위를 나타낸 것이다. ㉠∼㉢ 중 두 곳에만 시냅스가 있다. Ⅰ∼Ⅳ는 $d_1 \sim d_4$를 순서 없이 나타낸 것이다.

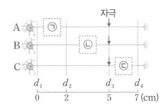

신경	t_1일 때 막전위(mV)			
	Ⅰ	Ⅱ	Ⅲ	Ⅳ
A	−70	−70	−80	?
B	−70	?	?	+30
C	?	−70	0	−60

- A∼C 중 1개의 신경은 두 개의 뉴런으로 구성되고, 두 뉴런의 흥분 전도 속도는 ⓐ로 같다. 다른 1개의 신경도 두 개의 뉴런으로 구성되고, 두 뉴런의 흥분 전도 속도는 ⓑ로 같다. 나머지 1개의 신경의 흥분 전도 속도는 ⓒ이다. ⓐ∼ⓒ는 1 cm/ms, 1.5 cm/ms, 2 cm/ms를 순서 없이 나타낸 것이다.
- A∼C 각각에서 활동 전위가 발생하였을 때, 각 지점에서의 막전위 변화는 그림과 같다.

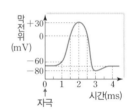

이에 대한 설명으로 옳은 것만을 〈보기〉에서 있는 대로 고른 것은? (단, A∼C에서 흥분의 전도는 각각 1회 일어났고, 휴지 전위는 −70 mV이다.)

| 보기 |

ㄱ. ㉠과 ㉢에 모두 시냅스가 있다.
ㄴ. A∼C 중 C의 흥분 전도 속도가 가장 빠르다.
ㄷ. t_1일 때, B의 Ⅲ에서 재분극이 일어나고 있다.

① ㄱ   ② ㄴ   ③ ㄱ, ㄷ   ④ ㄴ, ㄷ   ⑤ ㄱ, ㄴ, ㄷ

059 상 중 하

다음은 민말이집 신경 A~C의 흥분 전도와 전달에 대한 자료이다.

- 그림은 A~C의 지점 d_1~d_4의 위치를, 표는 ㉮A의 ㉠과 B의 ㉡과 C의 ㉢에 역치 이상의 자극을 동시에 1회 주고 경과된 시간이 4 ms일 때, d_1~d_4에서의 막전위를 나타낸 것이다. ㉠~㉢은 각각 d_1~d_4 중 하나이다.

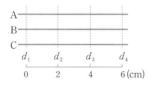

신경	4 ms일 때 막전위(mV)			
	d_1	d_2	d_3	d_4
A	ⓐ	ⓑ	+10	ⓑ
B	ⓐ	−80	ⓑ	ⓒ
C	−70	ⓐ	ⓑ	ⓐ

- A~C의 흥분 전도 속도는 각각 1 cm/ms와 2 cm/ms 중 하나이다.
- A~C 각각에서 활동 전위가 발생하였을 때, 각 지점에서의 막전위 변화는 그림과 같다.

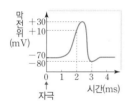

이에 대한 설명으로 옳은 것만을 〈보기〉에서 있는 대로 고른 것은? (단, A~C에서 흥분의 전도는 각각 1회 일어났고, 휴지 전위는 −70 mV이다.)

| 보기 |

ㄱ. ㉡과 ㉢은 모두 d_3이다.
ㄴ. A와 C의 흥분 전도 속도는 같다.
ㄷ. ㉮가 3 ms일 때, A의 d_4에서 탈분극이 일어나고 있다.

① ㄱ　　② ㄷ　　③ ㄱ, ㄴ　　④ ㄴ, ㄷ　　⑤ ㄱ, ㄴ, ㄷ

060 | 신유형 | 상 중 하

다음은 민말이집 신경 A~D의 흥분 전도와 전달에 대한 자료이다.

- 그림은 A~D의 지점 d_1~d_6의 위치를, 표는 ㉠A, B, D의 d_1에 역치 이상의 자극을 동시에 1회 주고 경과된 시간이 4 ms일 때, d_2~d_5에서의 막전위를 나타낸 것이다. Ⅰ~Ⅳ는 d_2~d_5를 순서 없이 나타낸 것이다.

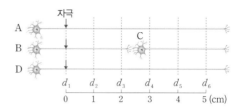

신경	4 ms일 때 막전위(mV)			
	Ⅰ	Ⅱ	Ⅲ	Ⅳ
A	+30	−80	?	?
B, C	−60	?	+30	?
D	?	+30	?	−80

- A와 B의 흥분 전도 속도는 ⓐ로 같고, C와 D의 흥분 전도 속도는 ⓑ로 같다. ⓐ와 ⓑ는 1 cm/ms와 2 cm/ms를 순서 없이 나타낸 것이다.
- A~D 각각에서 활동 전위가 발생하였을 때, 각 지점에서의 막전위 변화는 그림과 같다.

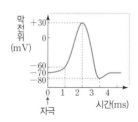

이에 대한 설명으로 옳은 것만을 〈보기〉에서 있는 대로 고른 것은? (단, A~D에서 흥분의 전도는 각각 1회 일어났고, 휴지 전위는 −70 mV이다.)

| 보기 |

ㄱ. Ⅱ는 d_4이다.
ㄴ. ㉠이 3 ms일 때 A의 Ⅲ에서 탈분극이 일어나고 있다.
ㄷ. ㉠이 5 ms일 때 C의 d_6과 D의 d_5에서의 막전위는 서로 같다.

① ㄱ　　② ㄷ　　③ ㄱ, ㄴ　　④ ㄴ, ㄷ　　⑤ ㄱ, ㄴ, ㄷ

⦿ 출제 개념
• 골격근의 수축 과정과 ATP 이용
• 근육 원섬유 마디의 길이 계산
• 근수축 시 근육 원섬유 마디의 위치 찾기

1 근육의 구조

(1) 근육의 종류

골격근	• 골격근에 붙어서 골격의 움직임을 일으키는 근육 • 가로무늬근 • 대뇌의 조절을 받아 의식적으로 수축과 이완이 일어나는 수의근	
내장근	• 혈관이나 소화관 같은 내장 기관을 구성하는 근육 • 민무늬근 • 자율 신경의 조절을 받는 불수의근	
심장근	• 심장에서만 발견되는 근육 • 뚜렷진 않지만 가로무늬를 가진 근육 • 자율 신경의 조절을 받는 불수의근	

★**빈출**
(2) 골격근의 구조

① 여러 개의 근육 섬유 다발로 구성
② 각 근육 섬유(근육 세포)는 근육 원섬유 다발로 구성
③ 근육 원섬유는 마이오신 필라멘트가 액틴 필라멘트 사이에 일부분씩 배열된 구조로, 근육 원섬유 마디(근절)가 반복적으로 나타남

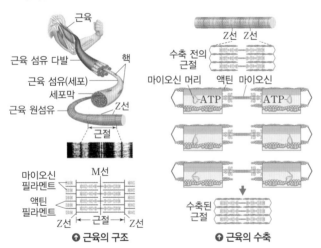

❶ 근육의 구조 ❶ 근육의 수축

★**고빈출**
(3) 근육 원섬유의 구조

① I대(명대): 액틴 필라멘트만 있어 밝게 보이는 부분
② A대(암대): 마이오신 필라멘트만 있어 어둡게 보이는 부분
③ H대: A대 중에서 마이오신 필라멘트로만 이루어진 부분

2 근육 수축의 원리

★**고빈출**
(1) 골격근의 수축 과정

체성 운동 신경의 축삭 돌기 말단에서 아세틸콜린 분비 → 근육 섬유막의 탈분극 → 액틴 필라멘트가 마이오신 필라멘트 사이로 미끄러져 들어감 → 근수축

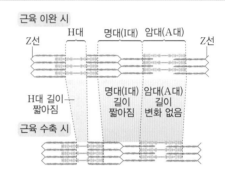

➡ 근육 원섬유 마디, I대, H대의 길이는 짧아지고, A대의 길이(마이오신 필라멘트의 길이)는 변화 없음

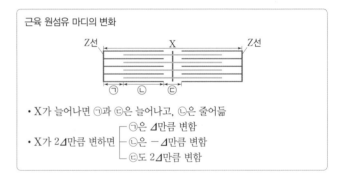

• X가 늘어나면 ㉠과 ㉢은 늘어나고, ㉡은 줄어듦
• X가 2𝛥만큼 변하면
　┌ ㉠은 𝛥만큼 변함
　├ ㉡은 −𝛥만큼 변함
　└ ㉢도 2𝛥만큼 변함

(2) 팔 근육의 수축과 이완

펼 때 • P 이완　• Q 수축	굽힐 때 • P 수축　• Q 이완

(3) 근수축의 에너지원

근수축의 에너지원	• 근육 원섬유가 수축하는 과정에서 필요한 에너지는 ATP로부터 공급받음 • ATP가 분해될 때 방출되는 에너지는 액틴 필라멘트가 마이오신 필라멘트 사이로 미끄러져 들어가는 데 사용
근육의 ATP 생성	• 근육에서 ATP는 크레아틴 인산의 분해와 세포 호흡 과정 등으로 생성 • 크레아틴 인산의 인산이 ADP로 전달되면서 ATP가 빠르게 생성되지만 지속되는 시간이 짧음 • 근수축 초기에는 크레아틴 인산의 분해로 생성되는 ATP 이용 • 이후 포도당 등을 이용한 세포 호흡을 통해 생성된 ATP가 근수축에 공급

대표 기출 문제

061

다음은 골격근의 수축 과정에 대한 자료이다.

평가원 기출

- 그림은 근육 원섬유 마디 X의 구조를 나타낸 것이다. X는 좌우 대칭이다.

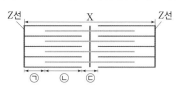

- 구간 ㉠은 액틴 필라멘트만 있는 부분이고, ㉡은 액틴 필라멘트와 마이오신 필라멘트가 겹치는 부분이며, ㉢은 마이오신 필라멘트만 있는 부분이다.
- 골격근 수축 과정의 두 시점 t_1과 t_2 중 t_1일 때 ㉠의 길이와 ㉡의 길이를 더한 값은 $1.0\ \mu$m이고, X의 길이는 $3.2\ \mu$m이다.
- t_1일 때 $\dfrac{ⓐ의\ 길이}{ⓒ의\ 길이}=\dfrac{2}{3}$이고, t_2일 때 $\dfrac{ⓐ의\ 길이}{ⓒ의\ 길이}=1$이며, $\dfrac{t_1일\ 때\ ⓑ의\ 길이}{t_2일\ 때\ ⓑ의\ 길이}=\dfrac{1}{3}$이다. ⓐ와 ⓑ는 ㉠과 ㉡을 순서 없이 나타낸 것이다.

이에 대한 설명으로 옳은 것만을 〈보기〉에서 있는 대로 고른 것은?

| 보기 |

ㄱ. ⓑ는 ㉠이다.
ㄴ. t_1일 때 A대의 길이는 $1.6\ \mu$m이다.
ㄷ. X의 길이는 t_1일 때가 t_2일 때보다 $0.8\ \mu$m 길다.

① ㄱ   ② ㄷ   ③ ㄱ, ㄴ   ④ ㄴ, ㄷ   ⑤ ㄱ, ㄴ, ㄷ

✎ 발문과 자료 분석하기
구간 ㉠~㉢의 길이에 대한 자료를 분석하여 시점 t_1과 t_2에서 각 구간의 길이를 파악해야 한다.

✎ 꼭 기억해야 할 개념
1. 골격근 수축 과정에서 ㉠의 길이와 ㉡의 길이를 더한 값은 변하지 않는다.
2. X의 길이가 $2d$만큼 감소하면 ㉠의 길이는 d만큼 감소하고, ㉡의 길이는 d만큼 증가하며, ㉢의 길이는 $2d$만큼 감소한다.

✎ 선지별 선택 비율

①	②	③	④	⑤
12 %	9 %	9 %	63 %	7 %

062

다음은 골격근의 수축 과정에 대한 자료이다.

- 그림은 근육 원섬유 마디 X의 구조를 나타낸 것이다. X는 좌우 대칭이고, Z_1과 Z_2는 X의 Z선이다.

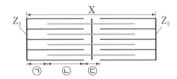

- 구간 ㉠은 액틴 필라멘트만 있는 부분이고, ㉡은 액틴 필라멘트와 마이오신 필라멘트가 겹치는 부분이며, ㉢은 마이오신 필라멘트만 있는 부분이다.
- 표는 골격근 수축 과정의 두 시점 t_1과 t_2일 때 각 시점의 Z_1로부터 Z_2 방향으로 거리가 각각 l_1, l_2, l_3인 세 지점이 ㉠~㉢ 중 어느 구간에 해당하는지를 나타낸 것이다. ⓐ~ⓒ는 ㉠~㉢을 순서 없이 나타낸 것이다.

거리	지점이 해당하는 구간	
	t_1	t_2
l_1	ⓐ	㉡
l_2	ⓑ	?
l_3	?	ⓒ

- t_1일 때 ⓐ~ⓒ의 길이는 순서 없이 $5d$, $6d$, $8d$이고, t_2일 때 ⓐ~ⓒ의 길이는 순서 없이 $2d$, $6d$, $7d$이다. d는 0보다 크다.
- t_1일 때 A대의 길이는 ⓒ의 길이의 2배이다.
- t_1과 t_2일 때 각각 l_1~l_3은 모두 $\dfrac{\text{X의 길이}}{2}$보다 작다.

이에 대한 설명으로 옳은 것만을 〈보기〉에서 있는 대로 고른 것은? [3점]

| 보기 |

ㄱ. $l_2 > l_1$이다.
ㄴ. t_1일 때, Z_1로부터 Z_2 방향으로 거리가 l_3인 지점은 ㉡에 해당한다.
ㄷ. t_2일 때, ⓐ의 길이는 H대의 길이의 3배이다.

① ㄱ ② ㄴ ③ ㄷ ④ ㄱ, ㄴ ⑤ ㄱ, ㄷ

적중 예상 문제

063

(상 중 **하**)

다음은 골격근의 수축 과정에 대한 자료이다.

- 그림은 근육 원섬유 마디 X의 구조를, 표는 시점 t_1과 t_2일 때 X의 길이, Ⅰ의 길이와 Ⅲ의 길이를 더한 값(Ⅰ + Ⅲ), Ⅱ의 길이에서 Ⅰ의 길이를 뺀 값(Ⅱ − Ⅰ)을 나타낸 것이다. X는 좌우 대칭이고, Ⅰ~Ⅲ은 ㉠~㉢을 순서 없이 나타낸 것이다.

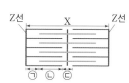

시점	X의 길이	Ⅰ + Ⅲ	Ⅱ − Ⅰ
t_1	ⓐ	1.0	2ⓒ
t_2	ⓑ	0.8	ⓒ

(단위 : μm)

- 구간 ㉠은 액틴 필라멘트만 있는 부분이고, ㉡은 액틴 필라멘트와 마이오신 필라멘트가 겹치는 부분이며, ㉢은 마이오신 필라멘트만 있는 부분이다.
- ⓐ와 ⓑ는 각각 2.8 μm와 3.2 μm 중 하나이다.

이에 대한 설명으로 옳은 것만을 〈보기〉에서 있는 대로 고른 것은?

| 보기 |

ㄱ. Ⅰ은 ㉢이다.

ㄴ. t_1일 때 H대의 길이는 0.8 μm이다.

ㄷ. t_2일 때 ㉠의 길이는 ㉡의 길이의 2배이다.

① ㄱ ② ㄴ ③ ㄱ, ㄷ ④ ㄴ, ㄷ ⑤ ㄱ, ㄴ, ㄷ

064

(상 중 **하**)

다음은 골격근의 수축 과정에 대한 자료이다.

- 그림은 근육 원섬유 마디 X의 구조를 나타낸 것이다. X는 좌우 대칭이다.

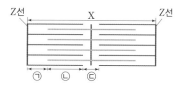

- 구간 ㉠은 액틴 필라멘트만 있는 부분이고, ㉡은 액틴 필라멘트와 마이오신 필라멘트가 겹치는 부분이며, ㉢은 마이오신 필라멘트만 있는 부분이다.
- 골격근 수축 과정의 두 시점 중 t_1일 때 A대의 길이는 1.6 μm이고, t_2일 때 ㉡의 길이와 ㉢의 길이를 더한 값은 1.0 μm이며, X의 길이는 2.4 μm이다.
- t_1일 때 $\dfrac{\text{ⓐ의 길이}}{\text{㉠의 길이}} = 1$이고, t_2일 때 $\dfrac{\text{ⓑ의 길이}}{\text{㉠의 길이}} = 1$이며, $\dfrac{t_1\text{일 때 ⓑ의 길이}}{t_2\text{일 때 ⓐ의 길이}} = 1$이다. ⓐ와 ⓑ는 ㉡과 ㉢을 순서 없이 나타낸 것이다.

이에 대한 설명으로 옳은 것만을 〈보기〉에서 있는 대로 고른 것은?

| 보기 |

ㄱ. ⓐ는 ㉢이다.

ㄴ. t_1일 때 X의 길이는 2.6 μm이다.

ㄷ. t_2일 때 $\dfrac{\text{㉢의 길이}}{\text{㉡의 길이}} = \dfrac{2}{3}$이다.

① ㄱ ② ㄴ ③ ㄱ, ㄷ ④ ㄴ, ㄷ ⑤ ㄱ, ㄴ, ㄷ

065

상 중 하

다음은 골격근의 수축 과정에 대한 자료이다.

- 그림은 근육 원섬유 마디 X의 구조를, 표는 골격근의 수축 과정의 시점 t_1과 t_2일 때 ㉠의 길이를 ㉡의 길이와 ㉢의 길이의 합(㉡+㉢)으로 나눈 값$\left(\dfrac{㉠}{㉡+㉢}\right)$과 ㉢의 길이를 ㉡의 길이로 나눈 값$\left(\dfrac{㉢}{㉡}\right)$을 나타낸 것이다. X는 좌우 대칭이고, t_1일 때 X의 길이는 $2.8\ \mu\mathrm{m}$이다.

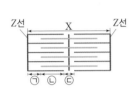

시점	$\dfrac{㉠}{㉡+㉢}$	$\dfrac{㉢}{㉡}$
t_1	$\dfrac{1}{2}$	2
t_2	$\dfrac{1}{3}$	?

- 구간 ㉠은 액틴 필라멘트만 있는 부분이고, ㉡은 액틴 필라멘트와 마이오신 필라멘트가 겹치는 부분이며, ㉢은 마이오신 필라멘트만 있는 부분이다.

이에 대한 설명으로 옳은 것만을 〈보기〉에서 있는 대로 고른 것은?

| 보기 |

ㄱ. t_1일 때 A대의 길이는 $1.6\ \mu\mathrm{m}$이다.
ㄴ. t_2일 때 X의 길이는 $2.4\ \mu\mathrm{m}$이다.
ㄷ. ㉠의 길이를 ㉢의 길이로 나눈 값은 t_1일 때가 t_2일 때보다 길다.

① ㄱ　　② ㄴ　　③ ㄱ, ㄷ　　④ ㄴ, ㄷ　　⑤ ㄱ, ㄴ, ㄷ

066

상 중 하

다음은 골격근의 수축 과정에 대한 자료이다.

- 그림은 근육 원섬유 마디 X의 구조를 나타낸 것이다. X는 좌우 대칭이고, Z_1과 Z_2는 X의 Z선이다.

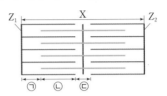

- 구간 ㉠은 액틴 필라멘트만 있는 부분이고, ㉡은 액틴 필라멘트와 마이오신 필라멘트가 겹치는 부분이며, ㉢은 마이오신 필라멘트만 있는 부분이다.
- 표는 시점 t_1과 t_2일 때 각 시점의 Z_1로부터 Z_2 방향으로 거리가 각각 l_1, l_2, l_3인 세 지점이 ㉠~㉢ 중 어느 구간에 해당하는지를 나타낸 것이다. ⓐ~ⓒ는 ㉠~㉢을 순서 없이 나타낸 것이다.

거리	지점이 해당하는 구간	
	t_1	t_2
l_1	?	ⓐ
l_2	ⓑ	ⓒ
l_3	㉡	?

- t_1일 때 $\dfrac{ⓑ의\ 길이}{ⓐ의\ 길이}=\dfrac{3}{4}$이고, t_2일 때 $\dfrac{ⓑ의\ 길이}{ⓐ의\ 길이}=1$이다.
- t_1과 t_2일 때 각각 l_1~l_3은 모두 $\dfrac{X의\ 길이}{2}$보다 작다.

이에 대한 설명으로 옳은 것만을 〈보기〉에서 있는 대로 고른 것은?

| 보기 |

ㄱ. $l_2 > l_3$이다.
ㄴ. t_1일 때 Z_1로부터 Z_2 방향으로 거리가 l_1인 지점은 ㉢에 해당한다.
ㄷ. t_1일 때 H대의 길이는 t_2일 때 H대의 길이의 2배이다.

① ㄱ　　② ㄴ　　③ ㄱ, ㄷ　　④ ㄴ, ㄷ　　⑤ ㄱ, ㄴ, ㄷ

067

상 중 하

다음은 골격근의 수축 과정에 대한 자료이다.

- 그림은 근육 원섬유 마디 X의 구조를 나타낸 것이다. X는 좌우 대칭이고, Z_1과 Z_2는 X의 Z선이다.

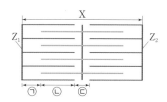

- 구간 ㉠은 액틴 필라멘트만 있는 부분이고, ㉡은 액틴 필라멘트와 마이오신 필라멘트가 겹치는 부분이며, ㉢은 마이오신 필라멘트만 있는 부분이다.
- 표는 골격근 수축 과정의 두 시점 t_1과 t_2일 때 각 시점의 Z_1로부터 Z_2 방향으로 거리가 각각 l_1, l_2, l_3인 세 지점이 ㉠~㉢ 중 어느 구간에 해당하는지를 나타낸 것이다. ⓐ~ⓒ는 ㉠~㉢을 순서 없이 나타낸 것이다.

거리	지점이 해당하는 구간	
	t_1	t_2
l_1	㉡	ⓐ
l_2	?	ⓑ
l_3	ⓒ	?

- t_1일 때 ⓐ~ⓒ의 길이는 순서 없이 $2a$, $6a$, $7a$이고, t_2일 때 ⓐ~ⓒ의 길이는 순서 없이 $5a$, $6a$, $8a$이다. a는 0보다 크다.
- t_2일 때, A대의 길이는 ⓒ의 길이의 2배이다.
- t_1과 t_2일 때 각각 l_1~l_3은 모두 $\dfrac{\text{X의 길이}}{2}$보다 작다.

이에 대한 설명으로 옳은 것만을 〈보기〉에서 있는 대로 고른 것은?

| 보기 |

ㄱ. $l_3 > l_1$이다.

ㄴ. t_1일 때, ⓐ의 길이는 H대의 길이의 $\dfrac{7}{6}$배이다.

ㄷ. t_2일 때, Z_1로부터 Z_2 방향으로 거리가 l_3인 지점은 ㉠에 해당한다.

① ㄱ   ② ㄷ   ③ ㄱ, ㄴ   ④ ㄴ, ㄷ   ⑤ ㄱ, ㄴ, ㄷ

068

상 중 하

다음은 골격근의 수축 과정에 대한 자료이다.

- 그림은 근육 원섬유 마디 X의 구조를 나타낸 것이다. X는 좌우 대칭이다.

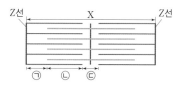

- 구간 ㉠은 액틴 필라멘트만 있는 부분이고, ㉡은 액틴 필라멘트와 마이오신 필라멘트가 겹치는 부분이며, ㉢은 마이오신 필라멘트만 있는 부분이다.
- 골격근 수축 과정의 시점 t_1일 때 ⓐ의 길이의 2배는 시점 t_2일 때 ⓑ의 길이와 ⓒ의 길이를 더한 값과 같다. ⓐ와 ⓑ는 ㉠과 ㉡을 순서 없이 나타낸 것이다.
- t_1일 때 ⓑ의 길이는 0.6 μm이고, t_2일 때 ⓐ의 길이는 0.8 μm이다. t_1일 때 X의 길이와 t_2일 때 X의 길이는 각각 2.8 μm와 3.2 μm 중 하나이다.

이에 대한 설명으로 옳은 것만을 〈보기〉에서 있는 대로 고른 것은?

| 보기 |

ㄱ. t_1일 때 H대의 길이는 0.4 μm이다.

ㄴ. $\dfrac{t_2 \text{일 때 ㉡의 길이}}{t_1 \text{일 때 ㉠의 길이}} = \dfrac{2}{3}$이다.

ㄷ. X의 길이는 t_1일 때가 t_2일 때보다 길다.

① ㄱ   ② ㄷ   ③ ㄱ, ㄴ   ④ ㄴ, ㄷ   ⑤ ㄱ, ㄴ, ㄷ

069

상 중 하

다음은 골격근의 수축 과정에 대한 자료이다.

- 그림은 근육 원섬유 마디 X의 구조를, 표는 골격근 수축 과정의 시점 t_1~t_3일 때 I 의 길이와 III 의 길이를 더한 값(I ＋III), II 의 길이와 III 의 길이를 더한 값(II ＋III)을 나타낸 것이다. X는 좌우 대칭이고, I ~III 은 ㉠~㉢을 순서 없이 나타낸 것이다.

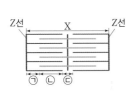

시점	I ＋III	II ＋III
t_1	1.2	?
t_2	?	1.0
t_3	ⓐ	ⓐ

(단위: μm)

- 구간 ㉠은 액틴 필라멘트만 있는 부분이고, ㉡은 액틴 필라멘트와 마이오신 필라멘트가 겹치는 부분이며, ㉢은 마이오신 필라멘트만 있는 부분이다.
- t_1일 때 ㉠의 길이 / t_2일 때 ㉢의 길이 ＝1이고, t_3일 때 ㉠의 길이 / t_3일 때 ㉢의 길이 ＝1이다.
- t_1일 때 ㉢의 길이는 0.8 μm이고, t_2일 때 ㉠의 길이는 0.5 μm이다.

이에 대한 설명으로 옳은 것만을 〈보기〉에서 있는 대로 고른 것은?

| 보기 |

ㄱ. ⓐ는 1.0이다.
ㄴ. t_2일 때 I 의 길이와 II 의 길이를 더한 값은 1.2 μm이다.
ㄷ. t_1일 때 X의 길이는 t_3일 때 X의 길이보다 0.4 μm 길다.

① ㄱ ② ㄴ ③ ㄱ, ㄷ ④ ㄴ, ㄷ ⑤ ㄱ, ㄴ, ㄷ

070

| 신유형 |

상 중 하

다음은 골격근의 수축 과정에 대한 자료이다.

- 그림은 근육 원섬유 마디 X의 구조를, 표는 골격근 수축 과정의 두 시점 t_1과 t_2일 때 ⓐ의 길이에서 ⓑ의 길이를 뺀 값을 ⓒ의 길이로 나눈 값$\left(\dfrac{ⓐ－ⓑ}{ⓒ}\right)$과 X의 길이를 나타낸 것이다. X는 좌우 대칭이고, t_1일 때 A대의 길이는 1.6 μm이다. ⓐ~ⓒ는 ㉠~㉢을 순서 없이 나타낸 것이다.

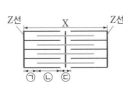

시점	$\dfrac{ⓐ－ⓑ}{ⓒ}$	X의 길이
t_1	$\dfrac{1}{2}$	?
t_2	$\dfrac{1}{4}$	3.0 μm

- 구간 ㉠은 액틴 필라멘트만 있는 부분이고, ㉡은 액틴 필라멘트와 마이오신 필라멘트가 겹치는 부분이며, ㉢은 마이오신 필라멘트만 있는 부분이다.
- t_1일 때 ㉢의 길이와 t_2일 때 ㉡의 길이는 같으며, t_2일 때 ㉢의 길이는 0.4 μm이다.

이에 대한 설명으로 옳은 것만을 〈보기〉에서 있는 대로 고른 것은?

| 보기 |

ㄱ. t_1일 때 ⓐ의 길이는 0.6 μm이다.
ㄴ. $\dfrac{t_1일 때 ㉡의 길이}{t_2일 때 ㉡의 길이}＝\dfrac{5}{6}$이다.
ㄷ. X의 길이는 t_1일 때가 t_2일 때보다 0.2 μm 길다.

① ㄱ ② ㄷ ③ ㄱ, ㄴ ④ ㄴ, ㄷ ⑤ ㄱ, ㄴ, ㄷ

071 | 신유형 | 상 중 하

다음은 골격근의 수축 과정에 대한 자료이다.

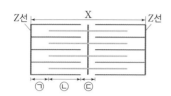

- 그림은 근육 원섬유 마디 X의 구조를 나타낸 것이다. X는 좌우 대칭이다.

- 구간 ㉠은 액틴 필라멘트만 있는 부분이고, ㉡은 액틴 필라멘트와 마이오신 필라멘트가 겹치는 부분이며, ㉢은 마이오신 필라멘트만 있는 부분이다.

- 표는 골격근 수축 과정의 시점 t_1과 t_2일 때 ㉠의 길이에서 ⓐ의 길이를 뺀 값(㉠－ⓐ)과 ⓑ의 길이를 A대의 길이로 나눈 값을 나타낸 것이다. ⓐ와 ⓑ는 ㉡과 ㉢을 순서 없이 나타낸 것이다.

시점	㉠－ⓐ	$\dfrac{ⓑ의\ 길이}{A대의\ 길이}$
t_1	0.1 μm	$\dfrac{1}{2}$
t_2	0.5 μm	$\dfrac{3}{4}$

- t_2일 때 X의 길이는 3.0 μm이다.

이에 대한 설명으로 옳은 것만을 〈보기〉에서 있는 대로 고른 것은?

| 보기 |

ㄱ. t_1일 때 A대의 길이는 1.6 μm이다.

ㄴ. t_2일 때 ⓐ의 길이와 ⓑ의 길이를 더한 값은 1.2 μm이다.

ㄷ. X의 길이는 t_1일 때가 t_2일 때보다 0.2 μm 길다.

① ㄱ　　② ㄷ　　③ ㄱ, ㄴ　　④ ㄴ, ㄷ　　⑤ ㄱ, ㄴ, ㄷ

072 | 신유형 | 상 중 하

다음은 골격근의 수축 과정에 대한 자료이다.

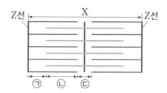

- 그림은 근육 원섬유 마디 X의 구조를 나타낸 것이다. X는 좌우 대칭이다.

- 구간 ㉠은 액틴 필라멘트만 있는 부분이고, ㉡은 액틴 필라멘트와 마이오신 필라멘트가 겹치는 부분이며, ㉢은 마이오신 필라멘트만 있는 부분이다.

- 표는 골격근 수축 과정의 시점 $t_1 \sim t_3$일 때 X의 길이를 나타낸 것이다.

시점	X의 길이
t_1	2.8 μm
t_2	2.6 μm
t_3	?

- t_1일 때 ⓐ의 길이 : ⓑ의 길이＝2 : 1이고, t_2일 때 ⓑ의 길이 : ⓒ의 길이＝1 : 1이며, t_3일 때 ⓐ의 길이 : ⓑ의 길이＝2 : 3이다. ⓐ~ⓒ는 ㉠~㉢을 순서 없이 나타낸 것이다.

- t_3일 때 ⓒ의 길이는 0.4 μm이다.

이에 대한 설명으로 옳은 것만을 〈보기〉에서 있는 대로 고른 것은?

| 보기 |

ㄱ. ⓒ에는 마이오신 필라멘트가 있다.

ㄴ. t_1일 때 ㉠의 길이와 t_2일 때 ㉢의 길이는 같다.

ㄷ. t_3일 때 ⓑ의 길이는 0.6 μm이다.

① ㄱ　　② ㄷ　　③ ㄱ, ㄴ　　④ ㄴ, ㄷ　　⑤ ㄱ, ㄴ, ㄷ

1 중추 신경계

빈출
(1) 뇌와 척수

뇌	구조	대뇌 / 간뇌 / 뇌하수체 / 중간뇌 / 뇌교 / 연수 / 소뇌
	대뇌	• 좌우 2개의 반구로 나누어져 있음 • 언어, 기억, 추리, 상상, 감정 등의 고등 정신 활동과 감각, 수의 운동의 중추
	소뇌	• 대뇌 뒤쪽 아래 위치, 좌우 2개의 반구로 나뉨 • 미세한 수의 운동 조절, 몸의 평형 유지의 중추
	간뇌	• 대뇌와 중간뇌 사이, 소뇌 앞에 위치 • 시상과 시상 하부로 구분 • 시상 하부 : 자율 신경계의 최고 조절 중추, 항상성 조절(체온, 혈당량, 삼투압 조절)에 중요한 역할 • 뇌하수체 : 시상 하부 아래쪽에 위치, 전엽과 후엽으로 구분
	중간뇌	• 간뇌의 아래쪽과 뇌교의 위쪽 사이에 위치 • 몸의 평형 조절 • 안구 운동, 동공 반사의 중추
	뇌교	• 중간뇌의 아래쪽과 연수의 위쪽 사이에 위치 • 대뇌와 소뇌 사이의 정보 전달 중계 • 호흡 운동 조절에 관여
	연수	• 뇌교의 아래쪽과 척수의 위쪽 사이에 위치 • 호흡 운동, 심장 박동, 소화 운동, 소화액 분비의 중추 • 하품, 기침, 구토 등의 반사의 중추 • 대뇌와 연결되는 대부분의 신경이 교차되는 장소
	뇌줄기	중간뇌＋뇌교＋연수
척수		• 뇌와 척수 신경 사이 정보 전달 • 겉질-백색질, 속질-회색질 • 회피 반사, 무릎 반사, 배변·배뇨 반사의 중추 • 운동 뉴런 다발이 전근, 감각 뉴런 다발이 후근을 이룸

(2) 의식적인 반응과 무조건 반사

① **의식적인 반응** : 대뇌가 중추가 되어 일어남

> 자극 → 감각기 → 감각 뉴런 → 대뇌 → 운동 뉴런 → 반응기 → 반응 예 굴러오는 공을 보고 발로 참

② **무조건 반사** : 척수, 연수, 중간뇌가 중추가 되어 무의식적으로 일어나는 반응으로, 자극이 대뇌로 전달되기 전에 반응이 일어나므로 위험으로부터 신속히 몸을 보호함

> 자극 → 감각기 → 감각 뉴런 → 척수, 연수, 중간뇌 → 운동 뉴런 → 반응기 → 반응 예 무릎 반사, 재채기, 동공 반사 등

2 말초 신경계 [고빈출]

(1) 해부학적 구분

뇌 신경	뇌에서 뻗어 나온 12쌍의 신경
척수 신경	척수에서 뻗어 나온 31쌍의 신경

(2) 연결 방식에 따른 구분

구심성 신경	• 감각 기관에서 중추 신경계로 흥분을 전달하는 신경 • 감각 신경이라고도 함
원심성 신경	• 중추 신경계의 명령을 반응 기관으로 전달하는 신경 • 운동 신경이라고도 함

(3) 기능에 따른 구분

구조	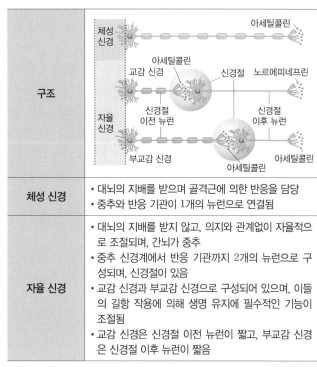
체성 신경	• 대뇌의 지배를 받으며 골격근에 의한 반응을 담당 • 중추와 반응 기관이 1개의 뉴런으로 연결됨
자율 신경	• 대뇌의 지배를 받지 않고, 의지와 관계없이 자율적으로 조절되며, 간뇌가 중추 • 중추 신경계에서 반응 기관까지 2개의 뉴런으로 구성되며, 신경절이 있음 • 교감 신경과 부교감 신경으로 구성되어 있으며, 이들의 길항 작용에 의해 생명 유지에 필수적인 기능이 조절됨 • 교감 신경은 신경절 이전 뉴런이 짧고, 부교감 신경은 신경절 이후 뉴런이 짧음

교감 신경과 부교감 신경의 기능 비교

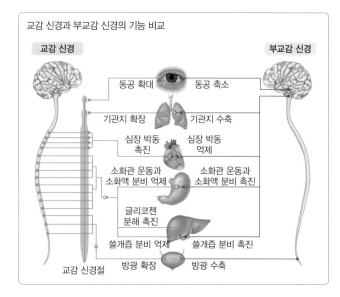

대표 기출 문제

073

그림은 동공의 크기 조절에 관여하는 자율 신경 X가 중추 신경계에 연결된 경로를 나타낸 것이다. A~C는 대뇌, 연수, 중간뇌를 순서 없이 나타낸 것이고, ㉠에 하나의 신경절이 있다.

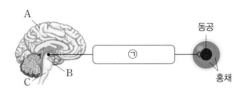

이에 대한 설명으로 옳은 것만을 〈보기〉에서 있는 대로 고른 것은?

| 보기 |

ㄱ. X는 신경절 이전 뉴런이 신경절 이후 뉴런보다 짧다.
ㄴ. A의 겉질은 회색질이다.
ㄷ. B와 C는 모두 뇌줄기에 속한다.

① ㄱ ② ㄷ ③ ㄱ, ㄴ ④ ㄴ, ㄷ ⑤ ㄱ, ㄴ, ㄷ

074

표는 사람의 자율 신경 Ⅰ~Ⅲ의 특징을 나타낸 것이다. (가)와 (나)는 척수와 뇌줄기를 순서 없이 나타낸 것이고, ㉠은 아세틸콜린과 노르에피네프린 중 하나이다.

자율 신경	신경절 이전 뉴런의 신경 세포체 위치	신경절 이후 뉴런의 축삭 돌기 말단에서 분비되는 신경 전달 물질	연결된 기관
Ⅰ	(가)	아세틸콜린	위
Ⅱ	(가)	㉠	심장
Ⅲ	(나)	㉠	방광

이에 대한 설명으로 옳은 것만을 〈보기〉에서 있는 대로 고른 것은?

| 보기 |

ㄱ. (가)는 뇌줄기이다.
ㄴ. ㉠은 노르에피네프린이다.
ㄷ. Ⅲ은 부교감 신경이다.

① ㄱ ② ㄴ ③ ㄷ ④ ㄱ, ㄴ ⑤ ㄱ, ㄷ

075

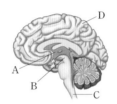

상 중 **하**

그림은 사람의 중추 신경계를 나타낸 것이다. A~D는 각각 대뇌, 간뇌, 중간뇌, 척수 중 하나이다.

이에 대한 설명으로 옳은 것만을 〈보기〉에서 있는 대로 고른 것은?

| 보기 |

ㄱ. A와 B는 모두 뇌줄기를 구성한다.
ㄴ. C에는 교감 신경의 신경절 이전 뉴런의 신경 세포체가 있다.
ㄷ. 전두엽은 D의 백색질에 있다.

① ㄱ   ② ㄴ   ③ ㄱ, ㄷ   ④ ㄴ, ㄷ   ⑤ ㄱ, ㄴ, ㄷ

076 | 신유형 |

상 중 **하**

표 (가)는 사람의 중추 신경계를 구성하는 구조 A~C에서 특징 ㉠~㉢의 유무를, (나)는 ㉠~㉢을 순서 없이 나타낸 것이다. A~C는 간뇌, 연수, 척수를 순서 없이 나타낸 것이다.

특징 구조	㉠	㉡	㉢
A	○	?	×
B	×	ⓐ	○
C	○	○	ⓑ

(○ : 있음, × : 없음)

(가)

특징(㉠~㉢)
○ 뇌 신경이 나온다.
○ 체온 조절의 중추이다.
○ 무조건 반사의 중추이다.

(나)

이에 대한 설명으로 옳은 것만을 〈보기〉에서 있는 대로 고른 것은?

| 보기 |

ㄱ. ⓐ와 ⓑ는 모두 '×'이다.
ㄴ. C는 호흡 운동의 조절 중추이다.
ㄷ. ㉡은 '무조건 반사의 중추이다.'이다.

① ㄱ   ② ㄴ   ③ ㄱ, ㄷ   ④ ㄴ, ㄷ   ⑤ ㄱ, ㄴ, ㄷ

077

상 중 **하**

그림은 소화 작용 조절에 관여하는 뉴런 ㉠~㉣을, 표는 ㉠과 ㉢에 각각 역치 이상의 자극을 주었을 때 소화 작용 변화를 나타낸 것이다. A와 B는 연수와 척수를 순서 없이 나타낸 것이고, ⓐ와 ⓑ 각각에 하나의 신경절이 있다.

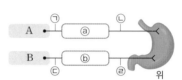

구분	역치 이상의 자극을 준 뉴런	
	㉠	㉢
소화 작용	촉진	억제

이에 대한 설명으로 옳은 것만을 〈보기〉에서 있는 대로 고른 것은?

| 보기 |

ㄱ. A는 뇌줄기에 속한다.
ㄴ. ㉡의 축삭 돌기 말단에서는 노르에피네프린이 분비된다.
ㄷ. ㉢의 길이는 ㉣의 길이보다 길다.

① ㄱ   ② ㄴ   ③ ㄱ, ㄷ   ④ ㄴ, ㄷ   ⑤ ㄱ, ㄴ, ㄷ

078 | 신유형 | 　상 중 하

그림 (가)는 중추 신경계에 속한 A와 B로부터 심장에 연결된 말초 신경을, (나)는 물질 X의 주사량에 따른 심장 박동 수를 나타낸 것이다. X는 ㉠의 축삭 돌기 말단과 ㉡의 축삭 돌기 말단 중 한 곳에서 분비되는 신경 전달 물질이다. A와 B는 각각 연수와 척수 중 하나이다.

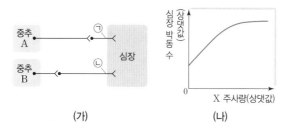

(가)　　　　　(나)

이에 대한 설명으로 옳은 것만을 〈보기〉에서 있는 대로 고른 것은?

─── | 보기 | ───

ㄱ. A는 배변·배뇨 반사의 중추이다.

ㄴ. X는 ㉡의 축삭 돌기 말단에서 분비되는 신경 전달 물질이다.

ㄷ. ㉠에 역치 이상의 자극을 주면 심장 박동이 억제된다.

① ㄱ　　② ㄴ　　③ ㄱ, ㄷ　　④ ㄴ, ㄷ　　⑤ ㄱ, ㄴ, ㄷ

079 　상 중 하

표는 사람의 자율 신경 Ⅰ~Ⅲ의 특징을 나타낸 것이다. (가)와 (나)는 척수와 중간뇌를 순서 없이 나타낸 것이고, ㉠과 ㉡은 노르에피네프린과 아세틸콜린을 순서 없이 나타낸 것이며, ⓐ와 ⓑ는 눈과 위를 순서 없이 나타낸 것이다.

자율 신경	신경절 이전 뉴런의 신경 세포체 위치	신경절 이후 뉴런의 축삭 돌기 말단에서 분비되는 신경 전달 물질	연결된 기관
Ⅰ	(가)	㉠	ⓐ
Ⅱ	(나)	㉡	ⓑ
Ⅲ	(나)	㉠	방광

이에 대한 설명으로 옳은 것만을 〈보기〉에서 있는 대로 고른 것은?

─── | 보기 | ───

ㄱ. (가)는 안구 운동의 중추이다.

ㄴ. ⓑ는 소장과 같은 기관계에 속한다.

ㄷ. Ⅲ은 교감 신경이다.

① ㄱ　　② ㄷ　　③ ㄱ, ㄴ　　④ ㄴ, ㄷ　　⑤ ㄱ, ㄴ, ㄷ

080 　상 중 하

그림 (가)는 자극에 의한 반사가 일어날 때 흥분 전달 경로를, (나)는 ⓐ의 근육 원섬유 마디의 구조를 나타낸 것이다. ㉠과 ㉡은 A대와 H대를 순서 없이 나타낸 것이다.

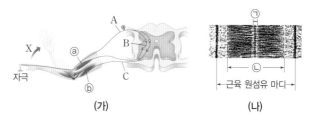

(가)　　　　　(나)

이에 대한 설명으로 옳은 것만을 〈보기〉에서 있는 대로 고른 것은?

─── | 보기 | ───

ㄱ. A의 흥분에 의해 ⓑ가 수축한다.

ㄴ. B와 C는 모두 체성 신경에 속한다.

ㄷ. 과정 X가 일어나는 동안 $\dfrac{㉠의 \ 길이}{㉡의 \ 길이}$ 는 작아진다.

① ㄱ　　② ㄷ　　③ ㄱ, ㄴ　　④ ㄴ, ㄷ　　⑤ ㄱ, ㄴ, ㄷ

081

상 중 하

그림 (가)는 동공의 크기 조절에 관여하는 뉴런 A~D를, (나)는 빛의 세기에 따른 동공의 크기를 나타낸 것이다.

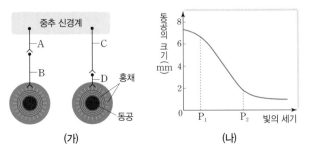

(가)　　　　　　　(나)

이에 대한 설명으로 옳은 것만을 〈보기〉에서 있는 대로 고른 것은?

― | 보기 | ―

ㄱ. A의 신경 세포체는 척수에 있다.

ㄴ. B와 C의 축삭 돌기 말단에서 분비되는 신경 전달 물질은 같다.

ㄷ. 빛의 세기가 P_1에서 P_2로 변할 때
$\dfrac{\text{B에서 분비되는 신경 전달 물질의 양}}{\text{D에서 분비되는 신경 전달 물질의 양}}$ 은 커진다.

① ㄱ　　② ㄴ　　③ ㄱ, ㄷ　　④ ㄴ, ㄷ　　⑤ ㄱ, ㄴ, ㄷ

082 | 신유형 |

상 중 하

그림 (가)는 중추 신경계로부터 자율 신경을 통해 각 기관에 연결된 경로를, (나)는 ㉠에 역치 이상의 자극을 주었을 때 위 내부의 pH 변화를 나타낸 것이다. Ⅰ~Ⅲ은 중간뇌, 연수, 척수를 순서 없이 나타낸 것이고, ㉠과 ㉡은 교감 신경과 부교감 신경을 순서 없이 나타낸 것이며, A~C는 방광, 심장, 홍채를 순서 없이 나타낸 것이다.

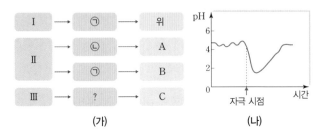

(가)　　　　　　　(나)

이에 대한 설명으로 옳은 것만을 〈보기〉에서 있는 대로 고른 것은?

― | 보기 | ―

ㄱ. Ⅱ의 겉질은 회색질이다.

ㄴ. ㉠에서 신경절 이전 뉴런의 길이는 신경절 이후 뉴런의 길이보다 길다.

ㄷ. C는 홍채이다.

① ㄱ　　② ㄴ　　③ ㄱ, ㄷ　　④ ㄴ, ㄷ　　⑤ ㄱ, ㄴ, ㄷ

083

상 중 하

그림은 중추 신경계로부터 자율 신경을 통해 방광에 연결된 경로를, 표는 ㉡과 ㉣에 각각 역치 이상의 자극을 주었을 때 일어나는 방광의 반응을 나타낸 것이다. ⓐ와 ⓑ 중 한 지점, ⓒ와 ⓓ 중 한 지점에 각각 신경절이 있다.

구분	㉡	㉣
방광의 반응	수축	확장

이에 대한 설명으로 옳은 것만을 〈보기〉에서 있는 대로 고른 것은?

― | 보기 | ―

ㄱ. ㉠과 ㉢은 뇌 신경에 속한다.

ㄴ. ⓑ와 ⓒ에 각각 신경절이 있다.

ㄷ. ㉠과 ㉣의 축삭 돌기 말단에서 분비되는 신경 전달 물질은 같다.

① ㄱ　　② ㄴ　　③ ㄱ, ㄷ　　④ ㄴ, ㄷ　　⑤ ㄱ, ㄴ, ㄷ

084

상 중 하

그림 (가)는 중추 신경계의 구조를, (나)는 중추 신경계로부터 말초 신경을 통해 심장과 골격근에 연결된 경로를 나타낸 것이다. A와 B는 각각 연수와 척수 중 하나이다.

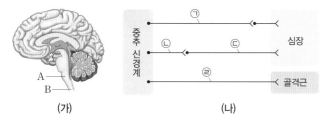

(가)   (나)

이에 대한 설명으로 옳은 것만을 〈보기〉에서 있는 대로 고른 것은?

| 보기 |

ㄱ. ㉠의 신경 세포체는 B에 있다.

ㄴ. ㉡과 ㉣은 모두 전근을 통해 나온다.

ㄷ. ㉢과 ㉣의 축삭 돌기 말단에서 분비되는 신경 전달 물질은 같다.

① ㄱ   ② ㄴ   ③ ㄱ, ㄷ   ④ ㄴ, ㄷ   ⑤ ㄱ, ㄴ, ㄷ

085

상 중 하

그림 (가)는 소화 운동 조절에 관여하는 뉴런 ㉠~㉣을, (나)는 ㉠과 ㉢ 중 하나를 자극했을 때 시간에 따른 소장 근육의 수축력(운동 정도)을 나타낸 것이다. ⓐ와 ⓑ에는 각각 하나의 신경절이 있으며, ㉠과 ㉣의 축삭 돌기 말단에서 분비되는 신경 전달 물질은 같다. A와 B는 연수와 척수를 순서 없이 나타낸 것이다.

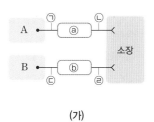 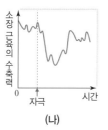

(가)   (나)

이에 대한 설명으로 옳은 것만을 〈보기〉에서 있는 대로 고른 것은?

| 보기 |

ㄱ. A는 척수이다.

ㄴ. (나)에서 자극을 준 뉴런은 ㉢이다.

ㄷ. ㉡의 축삭 돌기 말단에서 분비되는 신경 전달 물질은 아세틸콜린이다.

① ㄱ   ② ㄴ   ③ ㄱ, ㄷ   ④ ㄴ, ㄷ   ⑤ ㄱ, ㄴ, ㄷ

086 | 신유형 |

상 중 하

그림은 감각 기관 A, B에서 수용된 자극이 중추 신경계를 거쳐 반응 기관 P, Q, R로 전달되는 경로를, 표는 자극에 대한 반응의 예를 나타낸 것이다. ⓐ~ⓘ는 뉴런이다.

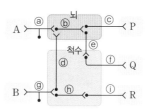

구분	반응의 예
(가)	날카로운 물체에 손이 닿자 자신도 모르게 손을 움직였다.
(나)	어두운 방에서 손으로 벽을 더듬어 스위치를 켰다.

이에 대한 설명으로 옳은 것만을 〈보기〉에서 있는 대로 고른 것은?

| 보기 |

ㄱ. ⓖ는 척수의 전근을 구성한다.

ㄴ. (가)에서 반응 기관은 R이다.

ㄷ. (나)에서 흥분은 A → ⓐ → ⓑ → ⓔ → ⓕ → Q로 전달된다.

① ㄱ   ② ㄴ   ③ ㄱ, ㄷ   ④ ㄴ, ㄷ   ⑤ ㄱ, ㄴ, ㄷ

⊘ 출제 개념
- 호르몬의 특징 연결
- 혈당량 조절과 길항 작용
- 시상 하부 온도와 체온 조절
- 삼투압 조절에서 ADH의 작용

1 호르몬

(1) **호르몬의 특징**: 내분비샘에서 생성되어 표적 기관에만 작용, 종 특이성 없고, 미량으로 생리 작용 조절

(2) 호르몬과 신경의 비교

구분	호르몬	신경
전달 매체	혈액	뉴런
전달 속도	상대적으로 느림	상대적으로 빠름
효과의 지속성	비교적 오래 지속	일시적, 빨리 사라짐
작용 범위	넓음	좁음
특징	표적 기관에만 작용	일정한 방향으로만 전달

(3) 호르몬의 종류와 기능

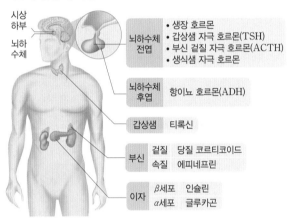

↑ 사람의 내분비샘과 주요 호르몬

2 항상성 조절

(1) **항상성**: 외부와 내부 환경의 변화에 대해 신경계와 내분비계가 함께 작용하여 체내 환경을 일정하게 유지하는 현상

☆빈출
(2) 항상성 유지의 원리

① **음성 피드백**: 결과가 원인에 작용하여 결과를 적절하게 유지시키는 조절 작용

② **양성 피드백**: 결과가 원인을 촉진하여 결과를 더욱 상승시키는 작용 예 옥시토신의 출산 촉진 과정

③ **길항 작용**: 하나의 대상에 대하여 한쪽은 기능을 촉진(길)하고 다른 한쪽은 기능을 억제(항)하여 조절하는 작용 예 교감 신경과 부교감 신경, 인슐린과 글루카곤

☆고빈출
(3) 혈당량 조절

① 조절 중추는 간뇌 시상 하부
② 혈당량(혈액 중의 포도당 농도)을 0.1 %로 유지

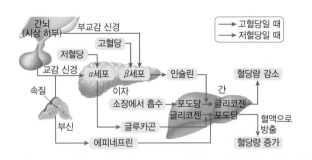

고혈당일 때	저혈당일 때
이자의 β세포에서 인슐린 분비 → 인슐린은 간에서 포도당을 글리코젠으로 합성, 각 세포로의 포도당 흡수를 촉진 → 혈당량이 낮아짐 → 음성 피드백에 의해 인슐린 분비가 억제됨	이자의 α세포에서 글루카곤 분비 → 글루카곤은 간에서 글리코젠을 포도당으로 분해 → 혈당량이 높아짐 → 음성 피드백에 의해 글루카곤의 분비가 억제됨

☆빈출
(4) 체온 조절

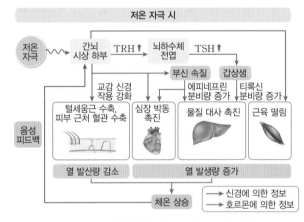

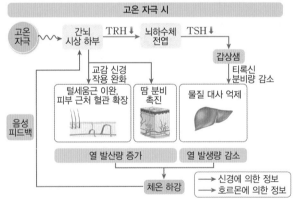

☆고빈출
(5) 삼투압 조절

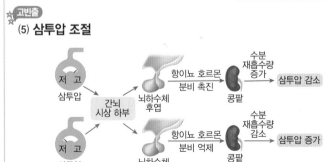

대표 기출 문제

087

그림 (가)는 정상인에서 갈증을 느끼는 정도를 ⓐ의 변화량에 따라 나타낸 것이다. 그림 (나)는 정상인 A에게는 소금과 수분을, 정상인 B에게는 소금만 공급하면서 측정한 ⓐ를 시간에 따라 나타낸 것이다. ⓐ는 전체 혈액량과 혈장 삼투압 중 하나이다.

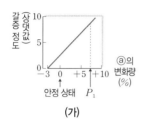
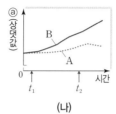

(가)　　　　(나)

이에 대한 설명으로 옳은 것만을 〈보기〉에서 있는 대로 고른 것은? (단, 제시된 조건 이외는 고려하지 않는다.)

| 보기 |

ㄱ. 생성되는 오줌의 삼투압은 안정 상태일 때가 P_1일 때보다 높다.
ㄴ. t_2일 때 갈증을 느끼는 정도는 B에서가 A에서보다 크다.
ㄷ. B의 혈중 항이뇨 호르몬(ADH) 농도는 t_1일 때가 t_2일 때보다 높다.

① ㄱ　　② ㄴ　　③ ㄷ　　④ ㄱ, ㄴ　　⑤ ㄴ, ㄷ

088

사람 A~C는 모두 혈중 티록신 농도가 정상적이지 않다. 표 (가)는 A~C의 혈중 티록신 농도가 정상적이지 않은 원인을, (나)는 사람 ㉠~㉢의 혈중 티록신과 TSH의 농도를 나타낸 것이다. ㉠~㉢은 A~C를 순서 없이 나타낸 것이고, ⓐ는 '＋'와 '－' 중 하나이다.

사람	원인
A	뇌하수체 전엽에 이상이 생겨 TSH 분비량이 정상보다 적음
B	갑상샘에 이상이 생겨 티록신 분비량이 정상보다 많음
C	갑상샘에 이상이 생겨 티록신 분비량이 정상보다 적음

(가)

사람	혈중 농도	
	티록신	TSH
㉠	－	＋
㉡	＋	ⓐ
㉢	－	－

(＋ : 정상보다 높음, － : 정상보다 낮음)

(나)

이에 대한 설명으로 옳은 것만을 〈보기〉에서 있는 대로 고른 것은? (단, 제시된 조건 이외는 고려하지 않는다.) [3점]

| 보기 |

ㄱ. ⓐ는 '－'이다.
ㄴ. ㉠에게 티록신을 투여하면 투여 전보다 TSH의 분비가 촉진된다.
ㄷ. 정상인에서 뇌하수체 전엽에 TRH의 표적 세포가 있다.

① ㄱ　　② ㄴ　　③ ㄷ　　④ ㄱ, ㄷ　　⑤ ㄴ, ㄷ

089

상 중 하

표 (가)는 사람 몸에서 분비되는 호르몬의 특징을, (나)는 (가)의 특징 중에서 호르몬 A~C가 가지는 특징의 개수를 나타낸 것이다. A~C는 인슐린, 글루카곤, 에피네프린을 순서 없이 나타낸 것이다.

특징(㉠~㉢)
○ 이자에서 분비된다.
○ 교감 신경에 의해 분비가 촉진된다.
○ 혈당량이 낮아지면 분비가 증가한다.

(가)

호르몬	특징의 개수
A	2
B	1
C	?

(나)

이에 대한 설명으로 옳은 것만을 〈보기〉에서 있는 대로 고른 것은?

─── | 보기 | ───

ㄱ. A는 부신 겉질에서 분비된다.
ㄴ. B는 부교감 신경에 의해 분비가 촉진된다.
ㄷ. C는 간에서 글리코젠이 포도당으로 전환되는 과정을 촉진한다.

① ㄱ　　② ㄴ　　③ ㄱ, ㄷ　　④ ㄴ, ㄷ　　⑤ ㄱ, ㄴ, ㄷ

090

상 중 하

표 (가)는 사람의 호르몬 A~C에서 특징 ㉠~㉢의 유무를, (나)는 ㉠~㉢을 순서 없이 나타낸 것이다. A~C는 당질 코르티코이드, 항이뇨 호르몬(ADH), 갑상샘 자극 호르몬(TSH)을 순서 없이 나타낸 것이다.

특징＼호르몬	㉠	㉡	㉢
A	?	○	ⓑ
B	×	○	○
C	ⓐ	?	×

(○: 있음, ×: 없음)

특징(㉠~㉢)
○ 뇌하수체에서 분비된다.
○ 티록신 분비를 촉진한다.
○ 혈당량 조절에 관여한다.

(가)　　(나)

이에 대한 설명으로 옳은 것만을 〈보기〉에서 있는 대로 고른 것은?

─── | 보기 | ───

ㄱ. ⓐ와 ⓑ는 모두 '×'이다.
ㄴ. A는 혈액을 통해 콩팥으로 이동한다.
ㄷ. C는 뇌하수체 전엽에서 분비되는 호르몬에 의해 분비가 촉진된다.

① ㄱ　　② ㄴ　　③ ㄷ　　④ ㄱ, ㄷ　　⑤ ㄴ, ㄷ

091

| 신유형 |

상 중 하

그림은 사람에서 TSH 또는 티록신 분비와 관련된 4가지 기능 이상 A~D를 혈중 TSH 농도와 혈중 티록신 농도를 기준으로 구분하여 나타낸 것이고, 표는 TSH와 티록신 분비 관련 기능 이상이 있는 사람 ㉠과 ㉡의 특징을 나타낸 것이다. A~D 중 하나는 ㉠이고, 나머지 셋 중 하나는 ㉡이다.

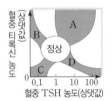

사람	특징
㉠	TSH가 분비되지 않음
㉡	TSH의 표적 세포가 TSH에 반응하지 못함

이에 대한 설명으로 옳은 것만을 〈보기〉에서 있는 대로 고른 것은? (단, 제시된 조건 이외는 고려하지 않는다.)

─── | 보기 | ───

ㄱ. ㉡은 C이다.
ㄴ. ㉠은 TRH 농도가 정상인보다 높다.
ㄷ. TSH 투여 후, ㉡의 갑상샘에서 티록신이 분비된다.

① ㄱ　　② ㄴ　　③ ㄱ, ㄷ　　④ ㄴ, ㄷ　　⑤ ㄱ, ㄴ, ㄷ

092

상 중 하

사람 A~D는 모두 혈중 티록신 농도가 정상적이지 않다. 표는 A~D의 혈중 티록신과 TSH의 농도와 호르몬 분비 기능에 이상이 있는 내분비샘을 나타낸 것이다. ㉠과 ㉡은 갑상샘과 뇌하수체를 순서 없이 나타낸 것이다.

사람	혈중 농도		내분비샘
	티록신	TSH	
A	+	ⓐ	㉠
B	−	+	㉠
C	?	+	㉡
D	−	ⓑ	㉡

(+ : 정상보다 높음, − : 정상보다 낮음)

이에 대한 설명으로 옳은 것만을 〈보기〉에서 있는 대로 고른 것은? (단, 제시된 조건 이외는 고려하지 않는다.)

─── | 보기 | ───

ㄱ. ⓐ와 ⓑ는 모두 '−'이다.
ㄴ. C는 갑상샘에 이상이 생겨 티록신 분비량이 정상보다 높다.
ㄷ. D는 TRH 농도가 정상보다 높다.

① ㄱ　　② ㄴ　　③ ㄱ, ㄷ　　④ ㄴ, ㄷ　　⑤ ㄱ, ㄴ, ㄷ

093

상 중 하

그림 (가)는 정상인이 운동을 하는 동안 혈중 포도당 농도와 혈중 ㉠ 농도의 변화를, (나)는 간에서 ㉠에 의해 촉진되는 물질 A에서 B로의 전환을 나타낸 것이다. ㉠은 글루카곤과 인슐린 중 하나이고, A와 B는 포도당과 글리코젠을 순서 없이 나타낸 것이다.

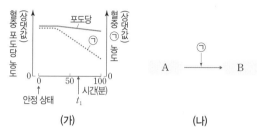

(가)   (나)

이에 대한 설명으로 옳은 것만을 〈보기〉에서 있는 대로 고른 것은? (단, 제시된 조건 이외는 고려하지 않는다.)

| 보기 |

ㄱ. B는 포도당이다.
ㄴ. ㉠은 세포로의 포도당 흡수를 촉진한다.
ㄷ. 간에서 단위 시간당 합성되는 글리코젠의 양은 t_1일 때가 운동 시작 시점일 때보다 많다.

① ㄱ   ② ㄴ   ③ ㄱ, ㄷ   ④ ㄴ, ㄷ   ⑤ ㄱ, ㄴ, ㄷ

094

상 중 하

그림 (가)는 정상인이 탄수화물을 섭취한 후 시간에 따른 혈중 호르몬 ㉠과 ㉡의 농도를, (나)는 이자의 세포 X와 Y에서 분비되는 ㉠과 ㉡을 나타낸 것이다. ㉠과 ㉡은 글루카곤과 인슐린을 순서 없이 나타낸 것이고, X와 Y는 α세포와 β세포를 순서 없이 나타낸 것이다.

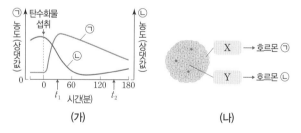

(가)   (나)

이에 대한 설명으로 옳은 것만을 〈보기〉에서 있는 대로 고른 것은? (단, 제시된 조건 이외는 고려하지 않는다.)

| 보기 |

ㄱ. Y는 β세포이다.
ㄴ. 혈중 포도당 농도는 t_1일 때가 t_2일 때보다 높다.
ㄷ. ㉠은 간에서 글리코젠이 포도당으로 전환되는 과정을 촉진한다.

① ㄱ   ② ㄴ   ③ ㄷ   ④ ㄱ, ㄷ   ⑤ ㄴ, ㄷ

095

상 중 하

그림 (가)는 어떤 동물의 체온 조절 중추에 ㉠과 ㉡을 주었을 때 시간에 따른 체온을, (나)는 정상인에게 ㉠과 ㉡을 주었을 때 ⓐ의 변화를 나타낸 것이다. ㉠과 ㉡은 고온 자극과 저온 자극을 순서 없이 나타낸 것이고, ⓐ는 땀 분비량과 열 발생량 중 하나이다.

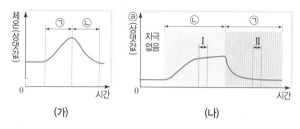

(가)   (나)

이에 대한 설명으로 옳은 것만을 〈보기〉에서 있는 대로 고른 것은? (단, 제시된 조건 이외는 고려하지 않는다.)

| 보기 |

ㄱ. ⓐ는 열 발생량이다.
ㄴ. 열 발산량은 구간 Ⅰ에서가 구간 Ⅱ에서보다 많다.
ㄷ. 시상 하부에 ㉡을 주었을 때 피부 근처 혈관은 수축한다.

① ㄱ   ② ㄴ   ③ ㄱ, ㄷ   ④ ㄴ, ㄷ   ⑤ ㄱ, ㄴ, ㄷ

096

신유형

상 중 하

그림 (가)는 정상인에게 저온 자극과 고온 자극을 주었을 때 ㉠의 변화를, (나)는 정상인에서 시상 하부 온도에 따른 ㉡을 나타낸 것이다. ㉠과 ㉡은 근육에서의 열 발생량과 피부 근처 모세 혈관을 흐르는 단위 시간당 혈액량을 순서 없이 나타낸 것이다.

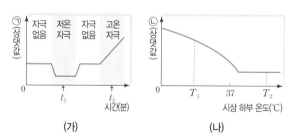

(가)   (나)

이에 대한 설명으로 옳은 것만을 〈보기〉에서 있는 대로 고른 것은? (단, 제시된 조건 이외는 고려하지 않는다.)

| 보기 |

ㄱ. ㉠은 근육에서의 열 발생량이다.
ㄴ. 혈중 티록신의 농도는 t_1일 때가 t_2일 때보다 높다.
ㄷ. 피부 근처 모세 혈관을 흐르는 단위 시간당 혈액량은 T_1일 때가 T_2일 때보다 많다.

① ㄱ   ② ㄴ   ③ ㄱ, ㄷ   ④ ㄴ, ㄷ   ⑤ ㄱ, ㄴ, ㄷ

097

상 중 하

그림 (가)는 어떤 동물 종의 개체 ㉠과 ㉡에서 호르몬 X의 분비와 작용을, (나)는 ㉠과 ㉡을 고온 환경에 노출시켜 같은 양의 땀을 흘리게 하면서 측정한 혈장 삼투압을 시간에 따라 나타낸 것이다. ㉠과 ㉡은 X가 정상적으로 분비되는 개체와 X가 정상보다 적게 분비되는 개체를 순서 없이 나타낸 것이다.

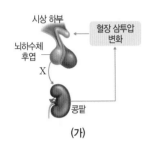 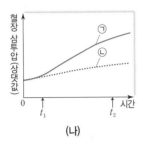

(가)   (나)

이에 대한 설명으로 옳은 것만을 〈보기〉에서 있는 대로 고른 것은? (단, 제시된 조건 이외는 고려하지 않는다.)

―― | 보기 | ――

ㄱ. 콩팥은 X의 표적 기관이다.

ㄴ. t_2일 때 $\dfrac{㉠의\ 혈중\ ADH\ 농도}{㉡의\ 혈중\ ADH\ 농도}$는 1보다 크다.

ㄷ. ㉡에서 단위 시간당 오줌 생성량은 t_1일 때가 t_2일 때보다 많다.

① ㄱ   ② ㄴ   ③ ㄱ, ㄷ   ④ ㄴ, ㄷ   ⑤ ㄱ, ㄴ, ㄷ

098

상 중 하

그림 (가)는 정상인이 1 L의 물을 섭취하였을 때 ㉠의 변화를, (나)는 정상인 A와 B 중 한 사람에게서만 수분 공급을 중단하고 측정한 시간에 따른 ㉡을 나타낸 것이다. ㉠과 ㉡은 오줌 삼투압과 단위 시간당 오줌 생성량을 순서 없이 나타낸 것이다.

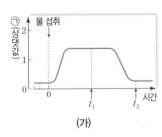 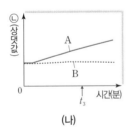

(가)   (나)

이에 대한 설명으로 옳은 것만을 〈보기〉에서 있는 대로 고른 것은? (단, 제시된 조건 이외는 고려하지 않는다.)

―― | 보기 | ――

ㄱ. ㉡은 단위 시간당 오줌 생성량이다.

ㄴ. 오줌 삼투압은 t_1일 때가 t_2일 때보다 높다.

ㄷ. t_3일 때 혈장 삼투압은 A가 B보다 높다.

① ㄱ   ② ㄴ   ③ ㄷ   ④ ㄱ, ㄷ   ⑤ ㄴ, ㄷ

099

상 중 하

그림 (가)는 사람 A와 B에서 ㉠의 변화량에 따른 혈중 항이뇨 호르몬 (ADH) 농도를, (나)는 정상인에서 갈증을 느끼는 정도를 ㉡의 변화량에 따라 나타낸 것이다. A와 B는 'ADH가 정상적으로 분비되는 사람'과 'ADH가 과다하게 분비되는 사람'을 순서 없이, ㉠과 ㉡은 혈장 삼투압과 전체 혈액량을 순서 없이 나타낸 것이다.

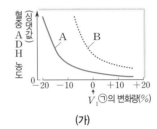 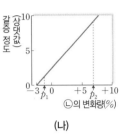

(가)   (나)

이에 대한 설명으로 옳은 것만을 〈보기〉에서 있는 대로 고른 것은? (단, 제시된 조건 이외는 고려하지 않는다.)

―― | 보기 | ――

ㄱ. ㉠은 혈장 삼투압이다.

ㄴ. V_1일 때 콩팥에서 단위 시간당 물의 재흡수량은 B에서가 A에서보다 많다.

ㄷ. 혈중 ADH 농도는 p_1일 때가 p_2일 때보다 높다.

① ㄱ   ② ㄴ   ③ ㄱ, ㄷ   ④ ㄴ, ㄷ   ⑤ ㄱ, ㄴ, ㄷ

100 | 신유형 |

상 중 하

그림 (가)는 정상인에서 혈당량이 낮은 상태일 때와 혈당량이 높은 상태일 때 혈중 ㉠의 농도 변화를, (나)는 간에서 일어나는 포도당과 글리코젠 사이의 전환을 나타낸 것이다. ㉠은 인슐린과 글루카곤 중 하나이다.

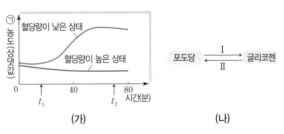

(가)   (나)

이에 대한 설명으로 옳은 것만을 〈보기〉에서 있는 대로 고른 것은? (단, 제시된 조건 이외는 고려하지 않는다.)

―― | 보기 | ――

ㄱ. ㉠은 과정 Ⅰ을 촉진한다.

ㄴ. 이자에 연결된 교감 신경에서 흥분 발생 빈도가 증가하면 ㉠의 분비가 촉진된다.

ㄷ. 혈당량이 낮은 상태일 때 혈중 인슐린 농도는 t_1일 때가 t_2일 때보다 높다.

① ㄱ   ② ㄴ   ③ ㄱ, ㄷ   ④ ㄴ, ㄷ   ⑤ ㄱ, ㄴ, ㄷ

101

상 중 하

그림 (가)는 탄수화물을 섭취한 후 시간에 따른 A와 B의 혈중 ㉠ 농도를, (나)는 B에게 t_1일 때 ㉠을 주사한 후 시간에 따른 혈중 ㉡과 ㉢ 농도를 나타낸 것이다. A와 B는 정상인과 당뇨병 환자를 순서 없이 나타낸 것이고, ㉠~㉢은 글루카곤, 인슐린, 포도당을 순서 없이 나타낸 것이다.

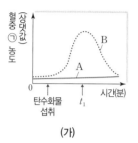 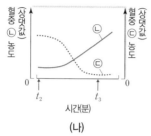

(가)　　　　　　　　(나)

이에 대한 설명으로 옳은 것만을 〈보기〉에서 있는 대로 고른 것은? (단, 제시된 조건 이외는 고려하지 않는다.)

| 보기 |

ㄱ. t_1일 때 혈중 포도당 농도는 B에서가 A에서보다 높다.

ㄴ. ㉡은 이자의 α세포에서 분비된다.

ㄷ. 간에서 단위 시간당 생성되는 포도당의 양은 t_2일 때가 t_3일 때보다 적다.

① ㄱ　　② ㄴ　　③ ㄱ, ㄷ　　④ ㄴ, ㄷ　　⑤ ㄱ, ㄴ, ㄷ

102

| 신유형 |

상 중 하

그림 (가)는 사람 A와 B에서 혈장 삼투압에 따른 단위 시간당 오줌 생성량을, (나)는 ㉠과 ㉡에 수분 공급을 중단했을 때 시간에 따른 오줌 삼투압을 나타낸 것이다. A와 B는 각각 정상인과 항이뇨 호르몬 (ADH)의 분비에 이상이 있는 환자 중 하나이고, ㉠과 ㉡은 각각 A와 B 중 하나이다.

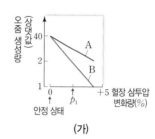 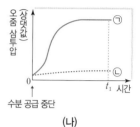

(가)　　　　　　　　(나)

이에 대한 설명으로 옳은 것만을 〈보기〉에서 있는 대로 고른 것은? (단, 제시된 조건 이외는 고려하지 않는다.)

| 보기 |

ㄱ. ㉡은 A이다.

ㄴ. B에서 오줌 삼투압은 안정 상태일 때가 p_1일 때보다 높다.

ㄷ. t_1일 때 ㉡에게 항이뇨 호르몬(ADH)을 투여하면 단위 시간당 오줌 생성량은 투여하기 전보다 증가한다.

① ㄱ　　② ㄴ　　③ ㄷ　　④ ㄱ, ㄷ　　⑤ ㄴ, ㄷ

09 방어 작용

☑ 출제 개념
• 병원체의 종류와 특징
• 방어 작용 실험에서 림프구의 작용
• 체액성 면역과 세포성 면역
• ABO식 혈액형의 특징과 판정

1 질병과 병원체

(1) 질병의 구분

감염성 질병	• 병원체에 의해 발병되며 전염됨 • 감염된 사람과 접촉, 오염된 공기·물·음식, 동물에 의해 전염됨 ⑩ 독감, 결핵, 말라리아, 무좀 등
비감염성 질병	• 병원체에 의해 전염되지 않음 • 생활 방식, 유전, 환경 등이 원인이 됨 ⑩ 당뇨병, 고혈압, 페닐케톤뇨증, 헌팅턴 무도병 등

고빈출

(2) 병원체의 종류

병원체	질병의 예시
세균	결핵, 패혈증, 파상풍, 탄저병, 세균성 폐렴 등
바이러스	감기, 독감, AIDS, 소아마비, 홍역, 천연두 등
곰팡이	무좀, 뇌막염, 만성 폐질환 등
원생생물	말라리아, 아메바성 이질, 수면병 등
프라이온	광우병, 크로이츠펠트·야코프병 등

2 우리 몸의 방어 작용

(1) 비특이적 방어 작용(선천성 면역): 병원체의 종류에 상관없이 작용하는 비특이적 면역 ➡ 이전 감염 여부와 상관없이 신속하게 일어나는 선천적 방어 작용

① 외부 방어: 피부, 점막, 분비물
② 내부 방어: 식세포 작용(식균 작용), 염증 반응

(2) 특이적 방어 작용(후천성 면역): 병원체의 종류를 인식하고 반응하여 일어나는 특이적 면역 ➡ 병원체 감염 이후에 나타나는 후천적 방어 작용

① 면역 반응

세포성 면역	• 항원이 침입하면 보조 T 림프구의 자극으로 세포독성 T 림프구 활성화 • 세포독성 T 림프구가 병원체에 감염된 세포를 직접 공격하여 파괴
체액성 면역	• 보조 T 림프구에 의해 B 림프구가 활성화되어 기억 세포와 형질 세포로 분화 • 형질 세포는 항체를 생산하고, 생산된 항체들은 혈액으로 나와 항원 항체 반응으로 항원을 무력화시킴

고빈출

② 1차 면역 반응과 2차 면역 반응

1차 면역 반응	처음 침입한 항원에 대하여 B 림프구가 형질 세포로 분화하여 만든 항체로 항원을 제거
2차 면역 반응	같은 종류의 항원이 다시 침입하였을 때 1차 면역 반응에서 생성된 기억 세포가 빠르게 형질 세포로 분화하여 만든 항체가 항원을 제거

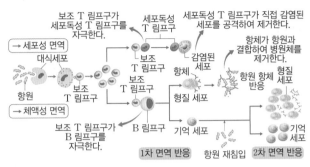

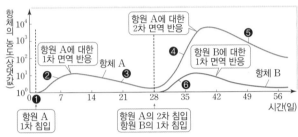

	❶ 항원이 1차 침입하면 대식세포는 식세포 작용을 하고 세포 표면에 항원을 제시함. 이에 반응하여 보조 T 림프구가 활성화되고, 활성화된 보조 T 림프구는 B 림프구의 활성화를 촉진함
항원 A에 대한 1차 면역 반응	❷ B 림프구는 증식하여 일부는 기억 세포로 남고, 나머지는 형질 세포로 분화하여 항체를 생성함 ❸ 항체가 항원 A를 제거하면 항체의 농도가 점점 낮아짐
항원 A에 대한 2차 면역 반응	❹ 동일 항원의 재침입 시 해당 항원에 대한 기억 세포가 빠르게 분화하여 형질 세포를 만들고, 형질 세포가 항체를 생성함 ❺ 더 많은 양의 항체가 항원 A를 빠르게 제거함
항원 B에 대한 1차 면역 반응	❻ 특정 항체는 특정 항원에만 반응(항원 항체 반응의 특이성)하므로 항원 B에 대한 면역은 항원 A와는 독립적으로 일어남

빈출

(3) 혈액형

구분	ABO식 혈액형				Rh식 혈액형	
	A형	B형	AB형	O형	Rh⁺형	Rh⁻형
응집원	A	B	A, B	없음	Rh 응집원	없음
응집소	β	α	없음	α, β	없음	응집원에 노출 시 생성

① ABO식 혈액형
• 응집원(A, B): 응집 반응을 일으키는 항원으로 작용
• 응집소(α, β): 응집 반응을 일으키는 항체로 작용
• ABO식 혈액형 판정: 응집원 A와 응집소 α, 응집원 B와 응집소 β가 만나면 응집 반응이 일어난다는 점을 이용해서 혈액형 판정
• 항 A혈청: 표준 B 혈청이라고도 하며, 응집소 α를 가짐
• 항 B혈청: 표준 A 혈청이라고도 하며, 응집소 β를 가짐
② Rh식 혈액형: Rh 응집원과 응집소가 만나면 응집 반응이 일어남

103

다음은 항원 X에 대한 생쥐의 방어 작용 실험이다.

| 실험 과정 및 결과

(가) 정상 생쥐 A와 가슴샘이 없는 생쥐 B를 준비한다. A와 B는 유전적으로 동일하고 X에 노출된 적이 없다.

(나) A와 B에 X를 각각 2회에 걸쳐 주사했을 때 X에 대한 혈중 항체 농도 변화는 그림과 같다.

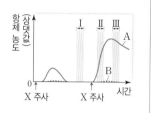

이에 대한 설명으로 옳은 것만을 〈보기〉에서 있는 대로 고른 것은? (단, 제시된 조건 이외는 고려하지 않는다.) [3점]

| 보기 |

ㄱ. 구간 Ⅰ의 A에는 X에 대한 기억 세포가 있다.
ㄴ. 구간 Ⅱ의 A에서 X에 대한 2차 면역 반응이 일어났다.
ㄷ. 구간 Ⅲ의 A에서 X에 대한 항체는 세포독성 T 림프구에서 생성된다.

① ㄱ   ② ㄴ   ③ ㄱ, ㄴ   ④ ㄱ, ㄷ   ⑤ ㄴ, ㄷ

104

다음은 바이러스 X에 대한 생쥐의 방어 작용 실험이다.

| 실험 과정 및 결과

(가) 유전적으로 동일하고 X에 노출된 적이 없는 생쥐 A~D를 준비한다. A와 B는 ㉠이고, C와 D는 ㉡이다. ㉠과 ㉡은 '정상 생쥐'와 '가슴샘이 없는 생쥐'를 순서 없이 나타낸 것이다.

(나) A~D 중 B와 D에 X를 각각 주사한 후 A~D에서 ⓐX에 감염된 세포의 유무를 확인한 결과, B와 D에서만 ⓐ가 있었다.

(다) 일정 시간이 지난 후, 각 생쥐에 대해 조사한 결과는 표와 같다.

구분	㉠		㉡	
X에 대한 세포성 면역	일어나지 않음	일어남	일어나지 않음	일어나지 않음
생존 여부	산다	산다	산다	죽는다

이에 대한 설명으로 옳은 것만을 〈보기〉에서 있는 대로 고른 것은? (단, 제시된 조건 이외는 고려하지 않는다.) [3점]

| 보기 |

ㄱ. X는 유전 물질을 갖는다.
ㄴ. ㉡은 '가슴샘이 없는 생쥐'이다.
ㄷ. (다)의 B에서 세포독성 T 림프구가 ⓐ를 파괴하는 면역 반응이 일어났다.

① ㄱ   ② ㄷ   ③ ㄱ, ㄴ   ④ ㄴ, ㄷ   ⑤ ㄱ, ㄴ, ㄷ

105

상 중 **하**

표 (가)는 병원체의 3가지 특징을, (나)는 (가)의 특징 중 사람의 질병 A~C의 병원체가 갖는 특징의 개수를 나타낸 것이다. A~C는 무좀, 홍역, 말라리아를 순서 없이 나타낸 것이다.

특징
○ 세포 구조이다.
○ 유전 물질을 갖는다.
○ ㉠곰팡이에 속한다.

질병	병원체가 갖는 특징의 개수
A	2
B	?
C	1

(가)　　　　　　　(나)

이에 대한 설명으로 옳은 것만을 〈보기〉에서 있는 대로 고른 것은?

| 보기 |
ㄱ. A는 모기를 매개로 전염된다.
ㄴ. B의 병원체는 특징 ㉠을 갖는다.
ㄷ. C의 병원체는 독립적으로 물질대사를 한다.

① ㄱ　　② ㄷ　　③ ㄱ, ㄴ　　④ ㄴ, ㄷ　　⑤ ㄱ, ㄴ, ㄷ

106

상 중 **하**

표 (가)는 사람의 질병 A~C에서 특징 ㉠~㉢의 유무를, (나)는 ㉠~㉢을 순서 없이 나타낸 것이다. A~C는 결핵, 독감, 당뇨병을 순서 없이 나타낸 것이다.

특징 질병	㉠	㉡	㉢
A	×	?	○
B	ⓐ	○	×
C	×	ⓑ	?

(○: 있음, ×: 없음)

특징(㉠~㉢)
○ 비감염성 질병이다.
○ 병원체에 단백질이 있다.
○ 병원체는 분열을 통해 증식한다.

(가)　　　　　　　(나)

이에 대한 설명으로 옳은 것만을 〈보기〉에서 있는 대로 고른 것은?

| 보기 |
ㄱ. ⓐ와 ⓑ는 모두 '○'이다.
ㄴ. B의 치료에는 항생제가 사용된다.
ㄷ. C의 병원체는 바이러스이다.

① ㄱ　　② ㄴ　　③ ㄱ, ㄷ　　④ ㄴ, ㄷ　　⑤ ㄱ, ㄴ, ㄷ

107 | 신유형 |

상 중 **하**

다음은 검사 키트를 이용하여 병원체 P와 Q의 감염 여부를 확인하기 위한 실험이다.

- 사람으로부터 채취한 시료를 검사 키트에 떨어뜨리면 시료는 물질 ⓐ와 함께 이동한다. ⓐ는 P와 Q에 각각 결합할 수 있고, 색소가 있다.

시료 이동 방향 →

- 검사 키트의 Ⅰ에는 ㉠이, Ⅱ에는 ㉡이, Ⅲ에는 ㉢이 각각 부착되어 있다. ㉠~㉢은 'P에 대한 항체', 'Q에 대한 항체', 'ⓐ에 대한 항체'를 순서 없이 나타낸 것이다.
- Ⅰ~Ⅲ의 항체에 각각 항원이 결합하면, ⓐ의 색소에 의해 띠가 나타난다.

실험 과정 및 결과

(가) 사람 A와 B로부터 시료를 각각 준비한 후, 검사 키트에 각 시료를 떨어뜨린다.

(나) 일정 시간이 지난 후 검사 키트를 확인한 결과는 표와 같다.

사람	A			B		
검사 결과	Ⅰ	Ⅱ	Ⅲ	Ⅰ	Ⅱ	Ⅲ

(다) A와 B 중 한 사람만 Q에 감염되었다.

이에 대한 설명으로 옳은 것만을 〈보기〉에서 있는 대로 고른 것은? (단, 제시된 조건 이외는 고려하지 않는다.)

| 보기 |
ㄱ. ㉠은 'P에 대한 항체'이다.
ㄴ. Q에 감염된 사람은 B이다.
ㄷ. 검사 키트에는 항원 항체 반응의 원리가 이용된다.

① ㄱ　　② ㄴ　　③ ㄱ, ㄷ　　④ ㄴ, ㄷ　　⑤ ㄱ, ㄴ, ㄷ

108 　상 중 하

그림 (가)는 어떤 생쥐가 병원체 X에 감염되었을 때 일어나는 방어 작용의 일부를, (나)는 이 생쥐가 X에 감염된 후 생성되는 X에 대한 혈중 항체 농도 변화를 나타낸 것이다. ㉠과 ㉡은 기억 세포와 형질 세포를 순서 없이 나타낸 것이다.

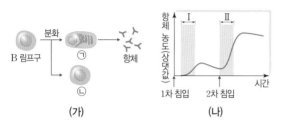

이에 대한 설명으로 옳은 것만을 〈보기〉에서 있는 대로 고른 것은?

| 보기 |
ㄱ. 구간 Ⅰ에서 비특이적 방어 작용이 일어난다.
ㄴ. 구간 Ⅱ에서 체액성 면역 반응이 일어난다.
ㄷ. 구간 Ⅰ과 Ⅱ에서 모두 ㉡이 ㉠으로 분화된다.

① ㄱ ② ㄷ ③ ㄱ, ㄴ ④ ㄴ, ㄷ ⑤ ㄱ, ㄴ, ㄷ

109 　상 중 하

그림 (가)와 (나)는 사람의 체내에 항원 A가 침입했을 때 일어나는 방어 작용의 일부를 나타낸 것이다. ㉠~㉣은 B 림프구, 형질 세포, 보조 T 림프구, 세포독성 T 림프구를 순서 없이 나타낸 것이다.

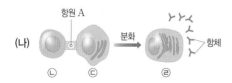

이에 대한 설명으로 옳은 것만을 〈보기〉에서 있는 대로 고른 것은?

| 보기 |
ㄱ. ㉠과 ㉢은 가슴샘에서 성숙한다.
ㄴ. ㉡은 과정 Ⅰ을 촉진한다.
ㄷ. 2차 면역 반응에서 ㉣이 기억 세포로 분화된다.

① ㄱ ② ㄴ ③ ㄱ, ㄷ ④ ㄴ, ㄷ ⑤ ㄱ, ㄴ, ㄷ

110 　상 중 하

다음은 검사 키트를 이용하여 병원체 P와 Q의 감염 여부를 확인하기 위한 실험이다.

| 실험 과정 및 결과

(가) P로부터 두 종류의 백신 후보 물질 ㉠과 ㉡을 얻는다.
(나) P, ㉠, ㉡에 노출된 적이 없고, 유전적으로 동일한 생쥐 Ⅰ~Ⅴ를 준비한다.
(다) 표와 같이 주사액을 Ⅰ~Ⅲ에게 주사하고 일정 시간이 지난 후, 생쥐의 생존 여부를 확인한다.

생쥐	주사액 조성	생존 여부
Ⅰ	㉠	산다
Ⅱ	㉡	산다
Ⅲ	P	죽는다

(라) Ⅳ에게는 ⓐ를, Ⅴ에게는 ⓑ를 각각 주사한다. ⓐ와 ⓑ는 각각 (다)의 Ⅰ에서 분리한 기억 세포, Ⅱ에서 분리한 기억 세포 중 하나이다.

(마) (다)의 Ⅰ과 Ⅱ, (라)의 Ⅳ와 Ⅴ에게 각각 P를 주사하고 일정 시간이 지난 후 생쥐의 생존 여부를 확인하여 표와 같은 결과를 얻었다.

생쥐	생존 여부
Ⅰ	죽는다
Ⅱ	산다
Ⅳ	산다
Ⅴ	죽는다

이에 대한 설명으로 옳은 것만을 〈보기〉에서 있는 대로 고른 것은? (단, 제시된 조건 이외는 고려하지 않는다.)

| 보기 |
ㄱ. P에 대한 백신으로 ㉠이 ㉡보다 적합하다.
ㄴ. ⓑ는 Ⅱ에서 분리한 기억 세포이다.
ㄷ. (마)의 Ⅳ에서 기억 세포로부터 형질 세포로의 분화가 일어났다.

① ㄱ ② ㄷ ③ ㄱ, ㄴ ④ ㄴ, ㄷ ⑤ ㄱ, ㄴ, ㄷ

111

상 중 하

다음은 바이러스 X에 대한 생쥐의 방어 작용 실험이다.

(가) 유전적으로 동일하고 X에 노출된 적이 없는 생쥐 ㉠(Ⅰ, Ⅱ)과 ㉡(Ⅲ, Ⅳ)을 준비한다. ㉠과 ㉡은 '정상 생쥐'와 '가슴샘이 없는 생쥐'를 순서 없이 나타낸 것이다.

(나) Ⅰ과 Ⅲ에게 각각 X를 주사하여 표와 같은 결과를 얻었다.

생쥐	Ⅰ	Ⅲ
X에 대한 세포성 면역 반응 여부	일어남	일어나지 않음
생존 여부	산다	죽는다

(다) (나)의 Ⅰ에서 X에 대한 B 림프구가 분화한 기억 세포를 분리하여 Ⅱ와 Ⅳ에게 주사한다.

(라) (다)의 Ⅱ와 Ⅳ에게 X를 주사하고 일정 시간이 지난 후, 생쥐의 생존 여부를 확인하여 표와 같은 결과를 얻었다.

생쥐	생존 여부
Ⅱ	산다
Ⅳ	ⓐ

이에 대한 설명으로 옳은 것만을 〈보기〉에서 있는 대로 고른 것은? (단, 제시된 조건 이외는 고려하지 않는다.)

| 보기 |

ㄱ. ⓐ는 '산다'이다.
ㄴ. (나)의 Ⅰ에서 체액성 면역 반응이 일어났다.
ㄷ. (라)의 Ⅳ에서 2차 면역 반응이 일어났다.

① ㄱ ② ㄴ ③ ㄱ, ㄷ ④ ㄴ, ㄷ ⑤ ㄱ, ㄴ, ㄷ

112

상 중 하

표는 사람 Ⅰ~Ⅳ 사이의 ABO식 혈액형에 대한 응집 반응 결과를, 그림은 Ⅰ의 적혈구를 항 B혈청과 섞었을 때의 응집원과 응집소의 반응을 나타낸 것이다. ㉠~㉣은 Ⅰ~Ⅳ의 혈장을 순서 없이 나타낸 것이다. Ⅰ~Ⅳ의 ABO식 혈액형은 서로 다르다.

적혈구＼혈장	㉠	㉡	㉢	㉣
Ⅰ	−	?	+	−
Ⅱ	?	−	−	?
Ⅲ	?	+	?	+
Ⅳ	−	?	−	+

적혈구

(+ : 응집됨, − : 응집 안 됨)

이에 대한 설명으로 옳은 것만을 〈보기〉에서 있는 대로 고른 것은?

| 보기 |

ㄱ. Ⅲ은 A형이다.　　　ㄴ. ㉢은 Ⅳ의 혈장이다.
ㄷ. Ⅱ의 적혈구와 ㉠을 섞으면 항원 항체 반응이 일어난다.

① ㄱ ② ㄴ ③ ㄱ, ㄷ ④ ㄴ, ㄷ ⑤ ㄱ, ㄴ, ㄷ

113

상 중 하

그림 (가)는 생쥐의 체내에 병원체 X가 침입했을 때 일어나는 방어 작용의 일부를, (나)는 유전적으로 동일하고 X에 노출된 적이 없는 생쥐 A~C에 같은 양의 X를 감염시킨 후 혈중 X의 수 변화를 나타낸 것이다. ㉠과 ㉡은 각각 대식세포와 보조 T 림프구 중 하나이고, A~C는 정상 생쥐, ㉠이 결핍된 생쥐, ㉡이 결핍된 생쥐를 순서 없이 나타낸 것이다.

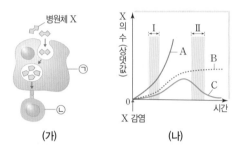

(가)　　　　　(나)

이에 대한 설명으로 옳은 것만을 〈보기〉에서 있는 대로 고른 것은?

| 보기 |

ㄱ. B는 ㉡이 결핍된 생쥐이다.
ㄴ. 구간 Ⅰ에서 (가) 작용은 A에서가 B에서보다 활발하다.
ㄷ. 구간 Ⅱ에서 X에 대한 형질 세포의 수는 B에서가 C에서보다 많다.

① ㄱ ② ㄴ ③ ㄱ, ㄷ ④ ㄴ, ㄷ ⑤ ㄱ, ㄴ, ㄷ

114

| 신유형 |

상 중 하

그림은 어떤 생쥐가 병원체 X에 감염되었을 때 X에 대한 혈중 항체 농도 변화를, 표는 방어 작용에 관여하는 세포 ㉠~㉣의 특징을 나타낸 것이다. ㉠~㉣은 기억 세포, 대식세포, 형질 세포, 보조 T 림프구를 순서 없이 나타낸 것이다.

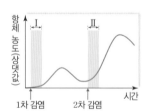

세포	특징
㉠	가슴샘에서 성숙한다.
㉡	?
㉢	식세포 작용(식균 작용)을 한다.
㉣	항체가 분비된다.

이에 대한 설명으로 옳은 것만을 〈보기〉에서 있는 대로 고른 것은?

| 보기 |

ㄱ. ㉠의 도움을 받은 B 림프구는 ㉡으로 분화한다.
ㄴ. 구간 Ⅰ에서 ㉢은 ㉠에게 X의 항원 조각을 제시한다.
ㄷ. 구간 Ⅱ에서 ㉣은 ㉡으로 분화한다.

① ㄱ ② ㄷ ③ ㄱ, ㄴ ④ ㄴ, ㄷ ⑤ ㄱ, ㄴ, ㄷ

115

다음은 항원 A~C에 대한 생쥐의 방어 작용 실험이다.

| 실험 과정

(가) 유전적으로 동일하고, A~C에 노출된 적이 없는 생쥐 Ⅰ~Ⅲ을 준비한다.

(나) Ⅰ에 ⊙을, Ⅱ에 ⓒ을, Ⅲ에 ⓒ을 각각 1회 주사한다. ⊙~ⓒ은 A~C를 순서 없이 나타낸 것이다.

(다) 일정 시간이 지난 후, (나)의 Ⅰ에서 @를 분리하여 Ⅱ에, (나)의 Ⅱ에서 ⓑ를 분리하여 Ⅲ에, (나)의 Ⅲ에서 ⓒ를 분리하여 Ⅰ에 주사한다. @~ⓒ는 각각 기억 세포와 혈장 중 하나이다.

(라) 일정 시간이 지난 후, (다)의 Ⅰ~Ⅲ에 일정 시간 간격으로 A~C를 주사한다.

| 실험 결과

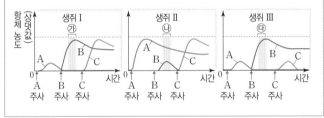

이에 대한 설명으로 옳은 것만을 〈보기〉에서 있는 대로 고른 것은? (단, 제시된 조건 이외는 고려하지 않는다.)

| 보기 |

ㄱ. ⓒ은 C이다.

ㄴ. @와 ⓒ는 모두 기억 세포이다.

ㄷ. 구간 ㉮~㉰에서 모두 B에 대한 2차 면역 반응이 일어난다.

① ㄱ ② ㄴ ③ ㄱ, ㄷ ④ ㄴ, ㄷ ⑤ ㄱ, ㄴ, ㄷ

116

| 신유형 |

다음은 세균 X에 대한 생쥐의 방어 작용 실험이다.

| 실험 과정 및 결과

(가) 유전적으로 동일하고, X에 노출된 적이 없는 생쥐 A~D를 준비한다.

(나) X의 병원성을 약화시켜 X*를 만들고, A에 주사한다.

(다) 일정 시간이 지난 후 (나)의 A로부터 기억 세포와 혈청을 얻는다.

(라) B~D에 각각 ⊙~ⓒ을 주사한다. ⊙~ⓒ은 각각 X*, (다)의 기억 세포, (다)의 혈청 중 하나이다.

(마) 일정 시간이 지난 후 B~D에게 각각 X를 주사한다. B~D의 X에 대한 혈중 항체 농도는 그림과 같다.

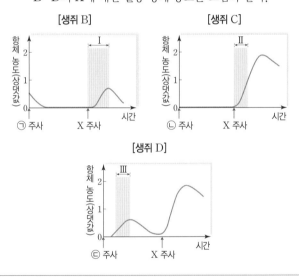

이에 대한 설명으로 옳은 것만을 〈보기〉에서 있는 대로 고른 것은? (단, 제시된 조건 이외는 고려하지 않는다.)

| 보기 |

ㄱ. ⊙은 X*이다.

ㄴ. 구간 Ⅰ에서 항원 항체 반응이 일어난다.

ㄷ. 구간 Ⅱ와 Ⅲ에서 모두 기억 세포가 형질 세포로 분화한다.

① ㄱ ② ㄴ ③ ㄱ, ㄷ ④ ㄴ, ㄷ ⑤ ㄱ, ㄴ, ㄷ

117 상 중 하

다음은 민말이집 신경 (가)의 흥분 전도와 전달에 대한 자료이다.

- 그림은 (가)의 지점 $d_1 \sim d_5$의 위치를, 표는 ⓐd_1에 역치 이상의 자극을 1회 주고 경과된 시간이 2 ms, 4 ms, 8 ms일 때 $d_1 \sim d_5$에서의 막전위를 나타낸 것이다. Ⅰ~Ⅲ은 2 ms, 4 ms, 8 ms를 순서 없이 나타낸 것이다.

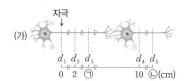

시간	막전위(mV)				
	d_1	d_2	d_3	d_4	d_5
Ⅰ	?	−80	+30	?	?
Ⅱ	?	−70	?	+30	0
Ⅲ	+30	?	−70	?	?

- (가)는 2개의 뉴런으로 구성되고, 각 뉴런의 흥분 전도 속도는 v로 같다.
- (가)에서 활동 전위가 발생하였을 때, 각 지점에서의 막전위 변화는 그림과 같다.

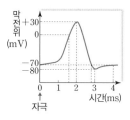

이에 대한 설명으로 옳은 것만을 〈보기〉에서 있는 대로 고른 것은? (단, (가)에서 흥분의 전도는 1회 일어났고, 휴지 전위는 −70 mV이다.)

| 보기 |

ㄱ. v는 3 cm/ms이다.
ㄴ. ㉠은 4이다.
ㄷ. ⓐ가 9 ms일 때 d_5에서 탈분극이 일어나고 있다.

① ㄱ ② ㄴ ③ ㄱ, ㄷ ④ ㄴ, ㄷ ⑤ ㄱ, ㄴ, ㄷ

118 | 신유형 | 개념 통합 | 상 중 하

다음은 민말이집 신경 X와 Y의 흥분 전도와 전달에 대한 자료이다.

- 그림은 X와 Y의 지점 $d_0 \sim d_3$의 위치를, 표는 ㉠X와 Y의 d_2에 역치 이상의 자극을 동시에 1회 주고 경과된 시간이 3 ms일 때 $d_0 \sim d_3$에서의 막전위를 나타낸 것이다. Ⅰ~Ⅳ는 $d_0 \sim d_3$을 순서 없이 나타낸 것이다.

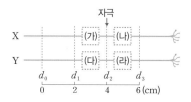

신경	3 ms일 때 측정한 막전위(mV)			
	Ⅰ	Ⅱ	Ⅲ	Ⅳ
X	−70	+30	?	?
Y	?	−50	?	+30

- X와 Y는 각각 2개의 뉴런으로 구성되어 있고, (가)와 (나) 중 한 곳에만, (다)와 (라) 중 한 곳에만 시냅스가 있다.
- X와 Y를 구성하는 뉴런의 흥분 전도 속도는 모두 같고, X와 Y에서 흥분의 전달 속도는 서로 같다.
- X와 Y에서 각각 활동 전위가 발생하였을 때, 각 지점에서의 막전위 변화는 그림과 같다.

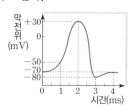

이에 대한 설명으로 옳은 것만을 〈보기〉에서 있는 대로 고른 것은? (단, X와 Y에서 흥분의 전도는 각각 1회 일어났고, 휴지 전위는 −70 mV이다.)

| 보기 |

ㄱ. Ⅳ는 d_3이다.
ㄴ. 시냅스는 (가)와 (라)에 있다.
ㄷ. ㉠이 4 ms일 때 X의 Ⅰ에서 탈분극이 일어나고 있다.

① ㄱ ② ㄴ ③ ㄱ, ㄷ ④ ㄴ, ㄷ ⑤ ㄱ, ㄴ, ㄷ

119 상 중 하

다음은 민말이집 신경 A와 B의 흥분 전도에 대한 자료이다.

- 그림은 A와 B의 지점 $d_1 \sim d_3$의 위치를, 표는 A의 d_1과 B의 d_3에 역치 이상의 자극을 동시에 1회 주고 경과한 시간이 2 ms, 3 ms, 4 ms일 때 $d_1 \sim d_3$에서의 막전위를 순서 없이 나타낸 것이다. ㉠~㉢은 각각 2 ms, 3 ms, 4 ms 중 하나이고, Ⅰ~Ⅲ은 $d_1 \sim d_3$을 순서 없이 나타낸 것이다. ⓐ~ⓓ는 −80, −70, −60, +30을 순서 없이 나타낸 것이다.

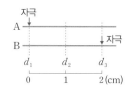

구분	막전위(mV)								
	㉠			㉡			㉢		
	Ⅰ	Ⅱ	Ⅲ	Ⅰ	Ⅱ	Ⅲ	Ⅰ	Ⅱ	Ⅲ
A	−80	?	−70	ⓐ	?	ⓑ	ⓒ	?	+30
B	ⓓ	−80	ⓐ	ⓑ	+30	?	+30	ⓒ	ⓓ

- 흥분 전도 속도는 A가 B의 2배이다.
- A와 B 각각에서 활동 전위가 발생하였을 때, 각 지점에서의 막전위 변화는 그림과 같다.

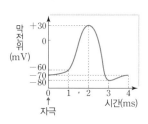

이에 대한 설명으로 옳은 것만을 〈보기〉에서 있는 대로 고른 것은? (단, A와 B에서 흥분의 전도는 각각 1회 일어났고, 휴지 전위는 −70 mV이다.)

| 보기 |

ㄱ. ⓒ는 −70이다.
ㄴ. B의 흥분 전도 속도는 1 cm/ms이다.
ㄷ. 3 ms일 때 A의 Ⅱ에서는 탈분극이 일어나고 있다.

① ㄱ ② ㄴ ③ ㄱ, ㄷ ④ ㄴ, ㄷ ⑤ ㄱ, ㄴ, ㄷ

120 | 신유형 | 상 중 하

다음은 민말이집 신경 (가)~(다)의 흥분 전도에 대한 자료이다.

- 그림은 (가)~(다)의 지점 $d_1 \sim d_5$의 위치를, 표는 (가)~(다)의 한 지점에 역치 이상의 자극을 동시에 1회 주고 경과된 시간이 3 ms일 때 $d_1 \sim d_5$에서 측정한 막전위를 나타낸 것이다. (가)~(다) 중 2개는 d_1에, 나머지 1개는 d_5에 자극을 주었다. Ⅰ~Ⅴ는 $d_1 \sim d_5$를 순서 없이 나타낸 것이다.

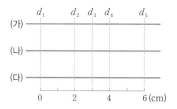

신경	3 ms일 때 측정한 막전위(mV)				
	Ⅰ	Ⅱ	Ⅲ	Ⅳ	Ⅴ
(가)	?	−70	−60	?	−70
(나)	−60	−80	?	?	ⓐ
(다)	−80	?	+10	?	0

- (가)~(다)의 흥분 전도 속도는 각각 1 cm/ms, 2 cm/ms, 3 cm/ms 중 하나이다.
- (가)~(다) 각각에서 활동 전위가 발생하였을 때, 각 지점에서의 막전위 변화는 그림과 같다.

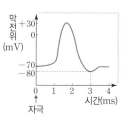

이에 대한 설명으로 옳은 것만을 〈보기〉에서 있는 대로 고른 것은? (단, (가)~(다)에서 흥분의 전도는 각각 1회 일어났고, 휴지 전위는 −70 mV이다.)

| 보기 |

ㄱ. Ⅰ은 d_1이다.
ㄴ. (나)의 흥분 전도 속도는 1 cm/ms이다.
ㄷ. 3 ms일 때 (다)의 d_2에서의 막전위와 ⓐ는 같다.

① ㄱ ② ㄷ ③ ㄱ, ㄴ ④ ㄱ, ㄷ ⑤ ㄱ, ㄴ, ㄷ

121 | 신유형 | 　상 중 하

다음은 민말이집 신경 X~Z의 흥분 전도와 전달에 대한 자료이다.

- 그림은 X~Z의 지점 d_1~d_5의 위치를, 표는 ⓐX~Z의 P에 역치 이상의 자극을 동시에 1회 주고 경과된 시간이 4 ms일 때 d_1~d_5에서의 막전위를 나타낸 것이다. P는 d_1~d_5 중 하나이고, (가)~(다) 중 두 곳에만 시냅스가 있다. I~III은 d_2~d_4를 순서 없이 나타낸 것이다.

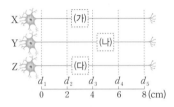

신경	4 ms일 때 막전위(mV)				
	d_1	I	II	III	d_5
X	?	+30	+30	?	-70
Y	+30	?	+30	-70	?
Z	?	?	-80	?	+30

- X~Z 중 2개의 신경은 각각 두 뉴런으로 구성되고, 각 뉴런의 흥분 전도 속도는 ⊙으로 같다. 나머지 1개의 신경의 흥분 전도 속도는 ⓛ이다. ⊙과 ⓛ은 서로 다르다.
- X~Z 각각에서 활동 전위가 발생하였을 때, 각 지점에서의 막전위 변화는 그림과 같다.

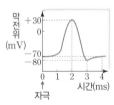

이에 대한 설명으로 옳은 것만을 〈보기〉에서 있는 대로 고른 것은? (단, X~Z에서 흥분의 전도는 각각 1회 일어났고, 휴지 전위는 -70 mV이다.)

| 보기 |

ㄱ. II는 d_2이다.
ㄴ. ⊙은 2 cm/ms이다.
ㄷ. ⓐ가 5 ms일 때 Y의 d_5에서의 막전위는 -80 mV이다.

① ㄱ　　② ㄴ　　③ ㄱ, ㄷ　　④ ㄴ, ㄷ　　⑤ ㄱ, ㄴ, ㄷ

122 | 신유형 | 　상 중 하

다음은 민말이집 신경 I~IV의 흥분 전도와 전달에 대한 자료이다.

- 그림은 I~IV의 지점 d_1~d_7의 위치를, 표는 ⊙I과 II의 d_1에 역치 이상의 자극을 동시에 1회 주고 경과된 시간이 5 ms일 때 d_2~d_7에서 측정한 막전위를 나타낸 것이다.

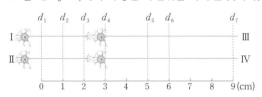

신경	5 ms일 때 측정한 막전위(mV)					
	d_2	d_3	d_4	d_5	d_6	d_7
I	-70	-80	?	?	?	?
II	-70	-70	?	?	?	?
III	?	?	+30	-60	-65	?
IV	?	?	0	+20	0	-60

- I~IV의 흥분 전도 속도는 각각 1 cm/ms, 2 cm/ms, 3 cm/ms, 4 cm/ms 중 하나이다.
- 그림 (가)는 I과 III의 d_2~d_7에서, (나)는 II와 IV의 d_2~d_7에서 활동 전위가 발생하였을 때, 각 지점에서의 막전위 변화를 나타낸 것이다.

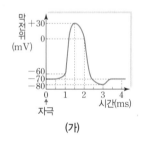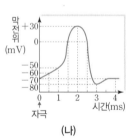

(가)　　　　　　　　(나)

이에 대한 설명으로 옳은 것만을 〈보기〉에서 있는 대로 고른 것은? (단, I~IV에서 흥분의 전도는 각각 1회 일어났고, 휴지 전위는 -70 mV이다.)

| 보기 |

ㄱ. 흥분 전도 속도는 IV가 I의 3배이다.
ㄴ. ⊙이 7 ms일 때 III의 d_7과 IV의 d_7에서 모두 탈분극이 일어나고 있다.
ㄷ. I의 d_2에 역치 이상의 자극을 1회 주고 경과된 시간이 4 ms일 때 III의 d_5에서 측정한 막전위는 -60 mV이다.

① ㄱ　　② ㄷ　　③ ㄱ, ㄷ　　④ ㄴ, ㄷ　　⑤ ㄱ, ㄴ, ㄷ

123 | 개념 통합 | 상 중 하

다음은 골격근의 수축 과정에 대한 자료이다.

- 그림은 근육 원섬유 마디 X의 구조를 나타낸 것이다. X는 좌우 대칭이다.

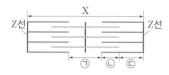

- 구간 ㉠은 마이오신 필라멘트만 있는 부분이고, ㉡은 액틴 필라멘트와 마이오신 필라멘트가 겹치는 부분이며, ㉢은 액틴 필라멘트만 있는 부분이다.
- 표는 골격근 수축 과정의 두 시점 t_1과 t_2일 때 ⓐ의 길이와 ⓑ의 길이를 더한 값(ⓐ+ⓑ), ⓑ의 길이와 ⓒ의 길이를 더한 값(ⓑ+ⓒ), X의 길이를 나타낸 것이다. ⓐ~ⓒ는 ㉠~㉢을 순서 없이 나타낸 것이다.

시점	ⓐ+ⓑ	ⓑ+ⓒ	X의 길이
t_1	0.8 μm	1.0 μm	2.4 μm
t_2	1.7 μm	1.3 μm	?

이에 대한 설명으로 옳은 것만을 〈보기〉에서 있는 대로 고른 것은?

| 보기 |

ㄱ. ⓐ는 ㉢이다.
ㄴ. t_2일 때 X의 길이는 3.0 μm이다.
ㄷ. t_1일 때 H대의 길이는 0.4 μm이다.

① ㄱ ② ㄷ ③ ㄱ, ㄴ ④ ㄴ, ㄷ ⑤ ㄱ, ㄴ, ㄷ

124 | 신유형 | 상 중 하

다음은 골격근의 수축 과정에 대한 자료이다.

- 그림은 근육 원섬유 마디 X의 구조를 나타낸 것이다. X는 좌우 대칭이다.

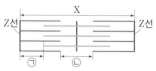

- 구간 ㉠은 액틴 필라멘트만 있는 부분이고, ㉡은 마이오신 필라멘트만 있는 부분이다.
- 표는 골격근 수축 과정의 두 시점 t_1과 t_2일 때 ㉠의 길이와 ㉡의 길이, A대의 길이에서 ㉡의 길이를 뺀 값(A대−㉡)을 나타낸 것이다.

시점	㉠의 길이	㉡의 길이	A대−㉡
t_1	0.3 μm	?	1.2 μm
t_2	$(0.5+d)$ μm	0.6 μm	$(1.2+2d)$ μm

이에 대한 설명으로 옳은 것만을 〈보기〉에서 있는 대로 고른 것은?

| 보기 |

ㄱ. ㉡은 H대이다.
ㄴ. t_1일 때 A대의 길이는 1.4 μm이다.
ㄷ. t_2일 때 ㉡의 길이는 ㉠의 길이보다 짧다.

① ㄱ ② ㄴ ③ ㄱ, ㄷ ④ ㄴ, ㄷ ⑤ ㄱ, ㄴ, ㄷ

125 | 개념 통합 | 　상 중 하

다음은 골격근의 수축 과정에 대한 자료이다.

- 그림은 근육 원섬유 마디 X의 구조를 나타낸 것이다. X는 좌우 대칭이다.

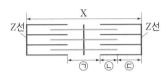

- 구간 ㉠은 마이오신 필라멘트만 있는 부분이고, ㉡은 액틴 필라멘트와 마이오신 필라멘트가 겹치는 부분이며, ㉢은 액틴 필라멘트만 있는 부분이다.

- 표는 골격근 수축 과정의 두 시점 t_1과 t_2일 때 ㉡의 길이와 ㉢의 길이를 더한 값(㉡+㉢), $\dfrac{\text{ⓐ의 길이}}{\text{㉠의 길이}}\left(\dfrac{\text{ⓐ}}{\text{㉠}}\right)$, X의 길이를 나타낸 것이다.

시점	㉡+㉢	$\dfrac{ⓐ}{㉠}$	X의 길이
t_1	1.0 μm	$\dfrac{2}{3}$	3.2 μm
t_2	?	1	?

- $\dfrac{t_1\text{일 때 ⓑ의 길이}}{t_2\text{일 때 ⓑ의 길이}}=\dfrac{1}{3}$이고, ⓐ와 ⓑ는 ㉡과 ㉢을 순서 없이 나타낸 것이다.

이에 대한 설명으로 옳은 것만을 〈보기〉에서 있는 대로 고른 것은?

| 보기 |

ㄱ. ⓑ는 ㉢이다.

ㄴ. t_1일 때 A대의 길이는 1.6 μm이다.

ㄷ. X의 길이는 t_1일 때가 t_2일 때보다 0.8 μm 길다.

① ㄱ　　② ㄴ　　③ ㄱ, ㄷ　　④ ㄴ, ㄷ　　⑤ ㄱ, ㄴ, ㄷ

126 | 신유형 | 　상 중 하

다음은 골격근의 수축 과정에 대한 자료이다.

- 그림은 근육 원섬유 마디 X의 구조를, 표는 골격근 수축 과정의 두 시점 t_1과 t_2일 때 ㉠의 길이, X의 길이, ㉢의 길이를 ㉠의 길이와 ㉡의 길이를 더한 값으로 나눈 값$\left(\dfrac{㉢}{㉠+㉡}\right)$을 나타낸 것이다. X는 좌우 대칭이다.

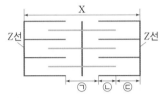

시점	㉠의 길이	X의 길이	$\dfrac{㉢}{㉠+㉡}$
t_1	?	3.4 μm	$\dfrac{3}{4}$
t_2	0.2 μm	?	$\dfrac{2}{3}$

- 구간 ㉠은 마이오신 필라멘트만 있는 부분이고, ㉡은 액틴 필라멘트와 마이오신 필라멘트가 겹치는 부분이며, ㉢은 액틴 필라멘트만 있는 부분이다.

이에 대한 설명으로 옳은 것만을 〈보기〉에서 있는 대로 고른 것은?

| 보기 |

ㄱ. t_1일 때 A대의 길이는 1.6 μm이다.

ㄴ. H대의 길이는 t_1일 때가 t_2일 때보다 길다.

ㄷ. t_2일 때 ㉡의 길이와 ㉢의 길이를 더한 값은 0.8 μm이다.

① ㄴ　　② ㄷ　　③ ㄱ, ㄴ　　④ ㄱ, ㄷ　　⑤ ㄱ, ㄴ, ㄷ

127 | 신유형 | 상 중 하

다음은 골격근의 수축 과정에 대한 자료이다.

- 그림은 근육 원섬유 마디 X의 구조를, 표는 골격근 수축 과정의 세 시점 $t_1 \sim t_3$일 때 나타나는 ㉠~㉢의 길이를 순서 없이 나타낸 것이다. X는 좌우 대칭이다.

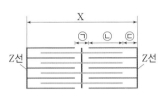

(단위: μm)

시점	㉠~㉢의 길이
t_1	1.0, 0.3, 0.7
t_2	0.6, 0.8, ⓐ
t_3	0.2, 1.2, 0.8

- 구간 ㉠은 마이오신 필라멘트만 있는 부분이고, ㉡은 액틴 필라멘트와 마이오신 필라멘트가 겹치는 부분이며, ㉢은 액틴 필라멘트만 있는 부분이다.

이에 대한 설명으로 옳은 것만을 〈보기〉에서 있는 대로 고른 것은?

| 보기 |

ㄱ. ⓐ는 0.4이다.

ㄴ. ㉡의 길이와 ㉢의 길이의 합은 t_1일 때가 t_3일 때보다 길다.

ㄷ. t_2일 때 $\dfrac{㉠의\ 길이 + ㉢의\ 길이}{X의\ 길이} = \dfrac{1}{2}$이다.

① ㄴ ② ㄷ ③ ㄱ, ㄴ ④ ㄱ, ㄷ ⑤ ㄱ, ㄴ, ㄷ

128 상 중 하

다음은 골격근의 수축 과정에 대한 자료이다.

- 그림은 근육 원섬유 마디 X의 구조를 나타낸 것이다. X는 좌우 대칭이고, Z_1과 Z_2는 X의 Z선이다.

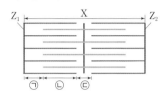

- 구간 ㉠은 액틴 필라멘트만 있는 부분이고, ㉡은 액틴 필라멘트와 마이오신 필라멘트가 겹치는 부분이며, ㉢은 마이오신 필라멘트만 있는 부분이다.

- 표 (가)는 시점 t_1과 t_2일 때 각 시점의 Z_1로부터 Z_2 방향으로 거리가 각각 l_1, l_2, l_3인 세 지점이 ㉠~㉢ 중 어느 구간에 해당하는지를, (나)는 t_1과 t_2일 때 ⓐ~ⓒ의 길이를 나타낸 것이다. ⓐ~ⓒ는 ㉠~㉢을 순서 없이 나타낸 것이며, t_1일 때 A대의 길이는 1.6 μm이다.

거리	지점이 해당하는 구간	
	t_1	t_2
l_1	?	ⓐ
l_2	ⓑ	ⓒ
l_3	ⓒ	㉠

(가)

시점	길이		
	ⓐ	ⓑ	ⓒ
t_1	2d	3d	?
t_2	?	2d	4d

(나)

- t_1과 t_2일 때 각각 $l_1 \sim l_3$은 모두 $\dfrac{X의\ 길이}{2}$보다 작다.

이에 대한 설명으로 옳은 것만을 〈보기〉에서 있는 대로 고른 것은?

| 보기 |

ㄱ. t_1일 때 X의 길이는 2.8 μm이다.

ㄴ. t_2일 때 Z_1로부터 Z_2 방향으로 거리가 l_2인 지점은 ㉡에 해당한다.

ㄷ. t_2일 때 H대의 길이는 0.8 μm이다.

① ㄱ ② ㄴ ③ ㄱ, ㄷ ④ ㄴ, ㄷ ⑤ ㄱ, ㄴ, ㄷ

129 | 개념 통합 | 　　　　상 중 하

그림은 중추 신경계로부터 자율 신경을 통해 각 기관에 연결된 경로를 나타낸 것이다. A와 B는 척수와 연수를 순서 없이 나타낸 것이고, ㉠과 ㉡은 교감 신경과 부교감 신경을 순서 없이 나타낸 것이며, I~Ⅲ은 방광, 소장, 홍채를 순서 없이 나타낸 것이다.

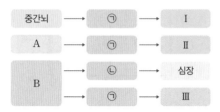

이에 대한 설명으로 옳은 것만을 〈보기〉에서 있는 대로 고른 것은?

| 보기 |

ㄱ. Ⅲ은 소장이다.

ㄴ. A는 호흡 운동을 조절한다.

ㄷ. ㉡은 신경절 이전 뉴런이 신경절 이후 뉴런보다 짧다.

① ㄱ　　　② ㄴ　　　③ ㄷ　　　④ ㄱ, ㄴ　　　⑤ ㄴ, ㄷ

130 | 신유형 | 　　　　상 중 하

그림은 어떤 동물 종에서 (가)가 제거된 개체 ㉠과 정상 개체 ㉡에 각각 자극 I을 주고 측정한 단위 시간당 오줌 생성량을 시간에 따라 나타낸 것이다. (가)는 뇌하수체 전엽과 뇌하수체 후엽 중 하나이고, I은 (가)에서 호르몬 X의 분비를 촉진한다.

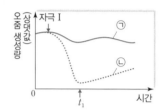

이에 대한 설명으로 옳은 것만을 〈보기〉에서 있는 대로 고른 것은? (단, 제시된 조건 이외는 고려하지 않는다.)

| 보기 |

ㄱ. (가)는 뇌하수체 전엽이다.

ㄴ. t_1일 때 ㉠에게 X를 주사하면 혈장 삼투압이 증가한다.

ㄷ. t_2일 때 콩팥에서의 단위 시간당 수분 재흡수량은 ㉡에서가 ㉠에서보다 많다.

① ㄱ　　　② ㄴ　　　③ ㄷ　　　④ ㄴ, ㄷ　　　⑤ ㄱ, ㄴ, ㄷ

131 | 개념 통합 | 〔상 **중** 하〕

표는 ABO식 혈액형이 모두 다른 사람 ㉠~㉣의 혈장과 적혈구를 각각 섞었을 때의 응집 여부를 나타낸 것이다. ㉠의 혈액은 항 A 혈청과 항 B 혈청 중 항 B 혈청에만 응집 반응이 일어난다.

적혈구＼혈장	㉠	㉡	㉢	㉣
㉠	×	×	○	○
㉡	?	×	○	?
㉢	?	ⓐ	×	?
㉣	○	?	ⓑ	×

(○ : 응집됨, × : 응집 안 됨)

이에 대한 설명으로 옳은 것만을 〈보기〉에서 있는 대로 고른 것은? (단, ABO식 혈액형만 고려한다.)

───── | 보기 | ─────

ㄱ. ⓐ와 ⓑ는 모두 '○'이다.
ㄴ. ㉢과 ㉣의 혈액에는 모두 응집소 β가 있다.
ㄷ. ㉡의 혈액과 항 A 혈청을 섞으면 응집 반응이 일어난다.

① ㄱ   ② ㄷ   ③ ㄱ, ㄷ   ④ ㄴ, ㄷ   ⑤ ㄱ, ㄴ, ㄷ

132 | 개념 통합 | 〔상 **중** 하〕

그림 (가)는 어떤 동물의 체온 조절 중추에 Ⅰ 자극과 Ⅱ 자극을 주었을 때 시간에 따른 체온을, (나)는 이 동물에게 Ⅰ 자극과 Ⅱ 자극을 주었을 때 X의 변화를 나타낸 것이다. Ⅰ과 Ⅱ는 고온과 저온을 순서 없이 나타낸 것이고, X는 열 발생량(열 생산량)과 땀 분비량 중 하나이다.

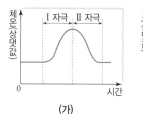
(가)

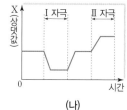
(나)

이에 대한 설명으로 옳은 것만을 〈보기〉에서 있는 대로 고른 것은?

───── | 보기 | ─────

ㄱ. Ⅰ은 저온이다.
ㄴ. X는 열 발생량(열 생산량)이다.
ㄷ. 피부 근처 혈관을 흐르는 단위 시간당 혈액량은 Ⅰ 자극을 주었을 때가 Ⅱ 자극을 주었을 때보다 적다.

① ㄱ   ② ㄴ   ③ ㄱ, ㄷ   ④ ㄴ, ㄷ   ⑤ ㄱ, ㄴ, ㄷ

IV 유전

◆ **이렇게 출제되었다!**

2015 개정 교육과정이 적용된 수능, 평가원, 교육청 기출 문제를 철저히 분석했습니다.

● 단원별 출제 비율

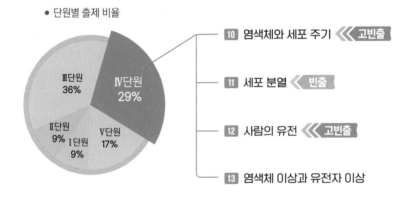

10 염색체와 세포 주기 《 고빈출

11 세포 분열 《 빈출

12 사람의 유전 《 고빈출

13 염색체 이상과 유전자 이상

IV **유전** | 가계도를 분석하여 유전 형질의 종류와 가족 구성원의 유전자형을 파악하거나 특정 유전 형질이 나타날 확률을 묻는 문제가 가장 많이 출제되었으며, 염색체의 구조, 유전자가 위치하는 염색체와 대립유전자 관계인 유전자를 파악하는 문제가 자주 출제되었다. 감수 분열 과정에서는 다양한 형태의 자료 분석형 문제가 꾸준히 출제되고 있다. 특히 사람의 유전 형질과 염색체 이상을 종합적으로 묻는 고난도 문제가 출제되고 있다.

◆ 어떻게 공부해야 할까?

10 염색체와 세포 주기

여러 개의 세포에 들어 있는 염색체를 분석하여 세포의 핵상, 종의 구분, 성의 구분, 상염색체와 성염색체의 구분, 염색체 수, 염색 분체 수 등을 파악할 수 있는 능력을 키워야 한다.

11 세포 분열

감수 분열 과정에서 각 세포별로 제시된 대립유전자의 유무와 DNA 상대량을 통해 각 세포가 생식세포 형성 과정 중 어느 시기의 세포인지 묻는 문제가 다양한 응용 형태로 출제될 수 있으므로 여러 유형의 문제를 다루어 보아야 한다.

12 사람의 유전

가계도 분석과 유전 형질을 나타낸 다양한 형태의 자료를 분석하는 고난도 문제가 출제되고 있으므로, 여러 유전 형질을 나타낸 자료를 분석하여 유전 형질의 종류와 우열 관계를 파악하는 연습을 해야 한다. 또 복대립 유전과 다인자 유전의 특징을 정확히 숙지하고 여러 유전이 함께 제시된 자료를 종합적으로 분석할 수 있도록 학습해야 한다.

13 염색체 이상과 유전자 이상

여러 유전 형질이 제시된 자료를 분석하여 염색체 구조의 이상이 일어난 부분과 염색체 비분리가 일어난 시기를 묻는 통합형 문제가 고난도로 출제되고 있으므로, 염색체 구조의 이상과 수의 이상에 대해 정리해 두고, 자료에 적용할 수 있도록 학습해야 한다.

빈출
1 유전자와 염색체

(1) **DNA와 유전자**: 생물체의 유전에 관한 정보를 담고 있는 DNA 의 특정 부분을 유전자라고 함

(2) **염색체**: 세포가 분열할 때 더 응축되어 나타나는 끈이나 막대 모양 구조로 DNA와 히스톤 단백질로 구성

덜 응축된 상태 (염색사)	• 세포가 분열하지 않을 때 실 같은 구조 • 뉴클레오솜으로 구성
뉴클레오솜	• 염색체를 구성하는 기본 단위 • DNA가 히스톤 단백질을 감고 있는 구조 • 간기, 분열기에서 모두 관찰됨
염색 분체	• 세포 분열 중기 세포에서 하나의 염색체는 2개의 염색 분체로 구성 • 유전자 구성이 동일함
동원체	세포 분열 시 방추사가 붙는 부분

동원체

염색체   뉴클레오솜   DNA

⬆ 염색체의 구조

2 핵형과 핵상

(1) **핵형** – 핵형 분석을 통해 성별, 염색체 이상을 알 수 있음

① 체세포에 들어 있는 염색체 수, 모양, 크기 등의 특성
② 생물종에 따라 다름
③ 같은 종의 생물은 성별이 같으면 핵형이 같음

(2) **핵상** – 하나의 세포 속에 들어 있는 염색체의 상대적인 수

① 핵 속 염색체의 조합 상태를 나타낸 것
② 체세포의 핵상: $2n$, 생식세포의 핵상: n
③ 상동 염색체가 2개씩 짝짓고 있으면 $2n$, 상동 염색체가 없이 모양과 크기가 다른 염색체가 1개씩 있으면 n으로 나타냄

빈출
3 상동 염색체와 대립유전자

(1) **상동 염색체**

① 체세포 속에 있는 모양과 크기가 같은 1쌍의 염색체로 하나는 아버지로부터, 다른 하나는 어머니로부터 물려받아 쌍을 이룸
② 감수 분열 시 분리되어 각각 다른 생식세포를 형성

(2) **대립유전자**

① 상동 염색체의 같은 위치에 있는 특정 형질을 결정하는 유전자
② 대립유전자 쌍은 유전자 구성이 같을 수도 있고 다를 수도 있음
➡ 대립유전자 쌍이 같은 경우를 동형 접합성, 서로 다른 경우를 이형 접합성이라고 함

4 사람의 염색체

(1) **상염색체**

① 사람의 체세포에 들어 있는 23쌍(46개)의 염색체 중 남자와 여자가 공통으로 갖는 22쌍(44개)의 염색체
② 성별에 관계없이 공통으로 갖는 염색체

(2) **성염색체**

① 상염색체 이외의 1쌍의 염색체로 성별을 결정함
② 여자: XX, 남자: XY ➡ X 염색체는 남녀 공통으로 있는 성염색체, Y 염색체는 남자에게만 있는 성염색체

여자($2n=44+$XX)의 핵형   남자($2n=44+$XY)의 핵형

⬆ 사람의 핵형

고빈출
5 세포 주기

세포 분열을 통해 새로 생겨난 딸세포가 생장하여 분열하기까지의 과정으로 간기와 분열기로 나눔

간기	G_1기	• 세포 분열이 끝난 후부터 DNA 복제 전까지의 시기 • 단백질 및 세포 구성 물질을 합성하여 생장하는 시기 • 물질대사가 활발하고 세포 소기관의 수가 증가함
	S기	DNA가 복제되는 시기(DNA양이 2배로 증가)
	G_2기	• DNA 복제 후부터 분열기 전까지의 시기 • 분열 준비로 방추사를 구성하는 단백질, 세포막을 구성하는 물질 합성 • 세포가 완전히 성숙하여 분열기로 들어가기 위한 준비기
분열기(M기)		• 염색체가 응축됨 • 염색체의 모양과 행동에 따라 전기, 중기, 후기, 말기로 구분 • 말기부터 세포질 분열이 시작되어 딸세포 형성 • 핵막이 소실된 세포와 방추사가 있는 세포를 관찰할 수 있는 시기

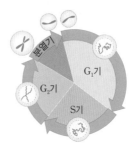

⬆ 세포 주기

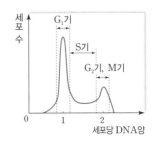

⬆ 세포당 DNA양에서 구간별 세포 주기

대표 기출 문제

133

다음은 핵상이 $2n$인 동물 A~C의 세포 (가)~(라)에 대한 자료이다.

○ A와 B는 서로 같은 종이고, B와 C는 서로 다른 종이며, B와 C의 체세포 1개
  당 염색체 수는 서로 다르다.
○ (가)~(라) 중 2개는 암컷의, 나머지 2개는 수컷의 세포이다. A~C의 성염색체
  는 암컷이 XX, 수컷이 XY이다.
○ 그림은 (가)~(라) 각각에
  들어 있는 모든 상염색체
  와 ㉠을 나타낸 것이다.
  ㉠은 X 염색체와 Y 염색
  체 중 하나이다.

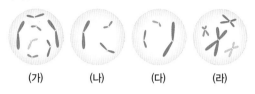

(가)　(나)　(다)　(라)

이에 대한 설명으로 옳은 것만을 〈보기〉에서 있는 대로 고른 것은? (단, 돌연변이는 고려하지
않는다.)

| 보기 |
ㄱ. ㉠은 Y 염색체이다.
ㄴ. (가)와 (라)는 서로 다른 개체의 세포이다.
ㄷ. C의 체세포 분열 중기의 세포 1개당 상염색체의 염색 분체 수는 8이다.

① ㄱ　　② ㄴ　　③ ㄱ, ㄷ　　④ ㄴ, ㄷ　　⑤ ㄱ, ㄴ, ㄷ

발문과 자료 분석하기
같은 종의 두 세포에 들어 있는 상염색체는 서로 크기와 모양이 같으며, 성염색체가 XX인 개체의 세포에는 항상 X 염색체가 있다는 것을 파악해야 한다.

꼭 기억해야 할 개념
1. 서로 다른 종의 세포는 핵형이 서로 다르다.
2. 성염색체가 XY인 개체에서 핵상이 n인 세포에는 X 염색체와 Y 염색체 중 하나가 없다.
3. 체세포 분열 중기 세포의 염색체는 각각 2개의 염색 분체로 이루어져 있다.

선지별 선택 비율

①	②	③	④	⑤
11 %	16 %	19 %	13 %	40 %

134

사람의 유전 형질 ㉮는 1쌍의 대립유전자 A와 a에 의해, ㉯는 2쌍의 대립유전자 B와 b, D와 d에 의해 결정된다. ㉮의 유전자는 상염색체에, ㉯의 유전자는 X 염색체에 있다. 표는 남자 P의 세포 (가)~(다)와 여자 Q의 세포 (라)~(바)에서 대립유전자 ㉠~㉫의 유무를 나타낸 것이다. ㉠~㉫은 A, a, B, b, D, d를 순서 없이 나타낸 것이다.

대립유전자	P의 세포			Q의 세포		
	(가)	(나)	(다)	(라)	(마)	(바)
㉠	×	?	○	?	○	×
㉡	×	×	×	○	○	×
㉢	?	○	○	○	○	○
㉣	×	ⓐ	○	○	×	○
㉤	○	○	×	×	×	×
㉫	×	×	×	?	×	○

(○: 있음, ×: 없음)

이에 대한 설명으로 옳은 것만을 〈보기〉에서 있는 대로 고른 것은? (단, 돌연변이와 교차는 고려하지 않는다.)

| 보기 |
ㄱ. ㉠은 ㉫과 대립유전자이다.
ㄴ. ⓐ는 '×'이다.
ㄷ. Q의 ㉯의 유전자형은 BbDd이다.

① ㄱ　　② ㄴ　　③ ㄱ, ㄷ　　④ ㄴ, ㄷ　　⑤ ㄱ, ㄴ, ㄷ

발문과 자료 분석하기
핵상이 $2n$인 세포에는 상동 염색체가 쌍으로 있고, 핵상이 n인 세포에는 상동 염색체 중 1개씩만 있으므로 핵상이 n인 세포에는 대립유전자가 1개씩만 있다는 것을 파악해야 한다.

꼭 기억해야 할 개념
1. 한 개체의 두 세포에 있는 유전자의 종류가 서로 다르면 이 두 세포는 모두 핵상이 n이다.
2. 핵상이 n인 세포에 있는 두 유전자는 서로 대립유전자가 아니다.
3. 한 개체의 세포 중 핵상이 $2n$인 세포에는 핵상이 n인 세포에 있는 유전자가 모두 있다.

선지별 선택 비율

①	②	③	④	⑤
9 %	12 %	50 %	17 %	12 %

135

상 중 하

그림은 어떤 사람이 갖는 한 쌍의 1번 염색체와 이 염색체의 구조를 나타낸 것이다. ㉠과 ㉡은 DNA와 뉴클레오솜을 순서 없이 나타낸 것이다.

이에 대한 설명으로 옳은 것만을 〈보기〉에서 있는 대로 고른 것은? (단, 돌연변이와 교차는 고려하지 않는다.)

| 보기 |

ㄱ. Ⅰ과 Ⅱ에 저장된 유전 정보는 같다.
ㄴ. ㉠에 히스톤 단백질이 있다.
ㄷ. 하나의 ㉡에는 하나의 유전자가 있다.

① ㄱ   ② ㄴ   ③ ㄷ   ④ ㄱ, ㄴ   ⑤ ㄴ, ㄷ

136

상 중 하

그림은 어떤 형질에 대한 유전자형이 Aa인 사람이 가진 염색체의 구조를 나타낸 것이다. ⓐ는 (나)의 기본 구성 단위에 포함된 물질이다.

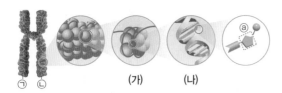

(가)   (나)

이에 대한 설명으로 옳은 것만을 〈보기〉에서 있는 대로 고른 것은? (단, 돌연변이와 교차는 고려하지 않는다.)

| 보기 |

ㄱ. ㉠에 A가 있으면 ㉡에 a가 있다.
ㄴ. 간기의 세포에 (가)가 있다.
ㄷ. ⓐ는 염기이다.

① ㄱ   ② ㄴ   ③ ㄱ, ㄴ   ④ ㄱ, ㄷ   ⑤ ㄴ, ㄷ

137 | 신유형 |

상 중 하

그림은 어떤 동물(2n) 암컷의 체세포 (가)와 수컷의 체세포 (나)에 들어 있는 염색체와 유전자를 나타낸 것이다. 이 암컷과 수컷 사이에서 특정 형질의 유전자형이 aaBBDE인 자손 X가 태어났다. ㉠과 ㉡은 염색체이고, ⓐ와 ⓑ는 각각 A, a, B, b 중 하나이다.

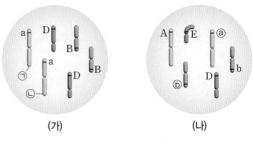

(가)   (나)

이에 대한 설명으로 옳은 것만을 〈보기〉에서 있는 대로 고른 것은? (단, 돌연변이와 교차는 고려하지 않는다.)

| 보기 |

ㄱ. ⓐ는 A, ⓑ는 b이다.
ㄴ. X는 수컷이다.
ㄷ. ㉠과 ㉡은 각각 부모로부터 하나씩 물려받은 것이다.

① ㄱ   ② ㄴ   ③ ㄱ, ㄷ   ④ ㄴ, ㄷ   ⑤ ㄱ, ㄴ, ㄷ

138 상 중 **하**

그림은 어떤 사람의 핵형 분석 결과에서 상염색체와 ㉠을 나타낸 것이다. ㉠은 X 염색체와 Y 염색체 중 하나이고, ⓐ는 동원체이다.

이에 대한 설명으로 옳은 것만을 〈보기〉에서 있는 대로 고른 것은? (단, 돌연변이와 교차는 고려하지 않는다.)

| 보기 |

ㄱ. 이 사람은 남자이다.
ㄴ. 세포 분열 시 ⓐ에 방추사가 부착된다.
ㄷ. ㉡과 ㉢을 구성하는 DNA의 염기 배열 순서는 서로 다르다.

① ㄱ　　② ㄴ　　③ ㄷ　　④ ㄱ, ㄴ　　⑤ ㄴ, ㄷ

139 상 **중** 하

그림은 세포 (가)~(라) 각각에 들어 있는 모든 염색체를 나타낸 것이다. (가)~(라)는 3가지 동물($2n$) 개체의 세포이며, 이 동물 개체의 성염색체는 암컷이 XX, 수컷이 XY이다.

(가)　　　(나)　　　(다)　　　(라)

이에 대한 설명으로 옳은 것만을 〈보기〉에서 있는 대로 고른 것은? (단, 돌연변이는 고려하지 않는다.)

| 보기 |

ㄱ. (가)~(다)는 모두 핵상이 같다.
ㄴ. (나)~(라)는 각각 서로 다른 개체의 세포이다.
ㄷ. X 염색체의 수는 (라)가 (가)의 2배이다.

① ㄱ　　② ㄴ　　③ ㄱ, ㄷ　　④ ㄴ, ㄷ　　⑤ ㄱ, ㄴ, ㄷ

140 | 신유형 | 상 중 **하**

사람의 어떤 유전 형질은 서로 다른 상염색체에 있는 3쌍의 대립유전자 A와 a, B와 b, D와 d에 의해 결정된다. 표는 세포 Ⅰ~Ⅳ에서 A, b, D, d의 유무와 B와 D의 DNA 상대량을 더한 값(B+D)을 나타낸 것이다. Ⅰ~Ⅳ 중 2개는 한 사람의 세포이고, 나머지 2개는 다른 한 사람의 세포이다. ㉠과 ㉡은 'O'와 '×'를 순서 없이 나타낸 것이고, ⓐ와 ⓑ는 2와 4를 순서 없이 나타낸 것이다.

세포	대립유전자				B+D
	A	**b**	**D**	**d**	
Ⅰ	O	O	㉠	㉠	1
Ⅱ	㉡	O	?	㉡	ⓐ
Ⅲ	㉡	O	?	㉠	ⓑ
Ⅳ	㉠	㉠	?	×	1

(O: 있음, ×: 없음)

이에 대한 설명으로 옳은 것만을 〈보기〉에서 있는 대로 고른 것은? (단, 돌연변이와 교차는 고려하지 않으며, A, a, B, b, D, d 각각의 1개당 DNA 상대량은 1이다.)

| 보기 |

ㄱ. Ⅰ과 Ⅳ는 한 사람의 세포이다.
ㄴ. Ⅰ과 Ⅲ은 핵상이 서로 다르다.
ㄷ. Ⅱ에서 a와 B의 DNA 상대량을 더한 값은 4이다.

① ㄱ　　② ㄴ　　③ ㄷ　　④ ㄱ, ㄴ　　⑤ ㄴ, ㄷ

141
상 중 하

어떤 동물 종($2n$)의 특정 형질은 대립유전자 A와 a에 의해 결정된다. 표는 이 동물 종의 개체 I과 II의 세포 (가)~(다)에서 ㉠을 제외한 나머지 염색체의

세포	㉠을 제외한 나머지 염색체 수	A의 DNA 상대량
(가)	3	ⓐ
(나)	7	4
(다)	8	2

수와 세포 1개당 A의 DNA 상대량을 나타낸 것이다. ㉠은 X 염색체와 Y 염색체 중 하나이고, 이 동물의 성염색체는 암컷이 XX, 수컷이 XY이다.

이에 대한 설명으로 옳은 것만을 〈보기〉에서 있는 대로 고른 것은? (단, 돌연변이는 고려하지 않으며, A와 a 각각의 1개당 DNA 상대량은 1이다.)

――――― | 보기 | ―――――

ㄱ. ㉠은 Y 염색체이다.

ㄴ. ⓐ는 0이다.

ㄷ. (가)와 (다)는 서로 다른 개체의 세포이다.

① ㄱ ② ㄴ ③ ㄱ, ㄷ ④ ㄴ, ㄷ ⑤ ㄱ, ㄴ, ㄷ

142 | 신유형 |
상 중 하

표는 어떤 가족을 구성하는 어머니와 두 자녀의 세포 ㉠~㉢에서 대립유전자 A와 a, B와 b의 DNA 상대량을, 그림은 이 가족 구성원 중 한 사람의 체세포에 들어 있는 3쌍의 염색체와 유전자 일부를 나타낸 것이다. ㉠~㉢은 모두 핵상이 같다.

구분	A	a	B	b
어머니의 세포 ㉠	?	?	2	0
자녀 1의 세포 ㉡	0	2	?	0
자녀 2의 세포 ㉢	1	0	1	1

이에 대한 설명으로 옳은 것만을 〈보기〉에서 있는 대로 고른 것은? (단, 돌연변이는 고려하지 않으며, A, a, B, b 각각의 1개당 DNA 상대량은 1이다.)

――――― | 보기 | ―――――

ㄱ. 그림은 어머니의 세포이다.

ㄴ. 자녀 2는 아버지로부터 A를 물려받았다.

ㄷ. 체세포 1개당 $\dfrac{\text{B의 DNA 상대량}}{\text{a의 DNA 상대량}}$은 어머니와 아버지가 같다.

① ㄱ ② ㄷ ③ ㄱ, ㄴ ④ ㄱ, ㄷ ⑤ ㄴ, ㄷ

143
상 중 하

표는 같은 동물 종($2n=8$)의 수컷 개체 I과 암컷 개체 II의 세포 ㉠~㉤이 갖는 유전자 E, e, F, f, G, g의 DNA 상대량을 나타낸 것이다. E와 e, F와 f, G와 g는 각각 대립유전자이다. ㉠~㉤ 각각은 I의 세포와 II의 세포 중 하나이며, 이 동물의 성염색체는 암컷이 XX, 수컷이 XY이다.

세포	DNA 상대량					
	E	e	F	f	G	g
㉠	1	0	0	?	0	?
㉡	2	0	0	ⓐ	0	4
㉢	ⓑ	0	?	0	?	1
㉣	1	1	ⓒ	1	?	0
㉤	?	2	0	?	?	?

이에 대한 설명으로 옳은 것만을 〈보기〉에서 있는 대로 고른 것은? (단, 돌연변이와 교차는 고려하지 않으며, E, e, F, f, G, g 각각의 1개당 DNA 상대량은 1이다.)

――――― | 보기 | ―――――

ㄱ. ㉠은 I의 세포이다.

ㄴ. ⓐ+ⓑ+ⓒ=4이다.

ㄷ. ㉣은 E와 F가 함께 있는 염색체를 갖는다.

① ㄱ ② ㄴ ③ ㄱ, ㄷ ④ ㄴ, ㄷ ⑤ ㄱ, ㄴ, ㄷ

144 | 신유형 | 상 중 하

어떤 동물 종($2n=8$)의 특정 형질은 2쌍의 대립유전자 A와 a, B와 b에 의해 결정된다. 표는 이 동물 종의 개체 Ⅰ의 세포 (가)와 Ⅱ의 세포 (나)~(라)에서 유전자 ㉠~㉣의 유무를, 그림은 세포 ⓐ와 ⓑ에 들어 있는 모든 염색체를 나타낸 것이다. ㉠~㉣은 A, a, B, b를 순서 없이 나타낸 것이다. ⓐ와 ⓑ는 각각 Ⅰ과 Ⅱ의 세포 중 하나이고, Ⅰ과 Ⅱ의 성염색체는 암컷이 XX, 수컷이 XY이다.

개체	세포	유전자			
		㉠	㉡	㉢	㉣
Ⅰ	(가)	○	×	○	○
Ⅱ	(나)	×	×	○	×
	(다)	×	×	×	○
	(라)	○	×	×	○

(○: 있음, ×: 없음)

이에 대한 설명으로 옳은 것만을 〈보기〉에서 있는 대로 고른 것은? (단, 돌연변이와 교차는 고려하지 않으며, (가)~(라)는 모두 중기 세포이다. A, a, B, b 각각의 1개당 DNA 상대량은 서로 같다.)

| 보기 |

ㄱ. ㉡은 ㉣의 대립유전자이다.
ㄴ. ⓑ는 (가)~(라) 중 (나)에 해당한다.
ㄷ. (가)에서 ㉣의 DNA 상대량은 ㉢의 DNA 상대량의 2배이다.

① ㄱ   ② ㄷ   ③ ㄱ, ㄴ   ④ ㄴ, ㄷ   ⑤ ㄱ, ㄴ, ㄷ

145 상 중 하

그림 (가)는 동물($2n$) X의 체세포의 세포 주기를, (나)는 이 체세포를 배양했을 때 세포당 DNA양에 따른 세포 수를 나타낸 것이다. ㉠~㉣은 각각 S기, M기, G₁기, G₂기를 순서 없이 나타낸 것이다.

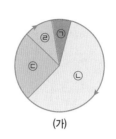

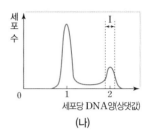

(가)   (나)

이에 대한 설명으로 옳은 것만을 〈보기〉에서 있는 대로 고른 것은? (단, 돌연변이는 고려하지 않는다)

| 보기 |

ㄱ. Ⅰ의 세포는 모두 ㉠ 시기에 관찰된다.
ㄴ. ㉢ 시기 세포에서 방추사가 형성된다.
ㄷ. 세포당 DNA양은 ㉣ 시기 세포가 ㉡ 시기 세포의 2배이다.

① ㄱ   ② ㄷ   ③ ㄱ, ㄴ   ④ ㄴ, ㄷ   ⑤ ㄱ, ㄴ, ㄷ

146 상 중 하

그림 (가)는 사람 P의 체세포 세포 주기를, (나)는 P의 핵형 분석 결과에서 22번 염색체와 성염색체를 모두 나타낸 것이다. ㉠~㉢은 G₁기, G₂기, M기를 순서 없이 나타낸 것이다.

(가)   (나)

이에 대한 설명으로 옳은 것만을 〈보기〉에서 있는 대로 고른 것은?

| 보기 |

ㄱ. ㉡은 M기이다.
ㄴ. ⓐ는 X 염색체이다.
ㄷ. (나)의 염색체는 ㉢ 시기에 관찰된다.

① ㄱ   ② ㄴ   ③ ㄷ   ④ ㄱ, ㄴ   ⑤ ㄴ, ㄷ

세포 분열

빈출 1 체세포 분열

모세포와 유전적으로 동일한 2개의 딸세포를 형성하는 과정으로, 생물의 생장과 조직의 재생 과정에서 일어남

(1) 염색체의 모양과 행동에 따라 전기, 중기, 후기, 말기로 구분

(2) 염색 분체가 분리되어 염색체 수는 변하지 않음(형성된 딸세포는 DNA양과 염색체 수가 모세포와 동일함, 핵상 변화: $2n \to 2n$)

간기		• 핵막과 인 관찰됨 • S기에 DNA 복제됨
분열기	전기	• 핵막과 인이 사라짐 • 염색체가 응축하며, 각 염색체는 2개의 염색 분체로 구성 • 방추사가 형성되어 동원체에 부착됨
	중기	• 염색체가 세포 중앙에 배열됨 • 염색체를 관찰하기 가장 좋은 시기 • 핵형 분석 가능
	후기	염색 분체가 방추사에 의해 분리되어 양극으로 이동
	말기	• 염색체가 풀어지고, 방추사가 사라짐 • 핵막과 인이 나타남 • 세포질 분열이 시작됨

고빈출 2 감수 분열

(1) 감수 분열 – x쌍의 상동 염색체를 가진 생물$(2n=2x) \to 2^x$ 종류의 생식세포가 형성

① 생식세포를 형성할 때 일어나는 세포 분열

② 한 번의 DNA 복제 후 연속된 2회 분열을 통해 염색체 수가 반감된 4개의 딸세포가 만들어짐

(2) 감수 분열 과정

① 감수 1분열: 상동 염색체가 분리되어 DNA양 반감, 염색체 수 반감(핵상 변화: $2n \to n$)

② 감수 2분열: 감수 1분열 후 DNA 복제없이 바로 일어나며, 염색 분체가 분리되어 DNA양은 반감되지만 염색체 수는 변화 없음(핵상 변화: $n \to n$)

간기		• 핵막과 인 관찰됨 • S기에 DNA 복제됨
감수 1분열	전기	• 핵막과 인이 사라짐 • 상동 염색체가 접합한 2가 염색체가 관찰됨 • 방추사가 2가 염색체에 부착됨
	중기	2가 염색체가 세포 중앙에 배열됨
	후기	상동 염색체가 방추사에 의해 분리되어 양극으로 이동함
	말기	• 핵막과 인이 나타남 • 방추사가 사라짐 • 세포질 분열이 시작되며, 2개의 딸세포 형성

감수 2분열	전기	• 핵막과 인이 사라짐 • 방추사가 염색체에 부착됨
	중기	염색체가 세포 중앙에 배열됨
	후기	염색 분체가 방추사에 의해 분리되어 양극으로 이동
	말기	• 핵막과 인이 나타남 • 세포질 분열이 시작되며, 4개의 딸세포 형성

(3) 감수 분열의 의의

① 염색체 수 유지: 감수 분열 결과 형성된 생식세포의 염색체 수가 체세포의 절반이므로, 세대를 거듭해도 유성 생식을 하는 생물의 염색체 수가 일정하게 유지됨

② 유전적 다양성 증가: 감수 1분열에 상동 염색체가 무작위로 배열·분리되므로 유전적으로 다양한 생식세포가 형성됨 ➡ 암수의 생식세포가 무작위로 수정되므로 다양한 유전자 조합을 가진 자손이 태어남

3 체세포 분열과 감수 분열의 비교

생장, 조직 재생 등이 일어나는 모든 부위에서 일어남

구분	체세포 분열	감수 분열
분열 과정	염색 분체 분리	• 감수 1분열: 상동 염색체 분리 • 감수 2분열: 염색 분체 분리
분열 횟수	1회	2회
핵상 변화	$2n \to 2n$	$2n \to n$
DNA양 변화	변화 없음	반감
딸세포 수	2개	4개

생식 기관에서 일어남

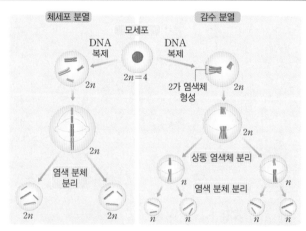

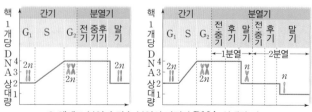

❶ 체세포 분열과 감수 분열의 과정과 DNA 상대량 비교

147

그림 (가)는 동물 $P(2n=4)$의 체세포가 분열하는 동안 핵 1개당 DNA 양을, (나)는 P의 체세포 분열 과정의 어느 한 시기에서 관찰되는 세포를 나타낸 것이다.

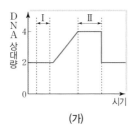 

(가)   (나)

이에 대한 설명으로 옳은 것만을 〈보기〉에서 있는 대로 고른 것은? (단, 돌연변이는 고려하지 않는다.)

| 보기 |

ㄱ. 구간 Ⅰ의 세포는 핵상이 $2n$이다.
ㄴ. 구간 Ⅱ에는 (나)가 관찰되는 시기가 있다.
ㄷ. (나)에서 상동 염색체의 접합이 일어났다.

① ㄱ   ② ㄷ   ③ ㄱ, ㄴ   ④ ㄴ, ㄷ   ⑤ ㄱ, ㄴ, ㄷ

148

사람의 유전 형질 (가)는 대립유전자 A와 a에 의해, (나)는 대립유전자 B와 b에 의해 결정된다. (가)의 유전자와 (나)의 유전자는 서로 다른 염색체에 있다. 그림은 어떤 사람의 G_1기 세포 Ⅰ로부터 정자가 형성되는 과정을, 표는 세포 ㉠~㉣에서 A, a, B, b의 DNA 상대량을 더한 값(A+a+B+b)을 나타낸 것이다. ㉠~㉣은 Ⅰ~Ⅳ를 순서 없이 나타낸 것이고, ⓐ는 ⓑ보다 작다.

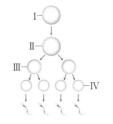

세포	A+a+B+b
㉠	ⓐ
㉡	ⓑ
㉢	1
㉣	4

이에 대한 설명으로 옳은 것만을 〈보기〉에서 있는 대로 고른 것은? (단, 돌연변이와 교차는 고려하지 않으며, A, a, B, b 각각의 1개당 DNA 상대량은 1이다. Ⅱ와 Ⅲ은 중기의 세포이다.) [3점]

| 보기 |

ㄱ. ⓐ는 3이다.
ㄴ. ㉡은 Ⅲ이다.
ㄷ. ㉣의 염색체 수는 46이다.

① ㄱ   ② ㄴ   ③ ㄷ   ④ ㄱ, ㄴ   ⑤ ㄱ, ㄷ

149 | 신유형 | 상 중 하

다음은 어떤 동물($2n=4$)의 세포에 대한 자료이다.

○ 이 동물은 특정 형질의 유전자형이 Aa이다.
○ 그림 (가)는 이 동물의 세포 주기를, (나)는 이 동물의 세포 X에 들어 있는 모든 염색체를 나타낸 것이다. ㉠~㉣은 M기, S기, G₁기, G₂기를 순서 없이 나타낸 것이며, X는 ㉠과 ㉢ 중 한 시기의 세포이다.

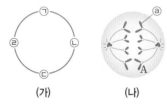

(가)   (나)

○ ㉣ 시기 세포는 모두 세포 1개당 DNA 상대량이 X의 절반이다.

이에 대한 설명으로 옳은 것만을 〈보기〉에서 있는 대로 고른 것은? (단, 돌연변이와 교차는 고려하지 않는다.)

| 보기 |

ㄱ. ㉢ 시기의 세포에 핵막이 있다.
ㄴ. ⓐ에 a가 있다.
ㄷ. ㉡ 시기에 염색 분체의 형성과 분리가 모두 일어난다.

① ㄱ   ② ㄷ   ③ ㄱ, ㄴ   ④ ㄴ, ㄷ   ⑤ ㄱ, ㄴ, ㄷ

150   상 중 하

표는 어떤 동물($2n$)의 체세포가 분열하는 과정의 t_1과 t_2일 때 세포 1개당 DNA 상대량을, 그림은 이 동물의 체세포 분열 과정에서 관찰되는 세포 ㉠의 모든 염색체를 나타낸 것이다.

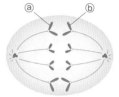

시점	세포 1개당 DNA 상대량
t_1	1
t_2	2

이에 대한 설명으로 옳은 것만을 〈보기〉에서 있는 대로 고른 것은? (단, 돌연변이는 고려하지 않는다.)

| 보기 |

ㄱ. ㉠의 DNA 상대량은 2이다.
ㄴ. ⓐ는 ⓑ의 상동 염색체이다.
ㄷ. t_1일 때의 세포에 2개의 염색 분체로 구성된 염색체가 있다.

① ㄱ   ② ㄴ   ③ ㄱ, ㄷ   ④ ㄴ, ㄷ   ⑤ ㄱ, ㄴ, ㄷ

151 | 신유형 | 상 중 하

그림 (가)는 어떤 동물($2n$)의 세포 분열 과정에서 세포 1개당 DNA 양의 변화를, (나)는 이 동물의 t_1일 때의 세포 ㉠에 들어 있는 모든 염색체를 나타낸 것이다.

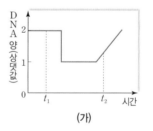   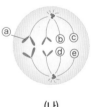

(가)   (나)

이에 대한 설명으로 옳은 것만을 〈보기〉에서 있는 대로 고른 것은? (단, ⓐ~ⓔ는 염색체이고, 돌연변이는 고려하지 않는다.)

| 보기 |

ㄱ. ⓐ는 ⓑ와 ⓒ 중 하나의 상동 염색체이다.
ㄴ. t_2일 때의 세포에 핵막과 뉴클레오솜이 모두 있다.
ㄷ. 이 동물의 체세포 분열 중기 세포 1개당 염색 분체 수는 8이다.

① ㄱ   ② ㄴ   ③ ㄱ, ㄷ   ④ ㄴ, ㄷ   ⑤ ㄱ, ㄴ, ㄷ

152
<상 중 하>

그림 (가)는 성염색체가 XX인 어떤 동물의 체세포를 배양한 후 세포당 DNA양에 따른 세포 수를, (나)는 이 동물의 분열 중인 세포 ㉠의 모든 염색체를 나타낸 것이다.

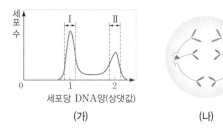

(가)   (나)

이에 대한 설명으로 옳은 것만을 〈보기〉에서 있는 대로 고른 것은? (단, 돌연변이는 고려하지 않는다.)

| 보기 |

ㄱ. 구간 I에 핵상이 n인 세포가 있다.
ㄴ. 구간 II에서 ㉠이 관찰된다.
ㄷ. ㉠의 세포당 DNA 상대량은 1이다.

① ㄱ ② ㄷ ③ ㄱ, ㄴ ④ ㄱ, ㄷ ⑤ ㄴ, ㄷ

153
<상 중 하>

그림은 핵상이 $2n$인 동물 A와 B의 세포 (가)~(다)에서 모든 상염색체와 ㉠을 나타낸 것이다. ㉠은 X 염색체와 Y 염색체 중 하나이다. A와 B는 서로 다른 종이며, A는 암컷, B는 수컷이다. A와 B의 성염색체는 암컷이 XX, 수컷이 XY이다. A와 B는 체세포 1개당 염색체 수가 서로 다르며, ⓐ와 ⓑ는 각각 1개의 염색체이다.

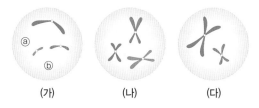

(가)   (나)   (다)

이에 대한 설명으로 옳은 것만을 〈보기〉에서 있는 대로 고른 것은? (단, 돌연변이는 고려하지 않는다.)

| 보기 |

ㄱ. ⓐ와 ⓑ는 모두 상염색체이다.
ㄴ. A의 체세포 분열 중기 세포 1개당 상염색체의 염색 분체 수는 12이다.
ㄷ. B의 감수 1분열 중기 세포에 ㉠이 있다.

① ㄱ ② ㄴ ③ ㄱ, ㄷ ④ ㄴ, ㄷ ⑤ ㄱ, ㄴ, ㄷ

154 | 신유형 |
<상 중 하>

그림은 특정 형질의 유전자형이 AaBb와 Aabb 중 하나인 어떤 남자의 세포 분열 과정 일부에서 시간에 따른 세포 1개당 DNA양을, 표는 이 남자의 세포 ㉠과 ㉡에서 대립유전자 ⓐ~ⓓ의 유무를 나타낸 것이다. t_1일 때는 중기이며, ⓐ~ⓓ는 A, a, B, b를 순서 없이 나타낸 것이다. ㉠과 ㉡은 핵상이 서로 다르며, ㉠은 X 염색체를 갖는 t_2일 때의 세포이다.

구분	㉠	㉡
ⓐ	×	?
ⓑ	○	×
ⓒ	?	○
ⓓ	?	?

(○: 있음, ×: 없음)

이에 대한 설명으로 옳은 것만을 〈보기〉에서 있는 대로 고른 것은? (단, 돌연변이는 고려하지 않는다.)

| 보기 |

ㄱ. ㉡은 t_1일 때의 세포에 해당한다.
ㄴ. ⓒ는 ⓓ의 대립유전자이다.
ㄷ. 세포 1개당 X 염색체의 DNA 상대량은 t_1일 때의 세포가 ㉠의 2배이다.

① ㄱ ② ㄷ ③ ㄱ, ㄴ ④ ㄱ, ㄷ ⑤ ㄴ, ㄷ

155 | 신유형 |
<상 중 하>

표는 어떤 동물($2n$)의 모세포 하나가 분열할 때 형성되는 세포 A~D의 (가)와 (나)를 나타낸 것이다. (가)와 (나)는 염색체 수와 DNA 상대량을 순서 없이 나타낸 것이며, A~D 중 둘은 중기의 세포이다.

이에 대한 설명으로 옳은 것만을 〈보기〉에서 있는 대로 고른 것은?

세포	(가)	(나)
A	x	y
B	ⓐ	$2y$
C	ⓑ	$2y$
D	ⓐ	$4y$

| 보기 |

ㄱ. A는 감수 2분열 중기 세포이다.
ㄴ. ⓐ−ⓑ=x이다.
ㄷ. D에 x개의 2가 염색체가 있다.

① ㄱ ② ㄷ ③ ㄱ, ㄷ ④ ㄴ, ㄷ ⑤ ㄱ, ㄴ, ㄷ

156
상 중 **하**

그림은 분열 중인 세포 (가)~(다)에 들어 있는 모든 염색체를 나타낸 것이다. (가)~(다)는 각각 동물 I($2n=4$)과 동물 II($2n=?$)의 세포 중 하나이다.

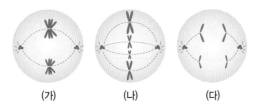

(가)   (나)   (다)

이에 대한 설명으로 옳은 것만을 〈보기〉에서 있는 대로 고른 것은? (단, 돌연변이는 고려하지 않는다.)

| 보기 |

ㄱ. (가)와 (다)는 모두 I의 세포이다.
ㄴ. (가)의 염색 분체 수는 II의 감수 1분열 중기 세포의 2가 염색체 수와 같다.
ㄷ. (가)~(다)의 분열 결과 형성되는 딸세포의 핵상은 모두 같다.

① ㄱ ② ㄴ ③ ㄱ, ㄷ ④ ㄴ, ㄷ ⑤ ㄱ, ㄴ, ㄷ

157 | 신유형 |
상 중 **하**

다음은 특정 형질의 유전자형이 AaBBDd인 어떤 남자에 대한 자료이다. A와 D는 각각 a와 d의 대립유전자이다.

○ 이 남자에게서 형성되는 생식세포 중 A, B, d를 모두 갖는 생식세포의 비율은 $\frac{1}{2}$이다.

○ 표는 이 남자의 세포 ㉠~㉣에서 A, a, B, D, d의 DNA 상대량을 나타낸 것이다. ㉠~㉣ 중 둘은 중기 세포이다.

세포	DNA 상대량				
---	A	a	B	D	d
㉠	2	?	ⓐ	0	?
㉡	?	1	ⓑ	?	1
㉢	1	0	?	0	1
㉣	2	ⓒ	ⓓ	2	?

이에 대한 설명으로 옳은 것만을 〈보기〉에서 있는 대로 고른 것은? (단, 돌연변이와 교차는 고려하지 않으며, A, a, B, D, d 각각의 1개당 DNA 상대량은 1이다.)

| 보기 |

ㄱ. ㉠과 ㉡은 핵상이 서로 다르다.
ㄴ. ⓐ=ⓑ=ⓒ이다.
ㄷ. 감수 분열 순서에 따라 나열하면 ㉡ → ㉣ → ㉠ → ㉢이다.

① ㄱ ② ㄴ ③ ㄱ, ㄷ ④ ㄴ, ㄷ ⑤ ㄱ, ㄴ, ㄷ

158
상 **중** 하

어떤 동물 종($2n=8$)의 유전 형질 (가)는 서로 다른 상염색체에 있는 2쌍의 대립유전자 A와 a, B와 b에 의해 결정된다. 그림은 이 동물 종의 개체 P의 G_1기 세포 I로부터 생식세포가 형성되는 과정을, 표는 세포 ㉠~㉣의 상염색체 수와 A와 B의 DNA 상대량을 더한 값을 나타낸 것이다. ㉠~㉣은 I~IV를 순서 없이 나타낸 것이고, P의 성염색체는 XX이다.

세포	상염색체 수	A와 B의 DNA 상대량을 더한 값
㉠	3	1
㉡	6	6
㉢	㉮	㉯
㉣	6	3

이에 대한 설명으로 옳은 것만을 〈보기〉에서 있는 대로 고른 것은? (단, 돌연변이와 교차는 고려하지 않으며, A, a, B, b 각각의 1개당 DNA 상대량은 1이다. II와 III은 중기의 세포이다.)

| 보기 |

ㄱ. ㉠은 III이다.
ㄴ. ㉮+㉯=7이다.
ㄷ. P의 (가)의 유전자형은 AaBb이다.

① ㄱ ② ㄴ ③ ㄱ, ㄷ ④ ㄴ, ㄷ ⑤ ㄱ, ㄴ, ㄷ

159 | 신유형 | 상 중 하

어떤 동물 종($2n=4$)의 유전 형질 ㉮는 2쌍의 대립유전자 E와 e, F와 f에 의해 결정된다. 그림은 이 동물 종의 개체 Ⅰ의 세포 (가)와 개체 Ⅱ의 세포 (나) 각각에 들어 있는 모든 염색체를, 표는 (가)와 (나)에서 대립유전자 ⓐ, ⓑ, ⓒ, f 중 2개의 DNA 상대량을 더한 값을 나타낸 것이다. ⓐ~ⓒ는 E, e, F를 순서 없이 나타낸 것이다.

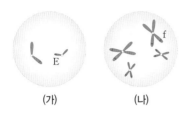

(가)   (나)

세포	DNA 상대량을 더한 값			
	ⓐ+ⓑ	ⓐ+f	ⓑ+f	ⓐ+ⓒ
(가)	1	㉠	?	2
(나)	㉡	6	6	?

이에 대한 설명으로 옳은 것만을 〈보기〉에서 있는 대로 고른 것은? (단, 돌연변이와 교차는 고려하지 않으며, E, e, F, f 각각의 1개당 DNA 상대량은 1이다.)

| 보기 |

ㄱ. ⓐ는 E이다.
ㄴ. ㉠+㉡=6이다.
ㄷ. (가)에 f가 있다.

① ㄱ ② ㄷ ③ ㄱ, ㄷ ④ ㄴ, ㄷ ⑤ ㄱ, ㄴ, ㄷ

160 상 중 하

사람의 유전 형질 (가)는 대립유전자 H와 h에 의해, (나)는 대립유전자 T와 t에 의해 결정된다. 그림은 어떤 사람의 G_1기 세포 ⓐ로부터 정자가 형성되는 과정을, 표는 세포 Ⅰ~Ⅳ가 갖는 H, h, T, t의 DNA 상대량을 나타낸 것이다. Ⅰ~Ⅳ는 ⓐ~ⓓ를 순서 없이 나타낸 것이고, ㉠+㉡+㉢=4이다.

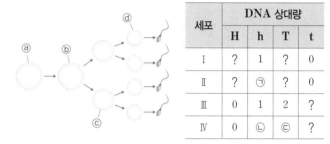

세포	DNA 상대량			
	H	h	T	t
Ⅰ	?	1	?	0
Ⅱ	?	㉠	?	0
Ⅲ	0	1	2	?
Ⅳ	0	㉡	㉢	?

이에 대한 설명으로 옳은 것만을 〈보기〉에서 있는 대로 고른 것은? (단, 돌연변이와 교차는 고려하지 않으며, H, h, T, t 각각의 1개당 DNA 상대량은 1이다. ⓑ와 ⓒ는 중기의 세포이다.)

| 보기 |

ㄱ. Ⅱ는 ⓑ이다.
ㄴ. ㉠은 2이다.
ㄷ. h는 상염색체에 있다.

① ㄱ ② ㄷ ③ ㄱ, ㄴ ④ ㄴ, ㄷ ⑤ ㄱ, ㄴ, ㄷ

N 12 사람의 유전

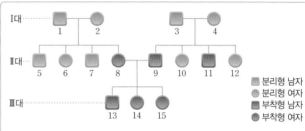

⊘ 출제 개념
- 상염색체 유전과 X 염색체 유전
- 복대립 유전
- 다인자 유전과 단일 인자 유전
- 가계도 분석

고빈출 1 단일 인자 유전

(1) 대립유전자의 종류가 2가지인 경우

① 1쌍의 대립유전자에 의해 형질이 결정됨

② 일반적으로 우성과 열성, 표현형이 뚜렷하게 구분됨

　⑩ 귓불, 혀 말기, PTC 미맹, 눈꺼풀 등

(2) 복대립 유전

① 하나의 형질을 결정하는 데 3가지 이상의 대립유전자가 관여하는 유전

② 상염색체에 있는 1쌍의 대립유전자에 의해 형질이 결정됨

　⑩ ABO식 혈액형: 3가지 대립유전자(I^A, I^B, i)가 있으며 우열 관계는 $I^A = I^B > i$임

표현형	A형	B형	AB형	O형
유전자형	$I^A I^A$, $I^A i$	$I^B I^B$, $I^B i$	$I^A I^B$	ii
응집원	A	B	A, B	없음
응집소	β	α	없음	α, β

고빈출 2 다인자 유전

(1) 다인자 유전

① 하나의 형질을 결정하는 데 여러 쌍의 대립유전자가 관여하는 유전

② 여러 가지 유전자가 관여하고 환경의 영향을 받기 때문에 표현형이 더욱 다양해질 수 있으므로 우성과 열성을 판단하기 어려움

③ 다양한 유전자 조합이 가능하므로 표현형이 다양하게 나타남 (연속적인 변이)

④ 대립 형질이 뚜렷하게 구분되지 않음

　⑩ 피부색, 키, 몸무게, 지능 등

(2) 다인자 유전에서 자손의 표현형 수(부모가 모두 AaBbDd일 때)

① A/a, B/b, D/d 모두 다른 염색체에 있을 경우 자손의 표현형 수: 7가지(대문자로 표시되는 대립유전자 수: 6, 5, 4, 3, 2, 1, 0)

② ABD/abd 모두 같은 염색체에 있을 경우 자손의 표현형 수: 3가지(대문자로 표시되는 대립유전자 수: 6, 3, 0)

3 성염색체 유전: 형질을 결정하는 유전자가 성염색체에 있음

적록 색맹	• 유전자가 X 염색체에 있으며, 정상에 대해 열성 • 어머니가 적록 색맹이면 반드시 아들도 적록 색맹 • 딸이 적록 색맹이면 반드시 아버지도 적록 색맹 • 아버지가 정상이면 반드시 딸은 정상 • 발현 비율: 남>여
혈우병	• 유전자가 X 염색체에 있으며, 정상에 대해 열성 • 혈액 응고가 지연되어 출혈이 지속되는 병 • 열성 동형 접합성($X'X'$)은 대부분 태아 때 사망

고빈출 4 가계도 분석

(1) 상염색체 유전(⑩ 귓불 유전)의 가계도 분석

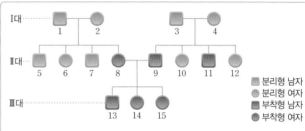

Step ❶ 형질의 우열 관계 파악하기

　Ⅰ대의 분리형 부모 사이에서 부착형 자녀가 태어났으므로 분리형이 부착형에 대해 우성임 ➡ 귓불 분리형(E)>귓불 부착형(e)

Step ❷ 형질을 결정하는 유전자의 위치 파악하기

　우성인 분리형 아버지 1(Ee)로부터 열성인 부착형 딸 8(ee)이 태어났으므로 귓불 유전자는 상염색체에 있음

Step ❸ 부모와 자녀 사이의 관계를 이용하여 유전자형 구하기

　Ⅱ대에서 부착형인 8(ee)과 9(ee)는 열성이므로 Ⅲ대의 13, 14, 15의 유전자형은 모두 동형 접합성(ee)이며, Ⅰ대의 분리형인 1, 2, 3, 4의 유전자형은 모두 이형 접합성(Ee)임

Step ❹ 유전자형을 알 수 없는 사람 정리하기

　1, 2, 3, 4의 유전자형이 모두 이형 접합성(Ee)이므로 5, 6, 7, 10, 12의 유전자형을 알 수 없음

(2) 적록 색맹 유전의 가계도 분석

Case ❶ 정상 아버지와 보인자 어머니인 경우	
	• 적록 색맹이 아닌 부모 사이에서 적록 색맹인 아들이 태어날 수 있음 • 적록 색맹은 정상에 대해 열성으로 유전됨

Case ❷ 정상 아버지와 적록 색맹 어머니인 경우	
	• 어머니가 적록 색맹이면 아들은 반드시 적록 색맹임 • 어머니가 적록 색맹이면 정상인 딸은 반드시 보인자임 • 아버지가 정상이면 딸은 반드시 정상임

Case ❸ 적록 색맹 아버지와 보인자 어머니인 경우	
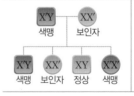	• 아버지가 적록 색맹이면 딸은 보인자이거나 적록 색맹임 • 아버지가 적록 색맹이면 딸은 반드시 적록 색맹 대립유전자를 가짐

(3) 가계도 분석

① 남자와 여자에서 특정 대립유전자의 DNA 상대량이 같은데, 표현형이 다를 경우 X 염색체 유전임

② 정상인 부모 사이에서 유전병을 가진 딸이 태어났다면 이 유전병은 상염색체 유전되며 열성인 형질임

대표 기출 문제

161

다음은 어떤 집안의 유전 형질 (가)와 (나)에 대한 자료이다.

○ (가)는 대립유전자 A와 a에 의해, (나)는 대립유전자 B와 b에 의해 결정된다. A는 a에 대해, B는 b에 대해 각각 완전 우성이다.
○ (가)의 유전자와 (나)의 유전자는 서로 다른 염색체에 있다.
○ 가계도는 구성원 1~7에게서 (가)와 (나)의 발현 여부를, 표는 구성원 1, 3, 6에서 체세포 1개당 ⊙과 B의 DNA 상대량을 더한 값(⊙+B)을 나타낸 것이다. ⊙은 A와 a 중 하나이다.

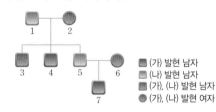

구성원	⊙+B
1	2
3	1
6	2

■ (가) 발현 남자
□ (나) 발현 남자
■ (가), (나) 발현 남자
● (가), (나) 발현 여자

이에 대한 설명으로 옳은 것만을 〈보기〉에서 있는 대로 고른 것은? (단, 돌연변이와 교차는 고려하지 않으며, A, a, B, b 각각의 1개당 DNA 상대량은 1이다.)

| 보기 |

ㄱ. ⊙은 A이다.
ㄴ. (나)의 유전자는 상염색체에 있다.
ㄷ. 7의 동생이 태어날 때, 이 아이에게서 (가)와 (나)가 모두 발현될 확률은 $\frac{3}{8}$이다.

① ㄱ ② ㄴ ③ ㄱ, ㄷ ④ ㄴ, ㄷ ⑤ ㄱ, ㄴ, ㄷ

162

다음은 사람의 유전 형질 (가)와 (나)에 대한 자료이다.

○ (가)는 서로 다른 3개의 상염색체에 있는 3쌍의 대립유전자 A와 a, B와 b, D와 d에 의해 결정된다.
○ (가)의 표현형은 유전자형에서 대문자로 표시되는 대립유전자의 수에 의해서만 결정되며, 이 대립유전자의 수가 다르면 표현형이 다르다.
○ (나)는 대립유전자 E와 e에 의해 결정되며, 유전자형이 다르면 표현형이 다르다. (나)의 유전자는 (가)의 유전자와 서로 다른 상염색체에 있다.
○ P의 유전자형은 AaBbDdEe이고, P와 Q는 (가)의 표현형이 서로 같다.
○ P와 Q 사이에서 ⓐ가 태어날 때, ⓐ에게서 나타날 수 있는 (가)와 (나)의 표현형은 최대 15가지이다.

ⓐ가 유전자형이 AabbDdEe인 사람과 (가)와 (나)의 표현형이 모두 같을 확률은? (단, 돌연변이는 고려하지 않는다.)

① $\frac{1}{16}$ ② $\frac{1}{8}$ ③ $\frac{3}{16}$ ④ $\frac{1}{4}$ ⑤ $\frac{6}{16}$

163

상 중 **하**

그림은 어떤 집안의 유전 형질 (가)에 대한 가계도를 나타낸 것이다. (가)는 대립유전자 A와 a에 의해 결정되며, A는 a에 대해 완전 우성이다. 이에 대한 설명으로 옳은 것만을 〈보기〉에서 있는 대로 고른 것은? (단, 돌연변이는 고려하지 않는다.)

- 정상 남자
- 정상 여자
- (가) 발현 남자
- (가) 발현 여자

| 보기 |

ㄱ. 2와 4는 모두 (가)의 유전자형이 Aa이다.

ㄴ. 6은 5에게서 a와 X 염색체를 모두 물려받았다.

ㄷ. 7의 동생이 태어날 때, 이 아이가 (가)가 발현된 딸일 확률은 $\frac{1}{4}$이다.

① ㄱ ② ㄴ ③ ㄱ, ㄷ ④ ㄴ, ㄷ ⑤ ㄱ, ㄴ, ㄷ

164

상 중 **하**

그림은 어떤 가족의 유전병 ㉠에 대한 가계도를 나타낸 것이고, 표는 이 가족 구성원의 ABO식 혈액형에 대한 설명이다. ㉠은 대립유전자 R와 r에 의해 결정되며, R는 r에 대해 완전 우성이다. ㉠의 유전자와 ABO식 혈액형의 유전자는 같은 염색체에 있다.

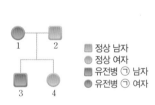

- 정상 남자
- 정상 여자
- 유전병 ㉠ 남자
- 유전병 ㉠ 여자

- ○ 1~4 중 3과 4만 ABO식 혈액형이 서로 같다.
- ○ 2~4는 모두 응집원 B를 갖는다.
- ○ 1과 4는 공통된 응집소를 갖는다.

이에 대한 설명으로 옳은 것만을 〈보기〉에서 있는 대로 고른 것은? (단, 돌연변이와 교차는 고려하지 않는다.)

| 보기 |

ㄱ. ㉠은 우성 형질이다.

ㄴ. 2~4는 모두 I^B와 r가 같이 있는 염색체를 갖는다.

ㄷ. 1과 2 사이에서 ABO식 혈액형이 A형이면서 ㉠을 나타내는 아이는 태어나지 않는다.

① ㄱ ② ㄷ ③ ㄱ, ㄴ ④ ㄴ, ㄷ ⑤ ㄱ, ㄴ, ㄷ

165

상 중 **하**

표는 사람의 유전병 (가)와 (나)의 특징을 나타낸 것이다. (가)와 (나)는 모두 우열 관계가 분명한 1쌍의 대립유전자에 의해 결정된다.

구분	특징
(가)	○ 남자와 여자가 유전병을 가질 확률은 같다. ○ 정상 부모 사이에서 유전병을 갖는 자녀가 태어나지 않는다.
(나)	○ 정상 부모 사이에서 유전병을 갖는 딸이 태어날 수 있다. ○ ㉠유전병을 갖는 부모로부터 항상 유전병을 갖는 자녀가 태어난다.

이에 대한 설명으로 옳은 것만을 〈보기〉에서 있는 대로 고른 것은? (단, 돌연변이는 고려하지 않는다.)

| 보기 |

ㄱ. (가)와 (나)는 모두 상염색체 우성 형질이다.

ㄴ. ㉠은 (나)의 유전자형이 모두 동형 접합성이다.

ㄷ. (가)를 갖는 부모 사이에서 정상 자녀는 태어나지 않는다.

① ㄱ ② ㄴ ③ ㄷ ④ ㄱ, ㄴ ⑤ ㄴ, ㄷ

166 | 신유형 |

상 중 **하**

다음은 어떤 가족의 유전 형질 (가)에 대한 자료이다.

- ○ (가)는 대립유전자 A와 a에 의해 결정되며, A는 a에 대해 완전 우성이다.
- ○ 표는 가족 구성원의 체세포 1개당 A와 a의 DNA 상대량을 나타낸 것이다.

구분	A	a
아버지	?	1
어머니	?	2
아들 ㉠	1	?
딸 ㉡	?	?

- ○ 어머니, ㉠, ㉡ 중 1명만 아버지와 (가)의 표현형이 서로 다르다.

이에 대한 설명으로 옳은 것만을 〈보기〉에서 있는 대로 고른 것은? (단, 돌연변이는 고려하지 않으며, A와 a 각각의 1개당 DNA 상대량은 1이다.)

| 보기 |

ㄱ. 아버지는 ㉠에게 A를 물려주었다.

ㄴ. ㉠과 ㉡은 (가)의 유전자형이 서로 다르다.

ㄷ. ㉡의 동생이 태어날 때, 이 아이의 (가)의 표현형이 어머니와 같을 확률은 $\frac{1}{4}$이다.

① ㄱ ② ㄴ ③ ㄱ, ㄴ ④ ㄱ, ㄷ ⑤ ㄴ, ㄷ

167 상 중 하

표는 어떤 가족 구성원의 성별, 유전병 ㉠의 표현형, ABO식 혈액형을 나타낸 것이다. ㉠은 대립유전자 H와 h에 의해 결정되며, H는 h에 대해 완전 우성이다.

구성원	성별	㉠의 표현형	ABO식 혈액형
아버지	남	정상	?
어머니	여	정상	?
자녀 1	남	유전병 ㉠	O형
자녀 2	여	유전병 ㉠	A형
자녀 3	남	정상	B형

이에 대한 설명으로 옳은 것만을 〈보기〉에서 있는 대로 고른 것은? (단, 돌연변이와 교차는 고려하지 않는다.)

| 보기 |

ㄱ. ㉠의 유전자와 ABO식 혈액형의 유전자는 같은 염색체에 있다.
ㄴ. 어머니와 아버지는 ㉠과 ABO식 혈액형의 유전자형이 모두 이형 접합성이다.
ㄷ. 자녀 3의 동생이 태어날 때, 이 아이의 ㉠의 표현형과 ABO식 혈액형의 유전자형이 모두 자녀 3과 같을 확률은 $\frac{1}{8}$이다.

① ㄱ　　② ㄴ　　③ ㄱ, ㄷ　　④ ㄴ, ㄷ　　⑤ ㄱ, ㄴ, ㄷ

168 상 중 하

다음은 어떤 동물($2n$)의 유전 형질 (가)~(다)에 대한 자료이다.

○ (가)~(다)의 유전자는 서로 다른 3개의 상염색체에 있다.
○ (가)는 1쌍의 대립유전자에 의해 결정되며, 대립유전자에는 A, B, D가 있다. (가)의 유전자형이 AA인 개체와 AB인 개체의 표현형은 같다.
○ (나)는 대립유전자 E와 E*에 의해 결정된다.
○ (다)는 1쌍의 대립유전자에 의해 결정되며, 대립유전자에는 F, G, H, I가 있다. 각 대립유전자 사이의 우열 관계는 분명하고, (다)의 유전자형이 HH인 개체와 FH인 개체의 표현형은 같다.
○ ㉠유전자형이 ADEE*GI인 개체와 ABEE*FG인 개체 사이에서 자손(F_1)이 태어날 때, 이 자손에게서 나타날 수 있는 표현형은 최대 27가지이다.
○ ㉡유전자형이 ADEEFI인 개체와 ADEE*HI인 개체 사이에서 자손(F_1)이 태어날 때, 이 자손에게서 나타날 수 있는 표현형은 최대 18가지이다.

이에 대한 설명으로 옳은 것만을 〈보기〉에서 있는 대로 고른 것은? (단, 돌연변이와 교차는 고려하지 않는다.)

| 보기 |

ㄱ. I는 H에 대해 완전 우성이다.
ㄴ. 유전자형이 EE인 개체와 EE*인 개체의 (나)의 표현형은 다르다.
ㄷ. ㉠과 ㉡ 사이에서 자손(F_1)이 태어날 때, 이 자손의 (가)~(다)의 표현형이 모두 ㉡과 같을 확률은 $\frac{1}{8}$이다.

① ㄱ　　② ㄴ　　③ ㄱ, ㄷ　　④ ㄴ, ㄷ　　⑤ ㄱ, ㄴ, ㄷ

169

(상 중 하)

사람의 유전병 ㉠은 1쌍의 대립유전자 A와 a에 의해 결정되며, A는 a에 대해 완전 우성이다. 표 (가)는 어떤 가족 구성원의 성별과 ㉠의 표현형을, (나)는 어머니와 아버지의 체세포 1개당 a의 DNA 상대량을 나타낸 것이다.

구성원	성별	㉠의 표현형
어머니	여	유전병 ㉠
아버지	남	정상
자녀 1	여	정상
자녀 2	남	유전병 ㉠

(가)

구성원	a의 DNA 상대량
어머니	1
아버지	0

(나)

이에 대한 설명으로 옳은 것만을 〈보기〉에서 있는 대로 고른 것은? (단, 돌연변이는 고려하지 않으며, A와 a 각각의 1개당 DNA 상대량은 서로 같다.)

| 보기 |

ㄱ. ㉠은 X 염색체 열성 형질이다.
ㄴ. 아버지의 G_1기 세포 1개당 A의 DNA 상대량은 1이다.
ㄷ. 자녀 1과 ㉠의 표현형이 정상인 남자 사이에서 아이가 태어날 때, 이 아이가 ㉠일 확률은 0이다.

① ㄱ ② ㄷ ③ ㄱ, ㄴ ④ ㄱ, ㄷ ⑤ ㄴ, ㄷ

170 | 신유형 |

(상 중 하)

사람의 유전 형질 (가)는 대립유전자 A와 a에 의해, (나)는 대립유전자 B와 b에 의해, (다)는 대립유전자 D와 d에 의해 결정된다. 표는 여자 ㉠과 남자 ㉡의 세포 Ⅰ~Ⅳ 각각에 들어 있는 A, a, B, b, D, d의 DNA 상대량을 나타낸 것이다. Ⅰ~Ⅳ 중 2개는 ㉠의 세포이고, 나머지 2개는 ㉡의 세포이다. x~z는 1, 2, 4를 순서 없이 나타낸 것이다.

세포	DNA 상대량					
	A	a	B	b	D	d
Ⅰ	0	?	2	?	x	0
Ⅱ	0	y	0	2	?	2
Ⅲ	?	0	z	?	1	0
Ⅳ	?	1	1	?	2	?

이에 대한 설명으로 옳은 것만을 〈보기〉에서 있는 대로 고른 것은? (단, 돌연변이와 교차는 고려하지 않으며, A, a, B, b, D, d 각각의 1개당 DNA 상대량은 1이다.)

| 보기 |

ㄱ. Ⅰ과 Ⅱ는 핵상이 같다.
ㄴ. ㉠은 A와 b가 함께 있는 X 염색체를 갖는다.
ㄷ. ㉠과 ㉡ 사이에서 아이가 태어날 때, 이 아이가 a와 D를 모두 가질 확률은 $\frac{3}{4}$이다.

① ㄴ ② ㄷ ③ ㄱ, ㄴ ④ ㄱ, ㄷ ⑤ ㄱ, ㄴ, ㄷ

171

상 중 하

그림은 어떤 집안의 유전 형질 (가)에 대한 가계도를, 표는 구성원 1, 2, 5에서 체세포 1개당 ⊙의 DNA 상대량을 나타낸 것이다. 구성원 3과 5는 모두 여자이다. (가)는 대립유전자 A와 a에 의해 결정되며, A는 a에 대해 완전 우성이다. ⊙은 A와 a 중 하나이다.

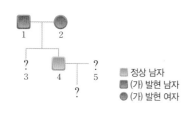

구성원	⊙의 DNA 상대량
1	0
2	1
5	1

▨ 정상 남자
▨ (가) 발현 남자
● (가) 발현 여자

이에 대한 설명으로 옳은 것만을 〈보기〉에서 있는 대로 고른 것은? (단, 돌연변이는 고려하지 않으며, A와 a 각각의 1개당 DNA 상대량은 1이다.)

| 보기 |

ㄱ. 3은 1로부터 A가 있는 X 염색체를 물려받았다.
ㄴ. 4에서 체세포 1개당 ⊙의 DNA 상대량은 1이다.
ㄷ. 4와 5 사이에서 아이가 태어날 때, 이 아이가 A와 a 중 ⊙만 가질 확률은 $\frac{1}{4}$이다.

① ㄱ ② ㄴ ③ ㄷ ④ ㄱ, ㄴ ⑤ ㄴ, ㄷ

172 | 신유형 |

상 중 하

다음은 어떤 집안의 유전 형질 (가)와 (나)에 대한 자료이다.

○ (가)의 유전자와 (나)의 유전자는 같은 염색체에 있다.
○ (가)는 대립유전자 A와 a에 의해, (나)는 대립유전자 B와 b에 의해 결정된다. A는 a에 대해, B는 b에 대해 각각 완전 우성이다.
○ 가계도는 구성원 ⓐ와 ⓑ를 제외하고, 구성원 1~4에게서 (가)와 (나)의 발현 여부를 나타낸 것이다. ⓐ는 여자, ⓑ는 남자이다.

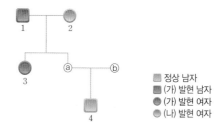

▨ 정상 남자
▨ (가) 발현 남자
● (가) 발현 여자
● (나) 발현 여자

○ 표는 구성원 ㉮, ㉯, ⓐ에서 체세포 1개당 A와 b의 DNA 상대량을 나타낸 것이다. ㉮와 ㉯는 각각 구성원 1과 2 중 하나이고, ⊙~ⓒ은 0, 1, 2를 순서 없이 나타낸 것이다.

구성원		㉮	㉯	ⓐ
DNA 상대량	A	⊙	ⓛ	⊙
	b	ⓒ	ⓛ	ⓒ

○ ⓑ는 구성원 1과 ⓐ 중 한 사람과 (가)와 (나)의 표현형이 모두 같다.

이에 대한 설명으로 옳은 것만을 〈보기〉에서 있는 대로 고른 것은? (단, 돌연변이와 교차는 고려하지 않으며, A, a, B, b 각각의 1개당 DNA 상대량은 1이다.)

| 보기 |

ㄱ. (가)는 상염색체 열성 형질이다.
ㄴ. 1과 3은 각각 체세포 1개당 B의 DNA 상대량이 ⓛ이다.
ㄷ. 4의 동생이 태어날 때, 이 아이에게서 (가)와 (나)가 모두 발현될 확률은 $\frac{1}{4}$이다.

① ㄴ ② ㄷ ③ ㄱ, ㄴ ④ ㄱ, ㄷ ⑤ ㄴ, ㄷ

173

상 중 하

그림은 어떤 집안의 가계도를, 표는 3가지 형질에 대한 가계도 구성원의 표현형을 나타낸 것이다. 유전병 ㉠은 우열 관계가 분명한 1쌍의 대립유전자에 의해 결정된다. ㉠의 유전자는 ABO식 혈액형의 유전자와 적록 색맹의 유전자 중 하나와 같은 염색체에 있으며, ⓐ와 ⓑ는 '정상'과 '색맹'을 순서 없이 나타낸 것이다.

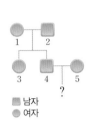

■ 남자
● 여자

구성원	ABO식 혈액형	적록 색맹	㉠
1	B형	정상	정상
2	A형	ⓐ	정상
3	O형	색맹	유전병 ㉠
4	A형	ⓑ	?
5	AB형	ⓐ	유전병 ㉠

4와 5 사이에서 아이가 태어날 때, 이 아이의 3가지 형질의 표현형이 A형, ⓑ, 정상(㉠을 갖지 않음)일 확률은?

① $\frac{1}{32}$ ② $\frac{1}{16}$ ③ $\frac{3}{32}$ ④ $\frac{1}{8}$ ⑤ $\frac{3}{8}$

174 | 신유형 |

상 중 하

다음은 사람의 유전 형질 (가)와 (나)에 대한 자료이다.

○ (가)는 3쌍의 대립유전자 A와 a, B와 b, D와 d에 의해 결정된다.

○ (나)는 1쌍의 대립유전자 E와 E*에 의해 결정된다.

○ (가)의 표현형은 유전자형에서 A, B, D의 수에 의해 결정되며, 이 수가 다르면 표현형이 다르다.

○ 남자 ㉠과 여자 ㉡은 (가)와 (나)의 유전자형이 모두 같다.

○ ㉠에서 유전자형이 ABD, aBd, abD인 생식세포가 모두 형성된다.

○ ㉠과 ㉡ 사이에서 아이가 태어날 때, ⓐ이 아이에게서 나타날 수 있는 (가)와 (나)의 표현형은 최대 14가지이다.

이에 대한 설명으로 옳은 것만을 〈보기〉에서 있는 대로 고른 것은? (단, 돌연변이와 교차는 고려하지 않는다.)

| 보기 |

ㄱ. E와 E* 사이의 우열 관계는 분명하다.

ㄴ. ㉡에서 A, B, D 중 하나는 E와 같은 염색체에 있다.

ㄷ. ⓐ의 (가)와 (나)의 표현형이 모두 ㉠과 같을 확률은 $\frac{5}{32}$ 이다.

① ㄱ ② ㄴ ③ ㄱ, ㄷ ④ ㄴ, ㄷ ⑤ ㄱ, ㄴ, ㄷ

175

상 중 하

다음은 어떤 집안의 유전 형질 (가)와 (나)에 대한 자료이다.

○ (가)는 대립유전자 A와 A*에 의해, (나)는 대립유전자 B와 B*에 의해 결정되며, 각 대립유전자 사이의 우열 관계는 분명하다.

○ 가계도는 구성원 ㉠~㉢을 제외한 구성원 1~6에게서 (가)와 (나)의 발현 여부를 나타낸 것이다.

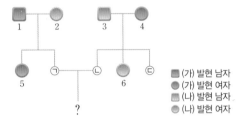

■ (가) 발현 남자
● (가) 발현 여자
■ (나) 발현 남자
● (나) 발현 여자

○ 표는 구성원 1, 3, 4, 6에서 체세포 1개당 A*와 B의 DNA 상대량을 나타낸 것이다. ⓐ~ⓒ는 0, 1, 2를 순서 없이 나타낸 것이다.

구성원		1	3	4	6
DNA 상대량	A*	ⓐ	?	?	ⓐ
	B	?	ⓑ	ⓒ	?

○ 3, ㉠, ㉢ 각각의 체세포 1개당 A의 DNA 상대량을 더한 값은 2, ㉡, ㉢ 각각의 체세포 1개당 B*의 DNA 상대량을 더한 값의 2배이다.

이에 대한 설명으로 옳은 것만을 〈보기〉에서 있는 대로 고른 것은? (단, 돌연변이와 교차는 고려하지 않으며, A, A*, B, B* 각각의 1개당 DNA 상대량은 1이다.)

| 보기 |

ㄱ. (가)와 (나)는 모두 X 염색체 열성 형질이다.

ㄴ. 3, ㉠, ㉡ 각각의 체세포 1개당 A의 DNA 상대량을 더한 값은 ⓒ이다.

ㄷ. ㉠과 ㉡ 사이에서 아이가 태어날 때, 이 아이의 (가)와 (나)의 표현형이 모두 ㉡과 같을 확률은 $\frac{1}{2}$ 이다.

① ㄱ ② ㄴ ③ ㄱ, ㄷ ④ ㄴ, ㄷ ⑤ ㄱ, ㄴ, ㄷ

176 상 중 하

다음은 사람의 유전 형질 (가)에 대한 자료이다.

○ (가)는 서로 다른 상염색체에 있는 3쌍의 대립유전자 A와
a, B와 b, D와 d에 의해 결정된다.
○ (가)의 표현형은 유전자형에서 대문자로 표시되는 대립유
전자의 수에 의해서만 결정되며, 이 대립유전자의 수가
다르면 표현형이 다르다.

(가)의 유전자형이 AaBbDd인 아버지와 aaBbDd인 어머니 사이에
서 아이가 태어날 때, 이 아이의 (가)의 표현형이 아버지와 어머니 중
한 사람과 같을 확률은? (단, 돌연변이는 고려하지 않는다.)

① $\frac{5}{64}$ ② $\frac{5}{32}$ ③ $\frac{3}{16}$ ④ $\frac{3}{8}$ ⑤ $\frac{5}{8}$

177 상 중 하

다음은 사람의 유전 형질 (가)와 (나)에 대한 자료이다.

○ (가)의 유전자는 (나)의 유전자와 서로 다른 상염색체에 있다.
○ (가)는 대립유전자 E와 e에 의해 결정되며, 유전자형이
다르면 표현형이 다르다.
○ (나)는 서로 다른 3개의 상염색체에 있는 3쌍의 대립유전
자 H와 h, R와 r, T와 t에 의해 결정된다.
○ (나)의 표현형은 유전자형에서 대문자로 표시되는 대립유
전자의 수에 의해서만 결정되며, 이 대립유전자의 수가
다르면 표현형이 다르다.
○ (나)의 표현형이 서로 같은 P와 Q 사이에서 ㉠이 태어날
때, ㉠에게서 나타날 수 있는 표현형은 최대 14가지이다.
○ ㉠은 유전자형이 EEHHRRTT인 사람과 같은 표현형
을 가질 수 있다.

이에 대한 설명으로 옳은 것만을 〈보기〉에서 있는 대로 고른 것은?
(단, 돌연변이와 교차는 고려하지 않는다.)

| 보기 |

ㄱ. P와 Q의 (가)의 유전자형은 서로 다르다.
ㄴ. P에서 E, H, r, T를 모두 갖는 생식세포가 형성될 수
있다.
ㄷ. ㉠과 유전자형이 EeHhrrtt인 사람의 (가)와 (나)의 표현
형이 같을 확률은 $\frac{3}{64}$이다.

① ㄱ   ② ㄴ   ③ ㄱ, ㄷ   ④ ㄴ, ㄷ   ⑤ ㄱ, ㄴ, ㄷ

178 상 중 하

다음은 어떤 집안의 유전 형질 (가)에 대한 자료이다.

○ (가)는 상염색체에 있는 1쌍의 대립유전자에 의해 결정되
며, 대립유전자에는 E, F, G, H가 있다.
○ E는 F, G, H에 대해, F는 G, H에 대해, G는 H에 대해
각각 완전 우성이다.
○ 그림은 구성원 1~6의 가계도를, 표는 2, 3, 4, 5에서 체
세포 1개당 H의 DNA 상대량을 나타낸 것이다. 가계도
에 (가)의 표현형은 나타내지 않았다.

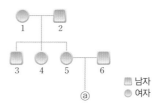

구성원	2	3	4	5
H의 DNA 상대량	1	0	1	0

■ 남자   ● 여자

○ 1~6 중 ⓐ와 표현형이 같은 사람은 1명이다.
○ 1~6의 (가)의 유전자형은 각각 서로 다르고, 3, 4, 5, 6의
(가)의 표현형은 모두 다르다.

이에 대한 설명으로 옳은 것만을 〈보기〉에서 있는 대로 고른 것은?
(단, 돌연변이와 교차는 고려하지 않으며, E, F, G, H 각각의 1개당
DNA 상대량은 1이다.)

| 보기 |

ㄱ. (가)의 유전은 다인자 유전이다.
ㄴ. 4와 ⓐ의 유전자형은 같다.
ㄷ. ⓐ의 동생이 태어날 때, 이 아이의 (가)의 표현형이 2와
같을 확률은 $\frac{1}{4}$이다.

① ㄱ   ② ㄴ   ③ ㄷ   ④ ㄱ, ㄴ   ⑤ ㄱ, ㄷ

13 염색체 이상과 유전자 이상

1 유전자 돌연변이

(1) 유전자를 구성하는 DNA의 염기 서열의 이상으로 나타나는 돌연변이

(2) 염색체 수, 모양에는 변화가 없으므로 핵형은 정상인과 같음

(3) **원인**: 방사선, 중금속, X선, 자연 돌연변이 등

(4) 유전자 돌연변이의 예

유전 질환	원인 및 특징	증상
낫 모양 적혈구 빈혈증	헤모글로빈 합성과 관련된 유전자의 이상으로 아미노산 중 하나가 바뀌어 비정상적인 헤모글로빈이 합성되고 적혈구가 낫 모양으로 변하는 유전병	• 악성 빈혈을 일으킴 • 낫 모양의 적혈구가 모세혈관을 막아 혈액의 흐름을 방해하여 심장이나 뇌 등의 장기에 손상을 일으킴
알비노증 (백색증)	멜라닌 색소 합성과 관련된 유전자에 이상이 생겨 멜라닌 색소가 형성되지 않는 유전병	색소 결핍으로 인해 피부, 머리카락, 눈 등의 조직이 하얗게 됨
페닐케톤뇨증	효소 이상으로 단백질의 대사 장애를 일으켜 페닐알라닌이 타이로신으로 전환되지 못하고 체내에 축적되는 유전병	• 정신 지체, 간질이 나타남 • 오줌에서 곰팡이 냄새가 남
낭포성 섬유증	유전자 이상으로 폐, 간, 기관 등에서 과도한 점액이 분비되는 유전병	
헌팅턴 무도병	• 중년 이후에 신경계가 퇴화되어 몸의 움직임을 통제할 수 없고 기억력과 판단력이 없어지는 증세가 나타나는 유전병 • 정상에 대해 우성	

2 염색체 돌연변이

고빈출

(1) **염색체 수 이상 돌연변이**: 감수 분열 과정에서 염색체 비분리 현상에 의해 나타남

배수성 돌연변이	감수 분열 시 모든 염색체가 비분리되어 염색체 수가 $3n$, $4n$ 등으로 염색체 한 조(n)만큼씩 늘어남 예 씨 없는 수박($3n$), 재배하는 감자($4n$) 등
이수성 돌연변이	• 감수 분열 시 염색체가 비분리되어 염색체 수가 $2n-1$, $2n+1$ 등으로 한두 개 많아지거나 적어짐 • 염색체 비분리가 일어나는 시기에 따라 염색체 구성이 달라짐 ① 감수 1분열에서 비분리가 일어날 경우 형성되는 모든 생식세포는 염색체 수가 정상보다 많거나 적음($n+1$, $n-1$) ② 감수 2분열에서 비분리가 일어날 경우 염색체 수가 정상인 생식세포와 정상보다 많거나 적은 생식세포가 형성됨(n, $n+1$, $n-1$) • 성염색체 비분리 ① 감수 1분열 과정에서 비분리가 일어날 경우 ➡ 정자: XY, 성염색체 없음, 난자: XX(상동 염색체), 성염색체 없음 ② 감수 2분열 과정에서 비분리가 일어날 경우 ➡ 정자: XX, YY, 성염색체 없음, 난자: XX(동일한 염색체), 성염색체 없음

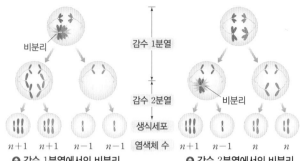

$n+1$ $n+1$ $n-1$ $n-1$ 염색체 수 $n+1$ $n-1$ n n

⬆ 감수 1분열에서의 비분리   ⬆ 감수 2분열에서의 비분리

(2) **염색체 수 이상 돌연변이의 예**

유전 질환	염색체 구성	특징
다운 증후군	$2n+1=45+XX$ $2n+1=45+XY$	• 21번 염색체가 3개 • 정신 지체, 심장 기형
에드워드 증후군	$2n+1=45+XX$ $2n+1=45+XY$	• 18번 염색체가 3개 • 정신 지체, 심장 기형, 입과 코가 작음
터너 증후군	$2n-1=44+X$	• 성염색체가 X • 외관상 여자이나 불임이고 키가 작음
클라인펠터 증후군	$2n+1=44+XXY$	• 성염색체가 XXY • 외관상 남자이나 불임이고, 여자처럼 가슴이 발달

빈출

(3) **염색체 구조 이상 돌연변이**: 염색체 구조에 이상이 생긴 돌연변이

결실	염색체의 일부가 떨어져 없어진 경우
중복	염색체에 이미 있던 것과 동일한 부분이 삽입되어 같은 부분이 반복되는 경우
역위	염색체의 일부가 끊어진 다음 거꾸로 붙는 경우
전좌	염색체의 일부가 끊어져 떨어져 나온 부위가 상동 염색체가 아닌 다른 염색체에 붙는 경우

정상   결실   중복   역위   전좌

⬆ 염색체 구조 이상 돌연변이

(4) **염색체 구조 이상 돌연변이의 예**

유전 질환	특징
고양이 울음 증후군	• 5번 염색체의 특정 부위 결실 • 어릴 때 울음소리가 고양이 울음소리와 비슷, 지적 장애
윌리엄스 증후군	• 7번 염색체의 특정 부위 결실 • 심장 기형, 콩팥 손상, 근육 약화
만성 골수성 백혈병	• 9번과 22번 염색체 사이에서 전좌가 일어남 • 조혈 모세포가 암세포로 변함

대표 기출 문제

179

다음은 어떤 가족의 유전 형질 (가)~(다)에 대한 자료이다.

○ (가)는 대립유전자 A와 a에 의해, (나)는 대립유전자 B와 b에 의해, (다)는 대립유전자 D와 d에 의해 결정된다. A는 a에 대해, B는 b에 대해, D는 d에 대해 각각 완전 우성이다.

○ (가)와 (나)는 모두 우성 형질이고, (다)는 열성 형질이다. (가)의 유전자는 상염색체에 있고, (나)와 (다)의 유전자는 모두 X 염색체에 있다.

○ 표는 이 가족 구성원의 성별과 ㉠~㉢의 발현 여부를 나타낸 것이다. ㉠~㉢은 각각 (가)~(다) 중 하나이다.

구성원	성별	㉠	㉡	㉢
아버지	남	○	×	×
어머니	여	×	○	ⓐ
자녀 1	남	×	○	○
자녀 2	여	○	○	×
자녀 3	남	○	×	○
자녀 4	남	×	×	×

(○: 발현됨, ×: 발현 안 됨)

○ 부모 중 한 명의 생식세포 형성 과정에서 성염색체 비분리가 1회 일어나 염색체 수가 비정상적인 생식세포 G가 형성되었다. G가 정상 생식세포와 수정되어 자녀 4가 태어났으며, 자녀 4는 클라인펠터 증후군의 염색체 이상을 보인다.

○ 자녀 4를 제외한 이 가족 구성원의 핵형은 모두 정상이다.

이에 대한 설명으로 옳은 것만을 〈보기〉에서 있는 대로 고른 것은? (단, 제시된 염색체 비분리 이외의 돌연변이와 교차는 고려하지 않는다.)

| 보기 |

ㄱ. ⓐ는 '○'이다.
ㄴ. 자녀 2는 A, B, D를 모두 갖는다.
ㄷ. G는 아버지에게서 형성되었다.

① ㄱ　　　② ㄴ　　　③ ㄱ, ㄷ　　　④ ㄴ, ㄷ　　　⑤ ㄱ, ㄴ, ㄷ

180 | 신유형 | 상 중 하

표 (가)는 사람의 유전병 Ⅰ~Ⅲ에서 특징 ㉠~㉢의 유무를, (나)는 ㉠~㉢을 순서 없이 나타낸 것이다. Ⅰ~Ⅲ은 알비노증(백색증), 고양이 울음 증후군, 낫 모양 적혈구 빈혈증을 순서 없이 나타낸 것이며, 알비노증(백색증)은 Ⅰ과 Ⅱ 중 하나이다.

구분	㉠	㉡	㉢
Ⅰ	×	×	×
Ⅱ	×	○	×
Ⅲ	○	×	○

(○: 있음, ×: 없음)

특징(㉠~㉢)

○ 멜라닌 색소가 결핍된다.
○ ⓐ에 의해 나타난다.
○ 핵형 분석으로 유전병 여부를 확인할 수 있다.

(가)   (나)

이에 대한 설명으로 옳은 것만을 〈보기〉에서 있는 대로 고른 것은?

―― | 보기 | ――

ㄱ. '염색체의 결실'은 ⓐ에 해당한다.
ㄴ. Ⅰ과 Ⅱ는 모두 유전자 돌연변이에 의해 나타난다.
ㄷ. Ⅲ은 고양이 울음 증후군이다.

① ㄱ   ② ㄴ   ③ ㄱ, ㄷ   ④ ㄴ, ㄷ   ⑤ ㄱ, ㄴ, ㄷ

181 상 중 하

그림은 어떤 사람의 세포 (가)~(다)에 들어 있는 9번 염색체와 일부 유전자를 나타낸 것이다. (가)는 정상 세포이고, (나)와 (다)는 각각 염색체 돌연변이가 1회씩 일어난 세포이다. A는 a의 대립유전자이다.

(가)   (나)   (다)

이에 대한 설명으로 옳은 것만을 〈보기〉에서 있는 대로 고른 것은? (단, 제시된 돌연변이 이외의 돌연변이와 교차는 고려하지 않으며, 제시된 염색체 이외는 고려하지 않는다.)

―― | 보기 | ――

ㄱ. (가)~(다)의 핵상은 모두 같다.
ㄴ. (나)에 중복이 일어난 염색체가 있다.
ㄷ. (다)는 감수 2분열에서 염색체 비분리가 일어나 형성되었다.

① ㄱ   ② ㄴ   ③ ㄱ, ㄴ   ④ ㄱ, ㄷ   ⑤ ㄴ, ㄷ

182 상 중 하

그림 (가)~(다)는 세 사람의 감수 분열 과정과 일부 생식세포의 핵상을 나타낸 것이다. ㉠과 ㉡은 난자, ㉢은 정자이고, 세포 1개당 ㉠~㉢의 염색체 수는 모두 서로 다르다. (가)~(다)에서 성염색체의 비분리가 각각 1회씩 일어났다.

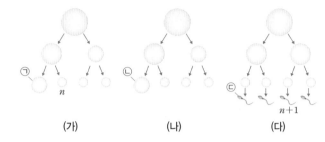

(가)   (나)   (다)

이에 대한 설명으로 옳은 것만을 〈보기〉에서 있는 대로 고른 것은? (단, 제시된 염색체 비분리 이외의 돌연변이는 고려하지 않는다.)

―― | 보기 | ――

ㄱ. (다)에서 염색 분체의 비분리가 일어났다.
ㄴ. X 염색체의 수는 ㉡이 ㉠의 2배이다.
ㄷ. ㉢과 정상 난자가 수정되어 태어나는 아이는 터너 증후군 염색체 이상을 보인다.

① ㄱ   ② ㄴ   ③ ㄱ, ㄷ   ④ ㄴ, ㄷ   ⑤ ㄱ, ㄴ, ㄷ

183

상 중 하

그림은 사람의 세포 (가)와 (나)에 각각 들어 있는 1번 염색체와 성염색체, 대립유전자 A와 a를 모두 나타낸 것이다. (가)는 정상 세포이고, (나)는 염색체 수 이상과 구조 이상이 각각 1회씩 일어나 형성된 생식세포이다.

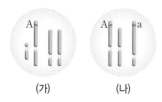

이에 대한 설명으로 옳은 것만을 〈보기〉에서 있는 대로 고른 것은? (단, 제시된 염색체 돌연변이 이외의 돌연변이는 고려하지 않는다.)

| 보기 |

ㄱ. (나)에 전좌가 일어난 염색체가 있다.

ㄴ. (가)와 (나)는 같은 사람의 세포이다.

ㄷ. (나)가 형성될 때 감수 1분열에서 염색체 비분리가 일어났다.

① ㄱ   ② ㄴ   ③ ㄱ, ㄷ   ④ ㄴ, ㄷ   ⑤ ㄱ, ㄴ, ㄷ

184

상 중 하

사람의 유전 형질 (가)는 2쌍의 대립유전자 H와 h, T와 t에 의해 결정된다. 표는 어떤 남자의 세포 ㉠~㉣에서 H, h, T, t의 DNA 상대량을 나타낸 것이다. ㉠~㉣은 각각 G_1기 세포와 이 세포로부터 형성된 G_2기 세포, 감수 2분열 중기 세포, 생식세포

세포	DNA 상대량			
	H	h	T	t
㉠	2	0	0	0
㉡	2	?	0	2
㉢	1	1	?	1
㉣	?	0	?	1

중 서로 다른 하나이며, 이 G_1기 세포의 감수 1분열과 감수 2분열 과정에서 (가)의 유전자가 있는 염색체의 비분리가 각각 1회 일어났다.

이에 대한 설명으로 옳은 것만을 〈보기〉에서 있는 대로 고른 것은? (단, 제시된 염색체 비분리 이외의 돌연변이는 고려하지 않으며, H, h, T, t 각각의 1개당 DNA 상대량은 1이다.)

| 보기 |

ㄱ. 염색체 수는 ㉡이 ㉠의 2배이다.

ㄴ. ㉣에 X 염색체와 Y 염색체가 모두 들어 있다.

ㄷ. 감수 2분열에서 h가 있는 상염색체의 비분리가 일어났다.

① ㄱ   ② ㄴ   ③ ㄱ, ㄷ   ④ ㄴ, ㄷ   ⑤ ㄱ, ㄴ, ㄷ

185

상 중 하

다음은 어떤 가족의 유전 형질 (가)에 대한 자료이다.

○ (가)는 2개의 상염색체에 있는 3쌍의 대립유전자 D와 D*, E와 E*, F와 F*에 의해 결정된다.

○ 그림은 아버지와 어머니의 체세포 각각에 들어 있는 일부 염색체와 유전자를 나타낸 것이다. 아버지와 어머니의 핵형은 모두 정상이다.

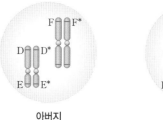

아버지   어머니

○ 아버지의 생식세포 형성 과정에서 ⓐ가 1회 일어나 형성된 정자 P와 어머니의 생식세포 형성 과정에서 ⓑ가 1회 일어나 형성된 난자 Q가 수정되어 자녀 ㉠이 태어났다. ⓐ와 ⓑ는 염색체 결실과 염색체 비분리를 순서 없이 나타낸 것이다.

○ 그림은 ㉠의 체세포 1개당 D*, E, F, F*의 DNA 상대량을 나타낸 것이다.

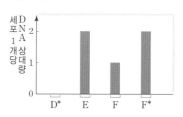

이에 대한 설명으로 옳은 것만을 〈보기〉에서 있는 대로 고른 것은? (단, 제시된 돌연변이 이외의 돌연변이와 교차는 고려하지 않으며, D, D*, E, E*, F, F* 각각의 1개당 DNA 상대량은 1이다.)

| 보기 |

ㄱ. 정자 P에는 D와 F*가 있다.

ㄴ. ㉠의 체세포 1개당 상염색체 수는 45이다.

ㄷ. 생식세포 형성 과정에서 염색체 비분리는 감수 2분열에서 일어났다.

① ㄱ   ② ㄷ   ③ ㄱ, ㄴ   ④ ㄱ, ㄷ   ⑤ ㄱ, ㄴ, ㄷ

186

상 중 **하**

그림은 어떤 동물($2n=4$)의 세포 (가)와 (나)에 있는 모든 염색체와 일부 유전자를 나타낸 것이다. (가)와 (나) 중 하나는 돌연변이가 1회 일어나 형성된 생식세포이고, 나머지 하나는 돌연변이가 2회 일어나 형성된 생식세포이다. A와 a, G와 g는 각각 서로 대립유전자이다.

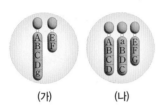

이에 대한 설명으로 옳은 것만을 〈보기〉에서 있는 대로 고른 것은? (단, 제시된 돌연변이 이외의 돌연변이와 교차는 고려하지 않는다.)

| 보기 |

ㄱ. (가)에 전좌가 일어난 염색체가 있다.

ㄴ. 핵형 분석으로 (가)와 정상 생식세포를 구별할 수 있다.

ㄷ. (나)가 형성될 때 역위와 염색 분체의 비분리가 모두 일어났다.

① ㄱ   ② ㄴ   ③ ㄷ   ④ ㄱ, ㄴ   ⑤ ㄴ, ㄷ

187 | 신유형 |

상 중 **하**

다음은 사람의 유전병 (가)에 대한 자료이다.

○ (가)는 우열 관계가 분명한 대립유전자 A와 A*에 의해 결정된다.

○ 표는 어떤 가족 구성원의 (가)의 표현형을 나타낸 것이다. 구성원의 핵형은 모두 정상이다.

구성원	아버지	어머니	딸	아들 ㉠	아들 ㉡
표현형	정상	유전병 (가)	유전병 (가)	정상	정상

○ 체세포 1개당 A*의 DNA 상대량은 딸>아버지>㉠이다.

○ 딸, ㉠, ㉡ 중 한 사람은 정자 ⓐ와 난자 ⓑ의 수정으로 태어났다. ⓐ와 ⓑ가 형성될 때 염색체 비분리가 각각 1회 일어났다.

이에 대한 설명으로 옳은 것만을 〈보기〉에서 있는 대로 고른 것은? (단, 제시된 염색체 비분리 이외의 돌연변이는 고려하지 않는다.)

| 보기 |

ㄱ. ㉠과 ㉡은 (가)의 유전자형이 서로 다르다.

ㄴ. ⓐ는 감수 1분열에서 염색체 비분리가 일어나 형성되었다.

ㄷ. 세포 1개당 $\dfrac{성염색체\ 수}{상염색체\ 수}$는 ⓐ가 ⓑ보다 크다.

① ㄱ   ② ㄷ   ③ ㄱ, ㄴ   ④ ㄱ, ㄷ   ⑤ ㄴ, ㄷ

188 | 신유형 |

상 중 **하**

다음은 어떤 가족의 유전 형질 (가)에 대한 자료이다.

○ (가)는 상염색체에 있는 1쌍의 대립유전자에 의해 결정되며, 대립유전자에는 E, F, G가 있다.

○ E는 F와 G에 대해, F는 G에 대해 각각 완전 우성이고, (가)의 표현형은 3가지(I~III)이다.

○ 표는 이 가족 구성원의 (가)의 표현형과 체세포 1개당 대립유전자 ⓐ~ⓒ의 DNA 상대량을 나타낸 것이다. ⓐ~ⓒ는 E, F, G를 순서 없이, x~z는 0, 1, 2를 순서 없이 나타낸 것이다.

구성원		아버지	어머니	자녀 1	자녀 2	자녀 3
표현형		I	?	III	II	I
DNA 상대량	ⓐ	1	?	x	2	y
	ⓑ	z	0	?	0	?
	ⓒ	?	?	?	?	?

○ 어머니의 생식세포 형성 시 E, F, G 중 하나에서 ㉠이 1회 일어나 돌연변이 생식세포가 형성되었다. 이 생식세포가 정상 생식세포와 수정되어 자녀 ㉮가 태어났다. ㉠은 결실과 중복 중 하나이고, ㉮는 자녀 1~3 중 하나이다.

이에 대한 설명으로 옳은 것만을 〈보기〉에서 있는 대로 고른 것은? (단, 제시된 돌연변이 이외의 돌연변이는 고려하지 않으며, E, F, G 각각의 1개당 DNA 상대량은 1이다.)

| 보기 |

ㄱ. ㉮는 자녀 2이다.

ㄴ. 어머니의 (가)의 유전자형과 표현형은 모두 자녀 1과 같다.

ㄷ. 자녀 3의 동생이 태어날 때, 이 아이의 (가)의 표현형이 아버지와 같을 확률은 $\dfrac{1}{4}$이다.

① ㄱ   ② ㄷ   ③ ㄱ, ㄴ   ④ ㄴ, ㄷ   ⑤ ㄱ, ㄴ, ㄷ

189 | 신유형 | 상 중 하

다음은 사람의 유전병 (가)에 대한 자료이다.

○ (가)는 1쌍의 대립유전자 A와 a에 의해 결정되며, A는 a에 대해 완전 우성이다.

○ (가)의 유전자는 21번 염색체와 X 염색체 중 하나에 있다.

○ 표는 어떤 가족 구성원의 (가)의 표현형을 나타낸 것이다. ㉠과 ㉡은 각각 '정상'과 '유전병 (가)' 중 하나이다.

구성원	어머니	아버지	딸 I	아들 II
표현형	㉠	㉠	㉡	㉡

○ 어머니와 아버지 중 한 사람은 A와 a 중 1가지만 갖는다.

○ I은 정자 ⓐ와 난자 ⓑ가 수정되어, II는 정자 ⓒ와 난자 ⓓ가 수정되어 각각 태어났다.

○ 염색체 비분리는 어머니와 아버지 중 한 사람에게서만 1회 일어났다.

○ 가족 구성원 중 한 사람을 제외한 구성원의 핵형은 모두 정상이다.

이에 대한 설명으로 옳은 것만을 〈보기〉에서 있는 대로 고른 것은? (단, 제시된 염색체 비분리 이외의 돌연변이는 고려하지 않는다.)

| 보기 |

ㄱ. 아버지에게서 염색체 비분리가 일어났다.

ㄴ. II는 클라인펠터 증후군 염색체 이상을 보인다.

ㄷ. X 염색체의 수는 ⓐ와 ⓒ가 같다.

① ㄱ ② ㄷ ③ ㄱ, ㄴ ④ ㄱ, ㄷ ⑤ ㄴ, ㄷ

190 상 중 하

사람의 유전 형질 (가)는 7번 염색체에 있는 대립유전자 H와 h에 의해, (나)는 X 염색체에 있는 대립유전자 T와 t에 의해 결정된다. 그림은 핵상이 $2n$인 어떤 남자와 여자의 생식세포 형성 과정을, 표는 세포 (가)~(마)가 갖는 대립유전자 H, T, ㉠, ㉡의 DNA 상대량을 나타낸 것이다. 이 정자 형성 과정 중 7번 염색체에서 비분리가 1회, 이 난자 형성 과정 중 성염색체에서 비분리가 1회 일어났다. (가)~(마)는 I~V를 순서 없이 나타낸 것이고, ㉠과 ㉡은 각각 h와 t 중 하나이다.

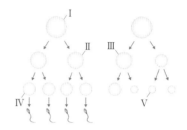

세포	DNA 상대량			
	H	T	㉠	㉡
(가)	0	0	0	2
(나)	2	2	2	0
(다)	2	1	0	0
(라)	0	0	0	ⓐ
(마)	2	2	0	2

이에 대한 설명으로 옳은 것만을 〈보기〉에서 있는 대로 고른 것은? (단, 제시된 염색체 비분리 이외의 돌연변이와 교차는 고려하지 않으며, H, h, T, t, 각각의 1개당 DNA 상대량은 같다. I~III은 중기의 세포이다.)

| 보기 |

ㄱ. (가)는 V이다.

ㄴ. ⓐ는 1이다.

ㄷ. 난자 형성 과정 중 감수 2분열에서 염색체 비분리가 일어났다.

① ㄱ ② ㄴ ③ ㄱ, ㄷ ④ ㄴ, ㄷ ⑤ ㄱ, ㄴ, ㄷ

191

상 중 하

그림 (가)는 ABO식 혈액형의 유전자형이 $I^A i$인 어떤 남자의 감수 분열 과정을, (나)는 세포 ⓒ에 들어 있는 모든 성염색체를 나타낸 것이다. (가)에서 염색체의 구조 이상과 비분리가 각각 1회 일어났으며, ㉠은 중기 세포이다.

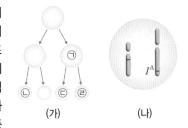

(가)   (나)

이에 대한 설명으로 옳은 것만을 〈보기〉에서 있는 대로 고른 것은? (단, 제시된 돌연변이 이외의 돌연변이는 고려하지 않는다.)

| 보기 |

ㄱ. ⓒ에 전좌가 일어난 염색체가 있다.
ㄴ. 상염색체 수는 ㉠~㉣이 모두 같다.
ㄷ. ⓒ과 정상 난자가 수정되어 태어나는 아이는 터너 증후군 염색체 이상을 보인다.

① ㄱ   ② ㄴ   ③ ㄱ, ㄷ   ④ ㄴ, ㄷ   ⑤ ㄱ, ㄴ, ㄷ

192 | 신유형 |

상 중 하

표는 어떤 가족 구성원 I~III의 ABO식 혈액형과 적록 색맹의 표현형을, 그림은 아버지의 감수 분열 과정을 나타낸 것이다. I~III은 핵형이 모두 정상이고, 아버지, 어머니, 딸을 순서 없이 나타낸 것이다. ㉠과 ⓒ은 염색체 수가 서로 다르고, 딸은 ⓒ이 수정되어 태어났다. ㉠은 중기 세포이고, 아버지와 어머니의 감수 분열 과정에서 성염색체의 비분리가 각각 1회 일어났다.

구성원	혈액형	적록 색맹
I	O형	정상
II	A형	색맹
III	AB형	정상

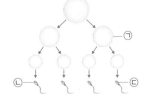

이에 대한 설명으로 옳은 것만을 〈보기〉에서 있는 대로 고른 것은? (단, 제시된 염색체 비분리 이외의 돌연변이는 고려하지 않는다.)

| 보기 |

ㄱ. 어머니의 감수 1분열 과정에서 염색체 비분리가 일어났다.
ㄴ. ㉠의 상염색체 수는 ⓒ의 성염색체 수의 11배이다.
ㄷ. ⓒ과 정상 난자가 수정되어 태어나는 아이는 다운 증후군 염색체 이상을 보인다.

① ㄱ   ② ㄴ   ③ ㄷ   ④ ㄱ, ㄴ   ⑤ ㄴ, ㄷ

193

상 중 하

다음은 어떤 가족의 유전 형질 (가), (나)와 ABO식 혈액형에 대한 자료이다.

○ (가)는 대립유전자 H와 h에 의해, (나)는 대립유전자 R와 r에 의해 결정된다. H는 h에 대해, R는 r에 대해 각각 완전 우성이다.
○ (가)의 유전자와 (나)의 유전자 중 하나는 ABO식 혈액형 유전자와 같은 염색체에 있고, 나머지 하나는 X 염색체에 있다.
○ 표는 구성원의 성별, (가), (나)의 발현 여부와 ABO식 혈액형을 나타낸 것이다.

구성원	성별	(가)	(나)	ABO식 혈액형
아버지	남	×	○	A형
어머니	여	○	×	B형
자녀 1	여	○	○	O형
자녀 2	남	○	○	A형
자녀 3	여	×	○	B형

(○: 발현됨, ×: 발현 안 됨)

○ ㉮와 ㉯는 각각 H와 h 중 한 종류의 대립유전자만 갖는다. ㉮와 ㉯는 아버지와 어머니를 순서 없이 나타낸 것이다.
○ ㉮의 생식세포 형성 과정에서 대립유전자 ㉠이 대립유전자 ⓒ으로 바뀌는 돌연변이가 1회 일어나 ⓒ을 갖는 생식세포가 형성되었다. 이 생식세포와 정상 생식세포가 수정되어 자녀 1과 2 중 한 명이 태어났다. ㉠과 ⓒ은 R와 r를 순서 없이 나타낸 것이다.
○ ㉯의 생식세포 형성 과정에서 염색체 비분리가 1회 일어나 형성된 생식세포와 정상 생식세포가 수정되어 자녀 2와 3 중 한 명이 태어났다.

이에 대한 설명으로 옳은 것만을 〈보기〉에서 있는 대로 고른 것은? (단, 제시된 돌연변이 이외의 돌연변이와 교차는 고려하지 않는다.)

| 보기 |

ㄱ. 자녀 3은 터너 증후군 염색체 이상을 보인다.
ㄴ. ㉯는 자녀 1에게 ㉠과 i가 함께 있는 염색체를 물려주었다.
ㄷ. 자녀 3의 동생이 태어날 때, 이 아이의 (가), (나), ABO식 혈액형의 표현형이 모두 자녀 1과 같을 확률은 $\frac{1}{8}$이다.

① ㄱ   ② ㄷ   ③ ㄱ, ㄴ   ④ ㄴ, ㄷ   ⑤ ㄱ, ㄴ, ㄷ

194

(상 중 **하**)

그림은 구성원 3을 제외한 어떤 집안의 특정 유전병에 대한 가계도이다. 이 유전병은 대립유전자 A와 a에 의해 결정되며, A는 a에 대해 완전 우성이다. 1과 3은 A와 a 중 서로 다른 1가지만 가지며, 3은 남자이다. 4와 5 중 한 사람의 감수 분열 시 염색체 비분리가 1회 일어났다.

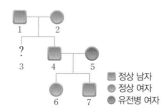

- 정상 남자
- 정상 여자
- 유전병 여자

이에 대한 설명으로 옳은 것만을 〈보기〉에서 있는 대로 고른 것은? (단, 제시된 염색체 비분리 이외의 돌연변이는 고려하지 않는다.)

| 보기 |

ㄱ. 6과 7은 체세포 1개당 상염색체 수가 같다.
ㄴ. 4의 감수 2분열 과정에서 염색체 비분리가 일어났다.
ㄷ. 2, 6, 7은 모두 유전병 대립유전자 a를 갖는다.

① ㄱ   ② ㄴ   ③ ㄱ, ㄷ   ④ ㄴ, ㄷ   ⑤ ㄱ, ㄴ, ㄷ

195

| 신유형 |

(상 **중** 하)

표는 사람의 G_1기 모세포 (가)와 정자 ㉠~㉣에 대한 자료를, 그림은 (가)와 ㉠~㉣ 중 하나에 들어 있는 모든 성염색체를 나타낸 것이다. (가)의 감수 분열 과정에서 성염색체의 비분리가 1회 일어났다.

○ (가)로부터 ㉠~㉣이 형성되었다.
○ 성염색체 수는 ㉠>㉡>㉢이다.
○ $\dfrac{\text{X 염색체 수}}{\text{상염색체 수}}$ 는 ㉡>㉢이다.

이에 대한 설명으로 옳은 것만을 〈보기〉에서 있는 대로 고른 것은? (단, 제시된 염색체 비분리 이외의 돌연변이는 고려하지 않는다.)

| 보기 |

ㄱ. 그림은 ㉠에 들어 있는 성염색체를 나타낸 것이다.
ㄴ. 염색체 비분리는 감수 2분열에서 일어났다.
ㄷ. ㉢과 정상 난자가 수정되어 태어나는 아이는 터너 증후군 염색체 이상을 보인다.

① ㄱ   ② ㄴ   ③ ㄱ, ㄷ   ④ ㄴ, ㄷ   ⑤ ㄱ, ㄴ, ㄷ

196

(상 중 **하**)

다음은 어떤 가족의 유전 형질 (가)~(다)에 대한 자료이다.

○ (가)는 대립유전자 E와 e에 의해, (나)는 대립유전자 F와 f에 의해, (다)는 대립유전자 G와 g에 의해 결정된다.
○ (가)의 유전자는 1번 염색체에, (나)와 (다)의 유전자는 2번 염색체에 있다.
○ 표는 이 가족 구성원의 세포 ⓐ~ⓔ 각각에 들어 있는 E, e, F, f, G, g의 DNA 상대량을 나타낸 것이다.

구성원	세포	DNA 상대량					
		E	e	F	f	G	g
아버지	ⓐ	0	2	0	?	?	0
어머니	ⓑ	1	?	?	?	1	0
자녀 1	ⓒ	?	0	2	?	?	1
자녀 2	ⓓ	?	2	0	?	0	?
자녀 3	ⓔ	?	3	?	0	?	2

○ 아버지의 생식세포 형성 과정에서 염색체 비분리가 1회 일어나 염색체 수가 비정상적인 정자 Ⅰ이 형성되었다.
○ 어머니의 생식세포 형성 과정에서 2번 염색체에 있는 대립유전자 ㉠이 1번 염색체로 이동하는 돌연변이가 1회 일어나 1번 염색체에 ㉠이 있는 난자 Ⅱ가 형성되었다. ㉠은 F, f, G, g 중 하나이다.
○ Ⅰ과 Ⅱ가 수정되어 자녀 3이 태어났다. 자녀 3을 제외한 이 가족 구성원의 핵형은 모두 정상이다.

이에 대한 설명으로 옳은 것만을 〈보기〉에서 있는 대로 고른 것은? (단, 제시된 돌연변이 이외의 돌연변이와 교차는 고려하지 않으며, E, e, F, f, G, g 각각의 1개당 DNA 상대량은 1이다.)

| 보기 |

ㄱ. ㉠은 g이다.
ㄴ. 어머니의 체세포 1개당 $\dfrac{\text{E의 DNA 상대량}}{\text{F의 DNA 상대량}}=1$이다.
ㄷ. Ⅰ이 형성되는 과정에서 염색체 비분리는 감수 1분열에서 일어났다.

① ㄱ   ② ㄴ   ③ ㄷ   ④ ㄱ, ㄴ   ⑤ ㄴ, ㄷ

197 | 신유형 | 상 중 하

다음은 핵상이 $2n$인 동물 A~C의 세포 (가)~(라)에 대한 자료이다.

○ A와 B는 서로 같은 종이고, B와 C의 체세포 1개당 염색체 수는 서로 다르다. A~C의 성염색체는 암컷이 XX, 수컷이 XY이다.

○ (가)~(라) 중 2개는 암컷의, 나머지 2개는 수컷의 세포이다. (가)는 A의 세포이고, (나)~(라)는 A~C의 세포를 순서 없이 나타낸 것이다.

○ 그림은 (가)~(라) 각각에 들어 있는 모든 상염색체와 ㉠을 나타낸 것이다. ㉠은 X 염색체와 Y 염색체 중 하나이고, (가)에는 8개의 염색체가 나타나 있다.

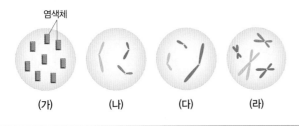

이에 대한 설명으로 옳은 것만을 〈보기〉에서 있는 대로 고른 것은? (단, 돌연변이는 고려하지 않는다.)

| 보기 |

ㄱ. B와 C는 모두 수컷이다.

ㄴ. (나)~(라) 중 B의 세포에 ㉠이 있다.

ㄷ. 체세포 1개당 염색체 수는 A가 C보다 2개 많다.

① ㄱ　　② ㄴ　　③ ㄱ, ㄷ　　④ ㄴ, ㄷ　　⑤ ㄱ, ㄴ, ㄷ

198 | 신유형 | 상 중 하

사람의 유전 형질 ㉮는 2쌍의 대립유전자 A와 a, B와 b에 의해 결정된다. 그림은 사람 P의 G_1기 세포 I로부터 일어나는 감수 분열 과정을, 표는 세포 (가)~(라)에서 대립유전자 ㉠~㉢의 유무와 A와 b의 DNA 상대량을 나타낸 것이다. (가)~(라)는 I~IV를 순서 없이 나타낸 것이고, ⓐ와 ⓑ는 1과 2를 순서 없이 나타낸 것이다. ㉠~㉢은 각각 A, a, B, b 중 서로 다른 하나이다.

세포	대립유전자			DNA 상대량	
	㉠	㉡	㉢	A	b
(가)	×	×	○	?	ⓐ
(나)	○	?	?	ⓑ	?
(다)	?	?	×	ⓑ	ⓑ
(라)	○	?	○	ⓐ	?

(○: 있음, ×: 없음)

이에 대한 설명으로 옳은 것만을 〈보기〉에서 있는 대로 고른 것은? (단, 돌연변이와 교차는 고려하지 않으며, A, a, B, b 각각의 1개당 DNA 상대량은 1이다. II와 III은 중기의 세포이다.)

| 보기 |

ㄱ. (다)의 핵상은 n이다.

ㄴ. (나)에서 $\dfrac{\text{b의 DNA 상대량}}{\text{A의 DNA 상대량}}=1$이다.

ㄷ. (라)에 ㉡이 있다.

① ㄱ　　② ㄷ　　③ ㄱ, ㄴ　　④ ㄴ, ㄷ　　⑤ ㄱ, ㄴ, ㄷ

199

상 중 하

사람의 유전 형질 (가)는 대립유전자 A와 a에 의해, (나)는 대립유전자 B와 b에 의해 결정된다. (가)의 유전자와 (나)의 유전자 중 하나는 X 염색체에 있다. 그림은 사람 P의 G_1기 세포 I로부터 정자가 형성되는 과정을, 표는 세포 ㉠~㉣에서 A, a, B, b 중 2개의 DNA 상대량을 더한 값을 나타낸 것이다. ㉠~㉣은 I~IV를 순서 없이, $x~z$는 0, 1, 2를 순서 없이 나타낸 것이고, ⓐ+ⓑ+ⓒ>4이다.

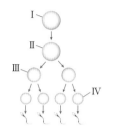

세포	DNA 상대량을 더한 값		
	A+B	a+B	a+b
㉠	2	ⓐ	?
㉡	x	y	z
㉢	?	1	ⓑ
㉣	ⓒ	?	?

이에 대한 설명으로 옳은 것만을 <보기>에서 있는 대로 고른 것은? (단, 돌연변이와 교차는 고려하지 않으며, A, a, B, b 각각의 1개당 DNA 상대량은 1이다. II와 III은 중기의 세포이다.)

| 보기 |

ㄱ. (나)의 유전자는 X 염색체에 있다.

ㄴ. ⓐ+ⓑ=ⓒ+z이다.

ㄷ. $\dfrac{\text{II의 2가 염색체 수}}{\text{III의 염색 분체 수}} = \dfrac{㉢의 A+b}{㉠의 a+b}$이다.

① ㄱ ② ㄷ ③ ㄱ, ㄴ ④ ㄴ, ㄷ ⑤ ㄱ, ㄴ, ㄷ

200 | 신유형 |

상 중 하

사람의 유전 형질 (가)는 1쌍의 대립유전자 H와 h에 의해 결정되고, (나)는 2쌍의 대립유전자 R와 r, T와 t에 의해 결정된다. (가)와 (나)의 유전자는 서로 다른 3개의 염색체에 있다. 표는 사람 P의 하나의 G_1기 세포로부터 생식세포가 형성되는 과정에서 나타나는 세포 ⓐ~ⓒ가 갖는 H, h, R, T의 DNA 상대량을 나타낸 것이다. ㉠~㉣은 0, 1, 2, 4를 순서 없이 나타낸 것이고, ⓐ와 ⓑ는 중기의 세포이다.

세포	DNA 상대량			
	H	h	R	T
ⓐ	㉡	㉡	㉣	㉣
ⓑ	㉡	㉣	㉢	㉣
ⓒ	㉡	㉠	㉠	㉡

이에 대한 설명으로 옳은 것만을 <보기>에서 있는 대로 고른 것은? (단, 돌연변이는 고려하지 않으며, H, h, R, r, T, t 각각의 1개당 DNA 상대량은 1이다.)

| 보기 |

ㄱ. ㉠+㉣=3이다.

ㄴ. (가)의 유전자는 성염색체에 있다.

ㄷ. P에서 h, r, T를 모두 갖는 생식세포가 형성될 수 있다.

① ㄱ ② ㄷ ③ ㄱ, ㄴ ④ ㄴ, ㄷ ⑤ ㄱ, ㄴ, ㄷ

201 | 신유형 | 상 중 하

다음은 두 동물 종($2n$)의 개체 (가)와 (나)에 대한 자료이다.

○ 세포 ㉠과 ㉡은 체세포 분열 중기 세포와 감수 2분열 중기 세포를 순서 없이 나타낸 것이다.

○ $\dfrac{\text{(나)의 ㉠ 1개당 염색체 수}}{\text{(가)의 ㉠ 1개당 염색 분체 수}} = \dfrac{1}{2}$이다.

○ (나)에서 형성되는 생식세포의 염색체 조합은 총 2^{12}가지이다.

○ (가)의 감수 1분열 중기 세포 1개당 ⓐ의 수는 (나)의 ㉡ 1개당 염색 분체 수의 $\dfrac{1}{4}$이다. ⓐ는 염색체, 염색 분체, 2가 염색체 중 하나이다.

이에 대한 설명으로 옳은 것만을 〈보기〉에서 있는 대로 고른 것은? (단, 돌연변이는 고려하지 않는다.)

| 보기 |

ㄱ. ⓐ는 2가 염색체이다.
ㄴ. (가)의 ㉠ 1개당 염색체 수는 12이다.
ㄷ. ㉡은 핵상이 n이다.

---

① ㄱ ② ㄷ ③ ㄱ, ㄴ ④ ㄴ, ㄷ ⑤ ㄱ, ㄴ, ㄷ

202 상 중 하

다음은 사람의 유전 형질 (가)~(다)에 대한 자료이다.

○ (가)~(다)의 유전자는 서로 다른 3개의 상염색체에 있다.

○ (가)는 1쌍의 대립유전자에 의해 결정되며, 대립유전자에는 D, E, F가 있다. (가)의 표현형은 4가지이며, (가)의 유전자형이 DF인 사람과 DD인 사람의 표현형은 같고, 유전자형이 EF인 사람과 EE인 사람의 표현형은 같다.

○ (나)는 대립유전자 G와 G^*에 의해 결정되며, 유전자형이 다르면 표현형이 다르다.

○ (다)는 대립유전자 H와 H^*에 의해 결정되며, H는 H^*에 대해 완전 우성이다.

○ 표는 사람 ㉠~㉣의 (가)~(다)의 유전자형을 나타낸 것이다.

사람	㉠	㉡	㉢	㉣
유전자형	EFGG*HH	DEGGHH*	EFGG*H*H*	DFG*G*HH

○ 남자 Ⅰ과 여자 Ⅱ 사이에서 ⓐ가 태어날 때, ⓐ에게서 나타날 수 있는 (가)~(다)의 표현형은 최대 12가지이다. Ⅰ과 Ⅱ는 각각 ㉠~㉣ 중 하나이다.

ⓐ의 (가)~(다)의 표현형이 모두 ㉠과 같을 확률은? (단, 돌연변이는 고려하지 않는다.)

① $\dfrac{1}{16}$ ② $\dfrac{1}{8}$ ③ $\dfrac{3}{16}$ ④ $\dfrac{1}{4}$ ⑤ $\dfrac{3}{8}$

203 | 신유형 | (상 중 하)

다음은 사람의 유전 형질 (가)와 (나)에 대한 자료이다.

- ○ (가)는 상염색체에 있는 대립유전자 A와 A*에 의해 결정된다.
- ○ (나)는 상염색체에 있는 1쌍의 대립유전자에 의해 결정되고, 대립유전자에는 D, E, F가 있으며, D와 E는 각각 F에 대해 완전 우성이다.
- ○ 남자 P와 여자 Q는 (가)의 유전자형이 같고, (나)의 유전자형이 서로 다르다.
- ○ P와 Q 사이에서 ⓐ가 태어날 때, ⓐ에게서 나타날 수 있는 (가)와 (나)의 표현형은 최대 6가지이고, ⓐ의 유전자형이 AA*EE일 확률은 x이다. $0 < x < \dfrac{1}{4}$이다.
- ○ ⓐ의 (나)의 표현형이 P와 같을 확률은 ⓐ의 (나)의 표현형이 Q와 같을 확률의 y배이다. $1 < y < 3$이다.

이에 대한 설명으로 옳은 것만을 〈보기〉에서 있는 대로 고른 것은? (단, 돌연변이와 교차는 고려하지 않는다.)

| 보기 |

ㄱ. P와 Q는 (나)의 표현형이 같다.

ㄴ. ⓐ가 A*와 E를 모두 가질 확률은 $\dfrac{9}{16}$이다.

ㄷ. ⓐ의 (가)와 (나) 중 하나의 표현형만 P와 같을 확률은 $\dfrac{1}{2}$이다.

① ㄱ ② ㄷ ③ ㄱ, ㄴ ④ ㄴ, ㄷ ⑤ ㄱ, ㄴ, ㄷ

204 | 신유형 | (상 중 하)

다음은 사람의 유전 형질 (가)와 사람 Ⅰ~Ⅳ에 대한 자료이다.

- ○ (가)는 서로 다른 상염색체에 있는 3쌍의 대립유전자 A와 a, B와 b, D와 d에 의해 결정된다.
- ○ (가)의 표현형은 ㉠유전자형에서 대문자로 표시되는 대립유전자의 수에 의해서만 결정되며, ㉠이 다르면 표현형이 다르다.
- ○ 표는 Ⅰ~Ⅳ의 성별과 ㉠을 나타낸 것이다.
- ○ Ⅰ과 Ⅳ는 (가)의 유전자형이 서로 같고, Ⅱ와 Ⅲ도 (가)의 유전자형이 서로 같다.

구분	Ⅰ	Ⅱ	Ⅲ	Ⅳ
성별	여자	남자	여자	남자
㉠	3	?	?	3

- ○ Ⅰ과 Ⅱ 사이에서 ⓐ가 태어날 때, ⓐ의 ㉠이 0일 확률은 0보다 높다.
- ○ Ⅲ과 Ⅳ 사이에서 ⓑ가 태어날 때, ⓑ에게서 나타날 수 있는 (가)의 표현형은 최대 4가지이다.

이에 대한 설명으로 옳은 것만을 〈보기〉에서 있는 대로 고른 것은? (단, 돌연변이는 고려하지 않는다.)

| 보기 |

ㄱ. ⓐ의 ㉠이 0일 확률은 $\dfrac{1}{8}$이다.

ㄴ. Ⅱ의 (가)의 유전자형은 aabbdd이다.

ㄷ. ⓐ와 ⓑ의 ㉠이 모두 2보다 작을 확률은 $\dfrac{1}{8}$이다.

① ㄱ ② ㄷ ③ ㄱ, ㄴ ④ ㄴ, ㄷ ⑤ ㄱ, ㄴ, ㄷ

205 | 신유형 |

상 중 하

다음은 어떤 가족의 유전 형질 (가)에 대한 자료이다.

○ (가)는 서로 다른 2개의 상염색체에 있는 3쌍의 대립유전자 D와 d, E와 e, F와 f에 의해 결정된다.

○ (가)의 표현형은 유전자형에서 대문자로 표시되는 대립유전자의 수에 의해서만 결정되며, 이 대립유전자의 수가 다르면 표현형이 다르다.

○ 표는 이 가족 구성원의 (가)의 유전자형에서 대문자로 표시되는 대립유전자의 수를 나타낸 것이고, ㉠+㉡=8이다.

구성원	대문자로 표시되는 대립유전자의 수
아버지	㉠
어머니	?
자녀 1	㉡
자녀 2	0

○ 그림은 아버지와 어머니의 체세포에 들어 있는 일부 염색체와 유전자를 나타낸 것이다.

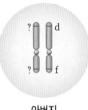 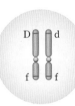

아버지   어머니

이에 대한 설명으로 옳은 것만을 〈보기〉에서 있는 대로 고른 것은? (단, 돌연변이와 교차는 고려하지 않는다.)

| 보기 |

ㄱ. ㉡은 5이다.

ㄴ. 어머니의 (가)의 유전자형은 DdEeFf이다.

ㄷ. 자녀 2의 동생이 태어날 때, 이 아이와 유전자형이 DdEEFf인 사람의 (가)의 표현형이 같을 확률은 $\frac{3}{16}$이다.

① ㄱ　　② ㄴ　　③ ㄱ, ㄷ　　④ ㄴ, ㄷ　　⑤ ㄱ, ㄴ, ㄷ

206

상 중 하

다음은 어떤 가족의 유전 형질 (가)에 대한 자료이다.

○ (가)는 서로 다른 상염색체에 있는 3쌍의 대립유전자 H와 h, R와 r, T와 t에 의해 결정된다. (가)의 표현형은 유전자형에서 대문자로 표시되는 대립유전자의 수에 의해서만 결정되며, 이 대립유전자의 수가 다르면 표현형이 다르다.

○ 표는 이 가족 구성원의 체세포에서 대립유전자 ⓐ~ⓕ의 유무와 (가)의 유전자형에서 대문자로 표시되는 대립유전자의 수를 나타낸 것이다. ⓐ~ⓕ는 H, h, R, r, T, t를 순서 없이 나타낸 것이고, ㉠~㉣은 0, 1, 2, 3을 순서 없이 나타낸 것이다.

구성원	대립유전자						대문자로 표시되는 대립유전자의 수
	ⓐ	ⓑ	ⓒ	ⓓ	ⓔ	ⓕ	
아버지	○	×	○	○	×	○	㉠
어머니	○	○	○	○	○	○	㉡
자녀 1	○	×	×	○	×	○	㉢
자녀 2	○	○	○	○	×	○	㉣

(○: 있음, ×: 없음)

이에 대한 설명으로 옳은 것만을 〈보기〉에서 있는 대로 고른 것은? (단, 돌연변이와 교차는 고려하지 않는다.)

| 보기 |

ㄱ. ㉠은 1이다.

ㄴ. ⓑ는 ⓒ와 대립유전자이다.

ㄷ. 자녀 2의 동생이 태어날 때, 이 아이에게서 나타날 수 있는 표현형은 최대 7가지이다.

① ㄱ　　② ㄴ　　③ ㄱ, ㄷ　　④ ㄴ, ㄷ　　⑤ ㄱ, ㄴ, ㄷ

207 | 신유형 | 상 중 하

다음은 어떤 집안의 유전 형질 (가)와 (나)에 대한 자료이다.

○ (가)는 대립유전자 A와 a에 의해 결정되며, A는 a에 대해 완전 우성이다.

○ (나)는 대립유전자 E, F, G에 의해 결정되며, E는 F와 G에 대해, F는 G에 대해 각각 완전 우성이다. (나)의 표현형은 3가지이다.

○ (가)의 유전자와 (나)의 유전자는 같은 염색체에 있다.

○ 가계도는 구성원 ⊙과 ⓛ을 제외한 구성원 1~4에게서 (가)의 발현 여부를 나타낸 것이다.

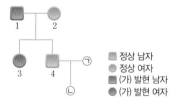

■ 정상 남자
● 정상 여자
■ (가) 발현 남자
● (가) 발현 여자

○ 표는 구성원 1~4, ⊙, ⓛ에서 체세포 1개당 E와 F의 DNA 상대량을 더한 값(E+F)과 체세포 1개당 F와 G의 DNA 상대량을 더한 값(F+G)을 나타낸 것이다. x~z는 0, 1, 2를 순서 없이 나타낸 것이다.

구성원		1	2	3	4	⊙	ⓛ
DNA 상대량을 더한 값	E+F	x	1	1	1	ⓐ	y
	F+G	y	z	1	1	ⓐ	2

○ 구성원 4, ⊙, ⓛ은 (가)와 (나)의 표현형이 서로 다르고, ⊙은 a와 G가 함께 있는 염색체를 갖는다.

이에 대한 설명으로 옳은 것만을 〈보기〉에서 있는 대로 고른 것은? (단, 돌연변이와 교차는 고려하지 않으며, A, a, E, F, G 각각의 1개당 DNA 상대량은 1이다.)

| 보기 |

ㄱ. ⓛ은 (가)와 (나)의 유전자형이 모두 동형 접합성이다.

ㄴ. 체세포 1개당 a와 E의 DNA 상대량을 더한 값은 1, 2, 4가 모두 같다.

ㄷ. ⓛ의 동생이 태어날 때, 이 아이의 (가)와 (나)의 표현형이 모두 ⊙과 같을 확률은 $\frac{1}{2}$이다.

① ㄱ　　② ㄷ　　③ ㄱ, ㄴ　　④ ㄴ, ㄷ　　⑤ ㄱ, ㄴ, ㄷ

208 상 중 하

다음은 사람의 유전 형질 (가)와 (나)에 대한 자료이다.

○ (가)의 유전자와 (나)의 유전자는 같은 염색체에 있다.

○ (가)는 대립유전자 G와 g에 의해 결정되며, G는 g에 대해 완전 우성이다.

○ (나)는 대립유전자 H, R, T에 의해 결정되며, H는 R, T에 대해, R는 T에 대해 각각 완전 우성이다. (나)의 표현형은 3가지이다.

○ 가계도는 구성원 ⊙을 제외한 구성원 1~5에게서 (가)의 발현 여부를 나타낸 것이다.

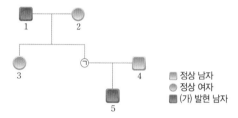

■ 정상 남자
● 정상 여자
■ (가) 발현 남자

○ 표는 구성원 1~5와 ⊙에서 체세포 1개당 H와 R의 DNA 상대량을 더한 값(H+R)과 체세포 1개당 R와 T의 DNA 상대량을 더한 값(R+T)을 나타낸 것이다. ⓐ~ⓒ는 0, 1, 2를 순서 없이 나타낸 것이다.

구성원		1	2	3	⊙	4	5
DNA 상대량을 더한 값	H+R	?	?	1	ⓐ	0	1
	R+T	ⓑ	?	1	1	1	ⓒ

이에 대한 설명으로 옳은 것만을 〈보기〉에서 있는 대로 고른 것은? (단, 돌연변이와 교차는 고려하지 않으며, H, R, T 각각의 1개당 DNA 상대량은 1이다.)

| 보기 |

ㄱ. ⊙의 (가)의 유전자형은 동형 접합성이다.

ㄴ. 이 가계도 구성원 중 G와 T를 모두 갖는 사람은 3명이다.

ㄷ. 5의 동생이 태어날 때, 이 아이의 (가)와 (나)의 표현형이 모두 2와 같을 확률은 $\frac{1}{4}$이다.

① ㄱ　　② ㄴ　　③ ㄱ, ㄷ　　④ ㄴ, ㄷ　　⑤ ㄱ, ㄴ, ㄷ

209 | 신유형 | 　　　상 중 하

사람의 특정 형질은 2쌍의 대립유전자 A와 a, B와 b에 의해 결정된다. 다음은 두 남자 (가)와 (나)의 감수 분열과 염색체 비분리에 대한 자료이다.

○ (가)의 감수 분열 과정에서 세포 ㉠~㉢이 형성되었다. ㉠은 감수 1분열 중기 세포, ㉡은 감수 2분열 중기 세포, ㉢은 생식세포이다.

○ (나)의 감수 분열 과정에서 세포 ㉣과 ㉤이 형성되었다. ㉣은 감수 2분열 중기 세포, ㉤은 생식세포이다.

○ (가)와 (나)의 감수 분열 과정에서 염색체 비분리가 각각 1회 일어났다.

○ 표는 세포 Ⅰ~Ⅴ에서 대립유전자 A, a, B, b의 DNA 상대량을 나타낸 것이다. Ⅰ~Ⅴ는 ㉠~㉤을 순서 없이 나타낸 것이다.

세포	DNA 상대량			
	A	a	B	b
Ⅰ	ⓐ	0	0	ⓑ
Ⅱ	0	1	2	?
Ⅲ	ⓒ	1	0	0
Ⅳ	0	0	0	?
Ⅴ	2	ⓓ	0	2

이에 대한 설명으로 옳은 것만을 〈보기〉에서 있는 대로 고른 것은? (단, 제시된 염색체 비분리 이외의 돌연변이는 고려하지 않으며, A, a, B, b 각각의 1개당 DNA 상대량은 1이다.)

| 보기 |

ㄱ. ⓐ+ⓑ>ⓒ+ⓓ이다.

ㄴ. ㉢이 형성될 때 감수 2분열에서 염색체 비분리가 일어났다.

ㄷ. 세포 1개당 $\dfrac{\text{A와 b의 DNA 상대량을 더한 값}}{\text{성염색체 수}}$ 은 ㉡과 ㉣이 같다.

① ㄱ　　② ㄷ　　③ ㄱ, ㄴ　　④ ㄴ, ㄷ　　⑤ ㄱ, ㄴ, ㄷ

210 　　　상 중 하

다음은 어떤 가족의 유전 형질 ㉠~㉢에 대한 자료이다.

○ ㉠은 대립유전자 A와 a에 의해, ㉡은 대립유전자 B와 b에 의해, ㉢은 대립유전자 D와 d에 의해 결정되며, A, B, D는 a, b, d에 대해 각각 완전 우성이다.

○ ㉠~㉢의 유전자는 모두 X 염색체에 있다.

○ 표는 아버지를 제외한 가족 구성원의 성별과 ㉠~㉢의 발현 여부를 나타낸 것이다. ⓐ와 ⓑ는 '발현됨'과 '발현되지 않음'을 순서 없이 나타낸 것이다.

구성원	성별	㉠	㉡	㉢
어머니	여	?	ⓐ	ⓑ
자녀 1	여	?	ⓑ	ⓑ
자녀 2	여	ⓑ	ⓐ	ⓐ
자녀 3	?	ⓑ	ⓑ	ⓐ

○ 아버지와 어머니 중 한 사람의 감수 분열 과정에서 염색체 비분리가 1회 일어나 형성된 생식세포 ㉮와 정상 생식세포가 수정되어 자녀 3이 태어났다.

이에 대한 설명으로 옳은 것만을 〈보기〉에서 있는 대로 고른 것은? (단, 제시된 염색체 비분리 이외의 돌연변이는 고려하지 않는다.)

| 보기 |

ㄱ. ㉮에 X 염색체가 있다.

ㄴ. 아버지는 ㉡과 ㉢의 발현 여부가 모두 ⓑ이다.

ㄷ. 체세포 1개당 $\dfrac{\text{b의 DNA 상대량}}{\text{성염색체의 DNA 상대량}}$ 은 자녀 1~3 중 2명에서 같다.

① ㄱ　　② ㄴ　　③ ㄷ　　④ ㄱ, ㄴ　　⑤ ㄴ, ㄷ

211 | 개념 통합 | 　　상 중 하

다음은 어떤 가족의 유전 형질 (가)에 대한 자료이다.

- (가)는 서로 다른 상염색체에 있는 2쌍의 대립유전자 A와 a, B와 b에 의해 결정된다. (가)의 표현형은 유전자형에서 대문자로 표시되는 대립유전자의 수에 의해서만 결정되며, 이 대립유전자의 수가 다르면 표현형이 다르다.
- 표는 이 가족 구성원의 체세포에서 대립유전자 ㉮~㉱의 유무와 (가)의 유전자형에서 대문자로 표시되는 대립유전자의 수를 나타낸 것이다. ㉮~㉱는 A, a, B, b를 순서 없이, ⓐ와 ⓑ는 'O'와 '×'를 순서 없이 나타낸 것이다. ㉠~㉤은 0, 1, 2, 3, 4, 5 중 서로 다른 하나이다.

구성원	대립유전자				대문자로 표시되는 대립유전자의 수
	㉮	㉯	㉰	㉱	
아버지	O	ⓐ	ⓐ	O	㉠
어머니	O	O	ⓑ	ⓐ	㉡
자녀 1	O	O	?	×	㉢
자녀 2	?	×	×	O	㉣
자녀 3	O	?	O	ⓑ	㉤

(O: 있음, ×: 없음)

- 아버지와 어머니 중 한 사람의 생식세포 형성 과정에서 염색체 비분리가 1회 일어나 염색체 수가 비정상적인 생식세포 P가 형성되었고, P가 정상 생식세포와 수정되어 자녀 3이 태어났다.
- 자녀 3을 제외한 이 가족 구성원의 핵형은 모두 정상이다.

이에 대한 설명으로 옳은 것만을 〈보기〉에서 있는 대로 고른 것은? (단, 제시된 돌연변이 이외의 돌연변이와 교차는 고려하지 않는다.)

| 보기 |

ㄱ. ㉯는 ㉱와 대립유전자이다.
ㄴ. 아버지와 자녀 1는 모두 A를 갖는다.
ㄷ. 염색체 비분리는 감수 2분열에서 일어났다.

① ㄱ 　　② ㄷ 　　③ ㄱ, ㄴ 　　④ ㄴ, ㄷ 　　⑤ ㄱ, ㄴ, ㄷ

212 | 신유형 | 개념 통합 | 　　상 중 하

다음은 어떤 집안의 유전 형질 ㉠, ㉡, ABO식 혈액형에 대한 자료이다.

- ㉠은 대립유전자 R와 r에 의해 결정되며, R는 r에 대해 완전 우성이다.
- ㉡은 대립유전자 T와 t에 의해 결정되며, T는 t에 대해 완전 우성이다.
- ABO식 혈액형은 대립유전자 I^A, I^B, i에 의해 결정되며, I^A와 I^B는 i에 대해 각각 완전 우성이다.
- ㉠과 ㉡의 유전자 중 하나는 X 염색체에 있고, 나머지 하나는 ABO식 혈액형의 유전자와 같은 염색체에 있다.
- 가계도는 구성원 1~5에게서 ㉠과 ㉡의 발현 여부를, 표는 구성원 1, 2, (가)~(다)의 체세포 1개당 R와 t의 DNA 상대량을 더한 값(R+t)과 ABO식 혈액형을 나타낸 것이다. (가)~(다)는 구성원 3~5를 순서 없이 나타낸 것이다.

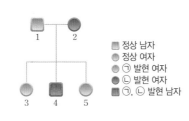

정상 남자
정상 여자
㉠ 발현 여자
㉡ 발현 여자
㉠, ㉡ 발현 남자

구성원	R+t	혈액형
1	?	B형
2	?	AB형
(가)	?	O형
(나)	3	B형
(다)	2	A형

- 구성원 1~5의 핵형은 모두 정상이다.
- 구성원 3과 4 중 한 명은 염색체 수가 비정상적인 정자와 염색체 수가 비정상적인 난자의 수정으로 태어났으며, 이 정자와 난자가 형성될 때 염색체 비분리는 각각 1회 일어났다.

이에 대한 설명으로 옳은 것만을 〈보기〉에서 있는 대로 고른 것은? (단, 제시된 염색체 비분리 이외의 돌연변이와 교차는 고려하지 않으며, R, r, T, t 각각의 1개당 DNA 상대량은 1이다.)

| 보기 |

ㄱ. ㉡은 열성 형질이다.
ㄴ. (다)는 5이다.
ㄷ. 5의 동생이 태어날 때, 이 아이의 ㉠, ㉡, ABO식 혈액형의 표현형이 모두 (나)와 같을 확률은 $\frac{1}{4}$이다.

① ㄱ 　　② ㄴ 　　③ ㄱ, ㄷ 　　④ ㄴ, ㄷ 　　⑤ ㄱ, ㄴ, ㄷ

V 생태계와 상호 작용

✦ 이렇게 출제되었다!

2015 개정 교육과정이 적용된 수능, 평가원, 교육청 기출 문제를 철저히 분석했습니다.

● 단원별 출제 비율

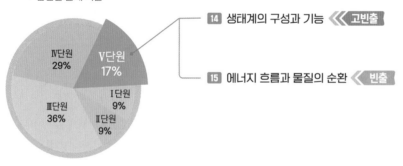

14 생태계의 구성과 기능 《 고빈출

15 에너지 흐름과 물질의 순환 《 빈출

IV단원 29%
V단원 17%
III단원 36%
I단원 9%
II단원 9%

V 생태계와 상호 작용

개체군 구성 요소 사이의 상호 작용 자료를 제시하고, 군집 내 개체군 사이의 상호 작용과 개체군 내 상호 작용의 예시를 비교하는 문제가 자주 출제되었다. 개체군의 생장 곡선에서 환경 저항과 환경 수용력을 묻는 문제도 자주 출제되고 있다. 그 밖에 군집의 천이 과정에서 1차 천이와 2차 천이, 극상을 묻는 문제도 종종 출제되었다. 이 단원의 문제들은 난이도가 높지 않으나 이 중에서는 군집의 조사 방법인 방형구법 관련 문제가 가장 높은 난이도의 문제로 출제되고 있다. 최근에는 총생산량, 순생산량, 호흡량의 관계를 묻는 문제도 자주 출제되고 있다.

✦ 어떻게 공부해야 할까?

14 생태계의 구성과 기능

방형구법이나 천이 과정을 묻는 문제가 자주 출제되므로 방형구법에서 상대 밀도, 상대 빈도, 상대 피도를 계산하고 중요치가 높은 우점종을 확인할 수 있어야 한다. 또한 군집의 천이 과정에서 1차 천이와 2차 천이가 일어나는 과정과 극상에 대해서도 이해하고 있어야 한다. 개체군 내 상호 작용과 군집 내 개체군들 사이의 상호 작용도 확인해 두는 것이 필요하다.

15 에너지 흐름과 물질의 순환

총생산량과 호흡량 등의 관계를 묻는 문제에 대비하기 위해 생산자의 총생산량과 순생산량, 호흡량 사이의 관계를 이해해야 한다. 탄소 순환 과정에서 일어나는 광합성, 세포 호흡과 질소 순환 과정에서 일어나는 질소 고정 작용, 질산화 작용, 탈질소 작용 등에 대해 알아두고, 생태계 내 에너지 흐름을 알고 에너지 효율을 계산할 수 있어야 한다. 또한 생물 다양성을 구성하는 여러 요소들을 확인하고, 어떤 경우에 종 다양성이 높은지 찾는 연습이 필요하다.

생태계의 구성과 기능

1 생태계의 구성

☆빈출
(1) 생태계 구성 요소

생물적 요인	생산자	빛에너지를 이용하여 무기물로부터 유기물을 합성하는 생물 예 식물, 광합성 세균, 조류(식물성 플랑크톤)
	소비자	생산자나 다른 동물을 먹이로 하여 유기물을 얻는 생물 예 동물(초식, 육식)
	분해자	생물의 사체나 배설물에 포함된 유기물을 무기물로 분해하는 생물 예 세균, 버섯, 균류(곰팡이)
비생물적 환경 요인		생물을 둘러싸고 있는 모든 무기 환경 요소 예 빛, 물, 토양, 공기, 온도, 영양염류

(2) 생태계 구성 요소 사이의 상호 관계

① 비생물적 요인이 생물적 요인에 영향을 줌
② 생물적 요인이 비생물적 요인에 영향을 줌
③ 생물적 요인 사이에 서로 영향을 주고받음

2 개체군

(1) **개체군**: 한 지역에서 같이 생활하는 동일한 종의 개체들의 집합

① 생장 곡선: 시간에 따른 개체군 개체 수 변화를 그래프로 나타낸 것

이론적 생장 곡선	이상적인 환경에서 아무 제한 없이 번식할 때 나타나는 생장 곡선 ➡ J자형
실제 생장 곡선	환경 저항으로 인해 일정 수준을 지나면 더 이상 증가하지 않음 ➡ S자형
환경 저항	개체군의 생장을 제한하는 요인 예 먹이 부족, 생활 공간 부족, 노폐물 증가, 천적과 질병의 증가 등
환경 수용력	한 서식지에서 개체 수가 증가할 수 있는 최대치

↑ 생장 곡선

② 생존 곡선: 상대 수명에 따른 생존 개체 수를 그래프로 나타낸 것

Ⅰ형	어릴 때 사망률이 낮고 노년에 사망률이 높음, 적은 자손을 낳아 잘 돌봄 예 사람, 대형 포유류 등
Ⅱ형	대체로 사망률이 일정함 예 소형 포유류, 히드라 등
Ⅲ형	많은 자손을 낳지만 어릴 때 사망률이 높으며 생존한 개체의 사망률은 낮음 예 어류, 굴 등

↑ 생존 곡선

(2) **개체군 내 상호 작용**: 텃세(세력권), 순위제, 리더제, 사회생활, 가족생활

3 군집

(1) **군집**: 일정한 지역 내에서 생활하는 개체군들의 집단

☆고빈출
(2) 군집의 구조 조사: 방형구법

- 식물 군집의 조사 방법 중 하나로, 밀도, 빈도, 피도를 측정함으로써 각 종의 중요치와 우점종을 알아내는 방법
- $밀도 = \dfrac{특정\ 종의\ 개체\ 수}{전체\ 방형구\ 면적}$
- $피도 = \dfrac{특정\ 종의\ 점유\ 면적}{전체\ 방형구\ 면적}$
- $빈도 = \dfrac{특정\ 종이\ 출현한\ 방형구\ 수}{전체\ 방형구\ 수}$
- $상대\ 밀도(\%) = \dfrac{특정\ 종의\ 밀도}{조사한\ 모든\ 종의\ 밀도의\ 합} \times 100$
- $상대\ 빈도(\%) = \dfrac{특정\ 종의\ 빈도}{조사한\ 모든\ 종의\ 빈도의\ 합} \times 100$
- $상대\ 피도(\%) = \dfrac{특정\ 종의\ 피도}{조사한\ 모든\ 종의\ 피도의\ 합} \times 100$
- 중요치 = 상대 밀도 + 상대 빈도 + 상대 피도

① 우점종: 중요치가 높아 군집을 대표할 수 있는 종
② 핵심종: 우점종은 아니지만 군집의 구조에 중요한 역할을 하는 종

☆빈출
(3) 군집의 천이

① 1차 천이: 생물과 토양이 없던 지역에서 시작되는 천이로, 천이가 진행되면서 토양이 깊어지고 양분이 증가

건성 천이	• 건조한 곳에서 시작되는 천이 • 용암 대지 → 지의류(개척자) → 초원 → 관목림 → 양수림 → 혼합림 → 음수림(극상)
습성 천이	• 연못, 호수와 같이 수분이 많은 곳에서 시작되는 천이 • 빈영양호(호소) → 부영양호 → 습원 → 초원 → 관목림 → 양수림 → 혼합림 → 음수림(극상)

② 2차 천이: 산불이나 벌목, 산사태 등에 의해 파괴된 곳에서 시작되는 천이로 토양과 양분이 충분해서 주로 초본이 개척자로 들어와 초원에서부터 다시 시작

초원 → 관목림 → 양수림 → 혼합림 → 음수림(극상)

(4) **군집 내 개체군의 상호 작용**: 종간 경쟁, 분서(생태 지위 분화), 공생, 기생, 포식과 피식

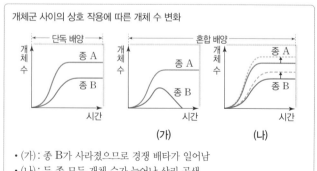

개체군 사이의 상호 작용에 따른 개체 수 변화

- (가): 종 B가 사라졌으므로 경쟁 배타가 일어남
- (나): 두 종 모두 개체 수가 늘어난 상리 공생

대표 기출 문제

213

그림은 생태계를 구성하는 요소 사이의 상호 관계를 나타낸 것이고, 표는 습지에 서식하는 식물 종 X에 대한 자료이다.

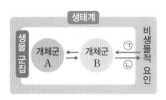

○ ⓐ X는 그늘을 만들어 수분 증발을 감소시켜 토양 속 염분 농도를 낮춘다.
○ X는 습지의 토양 성분을 변화시켜 습지에 서식하는 생물의 ⓑ 종 다양성을 높인다.

이에 대한 설명으로 옳은 것만을 〈보기〉에서 있는 대로 고른 것은? [3점]

| 보기 |
ㄱ. X는 생물 군집에 속한다.
ㄴ. ⓐ는 ㉠에 해당한다.
ㄷ. ⓑ는 동일한 생물종이라도 형질이 각 개체 간에 다르게 나타나는 것을 의미한다.

① ㄱ　　② ㄴ　　③ ㄷ　　④ ㄱ, ㄴ　　⑤ ㄱ, ㄷ

214

다음은 어떤 지역의 식물 군집에서 우점종을 알아보기 위한 탐구이다.

(가) 이 지역에 방형구를 설치하여 식물 종 A~E의 분포를 조사했다. 표는 조사한 자료 중 A~E의 개체 수와 A~E가 출현한 방형구 수를 나타낸 것이다.

구분	A	B	C	D	E
개체 수	96	48	18	48	30
출현한 방형구 수	22	20	10	16	12

(나) 표는 A~E의 분포를 조사한 자료를 바탕으로 각 식물 종의 ㉠~㉢을 구한 결과를 나타낸 것이다. ㉠~㉢은 상대 밀도, 상대 빈도, 상대 피도를 순서 없이 나타낸 것이다.

구분	A	B	C	D	E
㉠(%)	27.5	?	ⓐ	20	15
㉡(%)	40	?	7.5	20	12.5
㉢(%)	36	17	13	?	10

이 자료에 대한 설명으로 옳은 것만을 〈보기〉에서 있는 대로 고른 것은? (단, A~E 이외의 종은 고려하지 않는다.) [3점]

| 보기 |
ㄱ. ⓐ는 12.5이다.
ㄴ. 지표를 덮고 있는 면적이 가장 작은 종은 E이다.
ㄷ. 우점종은 A이다.

① ㄱ　　② ㄴ　　③ ㄱ, ㄷ　　④ ㄴ, ㄷ　　⑤ ㄱ, ㄴ, ㄷ

215

상 중 **하**

그림은 생태계 구성 요소 사이의 상호 관계와 물질 이동의 일부를 나타낸 것이다. A와 B는 분해자와 소비자를 순서 없이 나타낸 것이며, 초식동물은 A에 속한다.

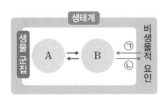

이에 대한 설명으로 옳은 것만을 〈보기〉에서 있는 대로 고른 것은?

| 보기 |
ㄱ. B는 무기물로부터 유기물을 합성한다.
ㄴ. 노루가 가을에 번식하는 것은 ⓒ의 예에 해당한다.
ㄷ. 사람의 활동으로 수질이 오염되는 것은 A가 비생물적 요인에 영향을 미치는 예이다.

① ㄱ　　② ㄷ　　③ ㄱ, ㄴ　　④ ㄱ, ㄷ　　⑤ ㄴ, ㄷ

216

상 중 **하**

그림은 생태계 구성 요소 사이의 상호 관계와 물질 이동의 일부를, 표는 상호 관계 (가)와 (나)의 예를 나타낸 것이다. A와 B는 생산자와 소비자를 순서 없이, (가)와 (나)는 ⊙과 ⓒ을 순서 없이 나타낸 것이다.

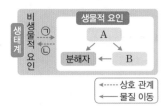

구분	예
(가)	ⓐ 지렁이에 의해 토양의 통기성이 증가한다.
(나)	?

이에 대한 설명으로 옳은 것만을 〈보기〉에서 있는 대로 고른 것은?

| 보기 |
ㄱ. ⓐ는 A에 속한다.
ㄴ. 같은 지역에 서식하는 A와 B는 하나의 군집을 구성한다.
ㄷ. 선인장의 잎이 가시로 변한 것은 (나)의 예에 해당한다.

① ㄱ　　② ㄴ　　③ ㄱ, ㄷ　　④ ㄴ, ㄷ　　⑤ ㄱ, ㄴ, ㄷ

217 | 신유형 |

상 중 **하**

표는 환경과 생물의 상호 작용 ⊙~ⓒ을, 그림은 수심에 따른 해조류의 수직 분포를 나타낸 것이다. 동물 ⓐ와 ⓑ는 각각 사막여우와 북극여우 중 하나이다.

구분	상호 작용
⊙	국화는 가을에 꽃이 핀다.
ⓒ	선인장은 줄기에 저수 조직이 발달해 있다.
ⓒ	ⓐ는 ⓑ보다 몸집에 비해 귀와 꼬리가 짧다.

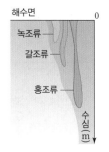

이에 대한 설명으로 옳은 것만을 〈보기〉에서 있는 대로 고른 것은?

| 보기 |
ㄱ. ⓐ는 북극여우이다.
ㄴ. ⊙과 그림은 모두 빛이 생물에 영향을 미친 예이다.
ㄷ. ⓒ과 ⓒ은 모두 비생물적 요인이 생물적 요인에 영향을 미친 예에 해당한다.

① ㄱ　　② ㄴ　　③ ㄱ, ㄷ　　④ ㄴ, ㄷ　　⑤ ㄱ, ㄴ, ㄷ

218

상 중 **하**

그림은 생태계를 구성하는 요소 사이의 상호 관계를 나타낸 것이다.

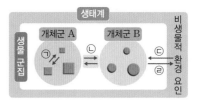

이에 대한 설명으로 옳은 것만을 〈보기〉에서 있는 대로 고른 것은?

| 보기 |
ㄱ. 여왕벌과 일벌의 역할이 다른 것은 ⊙의 예에 해당한다.
ㄴ. 홍조류가 녹조류보다 깊은 수심까지 서식하는 것은 ⓒ의 예에 해당한다.
ㄷ. 고산 지대에 사는 사람의 적혈구 수가 평지에 사는 사람보다 많은 것은 ⓒ의 예에 해당한다.

① ㄱ　　② ㄴ　　③ ㄱ, ㄷ　　④ ㄴ, ㄷ　　⑤ ㄱ, ㄴ, ㄷ

219

상 중 하

그림 (가)는 생태계 구성 요소 사이의 상호 관계를, (나)는 어떤 하천에서 서식하는 은어의 활동 범위를 나타낸 것이다.

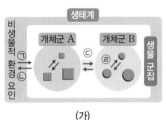 

(가)   (나)

이에 대한 설명으로 옳은 것만을 〈보기〉에서 있는 대로 고른 것은?

| 보기 |

ㄱ. 개체군 A는 여러 종으로 구성되어 있다.
ㄴ. (나)는 ⊙~㉣ 중 ㉢의 예에 해당한다.
ㄷ. 식물의 광합성으로 공기의 산소 농도가 높아지는 것은 ⊙의 예에 해당한다.

① ㄱ ② ㄷ ③ ㄱ, ㄴ ④ ㄴ, ㄷ ⑤ ㄱ, ㄴ, ㄷ

220

상 중 하

그림은 어떤 개체군이 서로 다른 조건 A와 B에서 서식할 때 시간에 따른 개체 수를 나타낸 것이다.

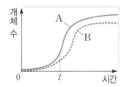

이 개체군에 대한 설명으로 옳은 것만을 〈보기〉에서 있는 대로 고른 것은? (단, 이입과 이출은 고려하지 않는다.)

| 보기 |

ㄱ. 환경 수용력은 A와 B에서 같다.
ㄴ. A에서가 B에서보다 환경 저항을 많이 받는다.
ㄷ. t일 때 개체군의 생장 속도는 A에서가 B에서보다 빠르다.

① ㄱ ② ㄷ ③ ㄱ, ㄴ ④ ㄱ, ㄷ ⑤ ㄴ, ㄷ

221

상 중 하

표는 개체군 내 상호 작용 (가)~(다)의 예를 나타낸 것이다. (가)~(다)는 텃세, 순위제, 리더제를 순서 없이 나타낸 것이다.

구분	예
(가)	곰은 앞발의 발톱으로 나무나 기둥을 긁어 자신의 영역을 표시한다.
(나)	기러기는 V자 모양으로 무리를 지어 비행하며, 이때 ⊙ 가장 앞에서 비행하는 개체가 있다.
(다)	㉡

이에 대한 설명으로 옳은 것만을 〈보기〉에서 있는 대로 고른 것은?

| 보기 |

ㄱ. (가)는 텃세이다.
ㄴ. ⊙은 뒤따라 오는 개체들에게 길을 안내해 준다.
ㄷ. '닭은 가장 덩치가 크고 힘이 센 개체부터 시작해 모이를 쪼는 순서가 정해져 있다.'는 ㉡에 해당한다.

① ㄱ ② ㄴ ③ ㄱ, ㄷ ④ ㄴ, ㄷ ⑤ ㄱ, ㄴ, ㄷ

222

상 중 하

다음은 종 사이의 상호 작용에 대한 자료이다. (가)와 (나)는 경쟁의 예와 상리 공생의 예를 순서 없이 나타낸 것이다.

(가) 같은 곳에 서식하던 애기짚신벌레와 짚신벌레 중 애기짚신벌레만 살아남았다.
(나) ⓐ 흰동가리는 ⓑ 말미잘에게 먹이를 유인해 주고, 말미잘은 흰동가리에게 은신처를 제공한다.

이에 대한 설명으로 옳은 것만을 〈보기〉에서 있는 대로 고른 것은?

| 보기 |

ㄱ. (가)에서 경쟁 배타 원리가 적용되었다.
ㄴ. (나)에서 ⓐ와 ⓑ는 모두 상호 작용을 통해 이익을 얻는다.
ㄷ. 상호 작용하는 ⓐ와 ⓑ는 서로 다른 군집을 구성한다.

① ㄱ ② ㄷ ③ ㄱ, ㄴ ④ ㄴ, ㄷ ⑤ ㄱ, ㄴ, ㄷ

223 　상 중 하

그림 (가)와 (나)는 포식과 피식 관계에 있는 개체군 A와 B의 개체 수 변화를 나타낸 것이다. (가)와 (나) 중 하나는 A와 B를 따로 배양했을 때이고, 나머지 하나는 A와 B를 같이 배양했을 때를 나타낸 것이다.

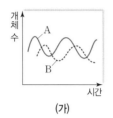 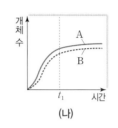

이에 대한 설명으로 옳은 것만을 〈보기〉에서 있는 대로 고른 것은? (단, 이입과 이출은 고려하지 않는다.)

| 보기 |

ㄱ. A는 포식자이다.
ㄴ. (가)는 A와 B를 같이 배양했을 때를 나타낸 것이다.
ㄷ. (나)의 t_1일 때 A와 B에서 각각 출생률과 사망률이 서로 같다.

① ㄱ　② ㄴ　③ ㄷ　④ ㄱ, ㄴ　⑤ ㄴ, ㄷ

224 | 신유형 |　상 중 하

그림은 종 A와 B를 혼합 배양할 때 시간에 따른 개체 수를, 표는 군집 내 개체군 사이의 상호 작용 ㉠~㉢에서 두 종 Ⅰ과 Ⅱ가 받는 영향을 나타낸 것이다. N은 A와 B를 단독 배양할 때의 환경 수용력이며, A와 B 사이의 상호 작용은 ㉠과 ㉡ 중 하나이다. ⓐ와 ⓑ는 '이익'과 '손해'를 순서 없이 나타낸 것이다.

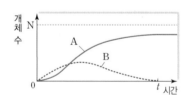

상호 작용	종 Ⅰ	종 Ⅱ
㉠	ⓐ	ⓐ
㉡	ⓐ	ⓑ
㉢	ⓑ	ⓑ

이에 대한 설명으로 옳은 것만을 〈보기〉에서 있는 대로 고른 것은? (단, 이입과 이출은 고려하지 않는다.)

| 보기 |

ㄱ. 상리 공생은 ㉢에 해당한다.
ㄴ. t일 때 A는 환경 저항을 받지 않는다.
ㄷ. 스라소니와 눈신토끼 사이에서 ㉡이 일어날 때, 스라소니는 종 Ⅰ에 해당한다.

① ㄱ　② ㄴ　③ ㄱ, ㄷ　④ ㄴ, ㄷ　⑤ ㄱ, ㄴ, ㄷ

225 | 신유형 |　상 중 하

(가)는 사람과 대장균의 상호 작용에 대한 자료를, (나)는 종 사이의 상호 작용을 나타낸 것이다. Ⅰ과 Ⅱ는 경쟁과 상리 공생을 순서 없이, ⓐ와 ⓑ는 '손해'와 '이익'을 순서 없이 나타낸 것이다.

사람의 대장에 서식하는 세균 ㉠은 바이타민을 생산하여 사람에게 공급하고, 사람은 ㉠에게 영양소와 서식 장소를 제공한다.

(가)

구분	종 1	종 2
Ⅰ	ⓐ	손해
Ⅱ	ⓑ	?

(나)

이에 대한 설명으로 옳은 것만을 〈보기〉에서 있는 대로 고른 것은?

| 보기 |

ㄱ. (가)의 상호 작용은 Ⅱ의 예에 해당한다.
ㄴ. (가)에서 사람과 ㉠은 하나의 개체군을 이룬다.
ㄷ. 기생충과 숙주의 상호 작용에서 숙주가 받는 영향은 ⓑ이다.

① ㄱ　② ㄷ　③ ㄱ, ㄴ　④ ㄱ, ㄷ　⑤ ㄴ, ㄷ

226 | 신유형 |　상 중 하

표 (가)는 생물 사이의 상호 작용 A~D에서 특징 ㉠~㉢의 유무를, (나)는 ㉠~㉢ 중 2가지를 순서 없이 나타낸 것이다. A~D는 텃세, 순위제, 상리 공생, 포식과 피식을 순서 없이 나타낸 것이다.

구분	㉠	㉡	㉢
A	×	○	×
B	○	×	×
C	×	×	×
D	○	×	○

(○: 있음, ×: 없음)

(가)

㉠~㉢ 중 2가지

○ 개체군 내에서 일어난다.
○ 상호 작용하는 두 개체군이 모두 이익을 얻는다.

(나)

이에 대한 설명으로 옳은 것만을 〈보기〉에서 있는 대로 고른 것은?

| 보기 |

ㄱ. 은어의 세력권은 C의 예에 해당한다.
ㄴ. 개미와 진딧물 사이에서 A가 일어난다.
ㄷ. '힘의 강약에 따라 서열이 정해진다.'는 ㉠~㉢ 중 (나)에 없는 특징으로 가능하다.

① ㄱ　② ㄷ　③ ㄱ, ㄴ　④ ㄴ, ㄷ　⑤ ㄱ, ㄴ, ㄷ

227

상 중 하

그림은 산불이 난 지역의 식물 군집 (가)에서 일어난 천이 과정을, 표는 이 과정 중 C의 식물 군집에서 종 Ⅰ과 Ⅱ를 조사한 결과를 나타낸 것이다. A~C는 음수림, 양수림, 초원을 순서 없이 나타낸 것이고, Ⅰ과 Ⅱ 중 하나는 양수에 속하고, 다른 하나는 음수에 속한다.

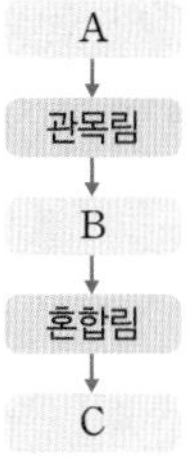

A → 관목림 → B → 혼합림 → C

(단위 : %)

구분	Ⅰ	Ⅱ
상대 밀도	34	18
상대 빈도	36	20
상대 피도	42	24

이에 대한 설명으로 옳은 것만을 〈보기〉에서 있는 대로 고른 것은? (단, 주어진 자료 이외는 고려하지 않는다.)

| 보기 |

ㄱ. A는 초원이다.

ㄴ. Ⅰ은 양수에 속한다.

ㄷ. (가)에서 일어난 천이는 1차 천이이다.

① ㄱ ② ㄴ ③ ㄷ ④ ㄱ, ㄴ ⑤ ㄴ, ㄷ

228 | 신유형 |

상 중 하

표 (가)는 어떤 지역의 식물 군집을 조사한 결과를 나타낸 것이고, (나)는 종 ⓐ에 대한 자료이다. ⊙~ⓒ은 서로 다르며, 각각 밀도, 빈도, 상대 빈도(%), 상대 피도(%) 중 하나이다.

종	개체 수	⊙	ⓒ
A	154	0.6	x
B	133	0.6	52
C	63	0.3	8

(가)

어떤 군집의 ⓐ는 중요치가 가장 높은 종이며, 각 종의 중요치는 상대 밀도, ⓒ, ⓒ을 더한 값이다.

(나)

이에 대한 설명으로 옳은 것만을 〈보기〉에서 있는 대로 고른 것은? (단, A~C 이외의 종은 고려하지 않는다.)

| 보기 |

ㄱ. ⓐ는 희소종이다.

ㄴ. C의 ⓒ은 $\frac{x}{2}$ %이다.

ㄷ. 이 식물 군집의 ⓐ는 A이다.

① ㄱ ② ㄴ ③ ㄱ, ㄷ ④ ㄴ, ㄷ ⑤ ㄱ, ㄴ, ㄷ

229 | 신유형 |

상 중 하

표는 방형구법을 이용하여 어떤 지역의 식물 군집을 두 시점 t_1과 t_2일 때 조사한 결과를 나타낸 것이다. ⊙~ⓒ은 각각 상대 빈도(%), 상대 피도(%), 중요치를 순서 없이 나타낸 것이다. t_1일 때 D의 중요치는 A의 상대 빈도(%)의 5배이다.

시점	종	개체 수	⊙	ⓒ	ⓒ
t_1	A	?	?	w	30
	B	76	20	?	25
	C	28	20	49	15
	D	60	x	?	?
t_2	A	?	?	?	y
	B	66	x	?	39
	C	12	20	54	24
	D	z	?	?	37

이에 대한 설명으로 옳은 것만을 〈보기〉에서 있는 대로 고른 것은? (단, A~D 이외의 종은 고려하지 않는다.)

| 보기 |

ㄱ. $w+x+y+z=150$이다.

ㄴ. t_1과 t_2일 때 우점종은 모두 D이다.

ㄷ. t_1일 때 개체당 지표를 덮고 있는 평균 면적은 A가 B보다 넓다.

① ㄱ ② ㄴ ③ ㄱ, ㄷ ④ ㄴ, ㄷ ⑤ ㄱ, ㄴ, ㄷ

에너지 흐름과 물질의 순환

1 물질 순환과 에너지 흐름

☆ 빈출 (1) 물질의 생산과 소비

① 총생산량 : 생산자가 광합성으로 생산한 유기물의 총량

② 순생산량＝총생산량－호흡량

③ 생장량＝순생산량－(피식량＋고사·낙엽량)

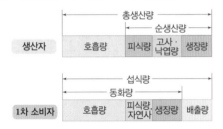

(2) 탄소 순환

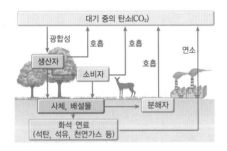

생물적 요인에 의한 탄소 순환	• 생산자는 CO_2를 광합성에 사용하여 유기물을 합성하고 유기물 속 탄소는 먹이 사슬을 통해 소비자에게 전달 • 유기물의 일부는 생산자, 소비자, 분해자의 호흡에 의해 분해되어 CO_2의 형태로 방출 • 배설물이나 동식물의 사체에 있는 유기물은 분해자에 의해 분해되어 CO_2의 형태로 방출
연소에 의한 탄소 순환	• 분해되지 않은 사체는 퇴적되어 화석 연료가 되었다가 연소에 의해 CO_2의 형태로 방출 • 화석 연료의 연소는 지구 온난화의 원인이 됨

☆ 고빈출 (3) 질소 순환

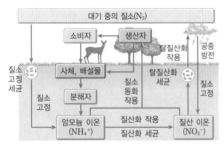

질소 고정	질소 고정 세균이나 공중 방전에 의해 질소 기체가 식물이 이용할 수 있는 암모늄 이온이나 질산 이온이 되는 과정
질산화 작용	암모늄 이온이 질산 이온으로 전환되는 과정
질소 동화 작용	식물이 토양 속의 암모늄 이온이나 질산 이온 등을 흡수하여 단백질, 핵산 등의 질소 화합물을 합성하는 작용
탈질산화 작용	토양 속 질산 이온의 일부는 탈질산화 세균에 의해 질소 기체가 되어 대기 중으로 돌아감

(4) 에너지 흐름과 에너지 효율

① 에너지 흐름

• 생태계 에너지의 근원 : 태양의 빛에너지

• 빛에너지는 광합성 작용에 의해 화학 에너지로 전환되어 유기물에 저장된 후 먹이 사슬을 따라 이동

☆ 빈출 ② 에너지 효율 : 하위 영양 단계에서 다음 영양 단계로 이동하는 에너지 비율로, 상위 영양 단계로 갈수록 에너지 효율이 높아지는 경향이 있음

호수 생태계에서의 에너지 흐름

• 에너지 효율＝$\dfrac{\text{현 영양 단계가 보유한 에너지 총량}}{\text{전 영양 단계가 보유한 에너지 총량}} \times 100$

영양 단계	에너지 효율
생산자	$\left(\dfrac{20,810}{1,700,000}\right) \times 100 ≒ 1.2\,\%$
1차 소비자	$\left(\dfrac{3,021}{20,810}\right) \times 100 ≒ 14.5\,\%$
2차 소비자	$\left(\dfrac{505}{3,021}\right) \times 100 ≒ 16.7\,\%$
3차 소비자	$\left(\dfrac{128}{505}\right) \times 100 ≒ 25.3\,\%$

(5) 생태 피라미드

① 먹이 사슬에서 각 영양 단계에 속하는 생물의 개체 수, 생물량(생체량), 에너지양 등을 하위 영양 단계에서부터 쌓아올렸을 때 피라미드 형태가 되는 것을 생태 피라미드라고 함

② 일반적으로 상위 영양 단계로 갈수록 개체 수, 생물량(생체량), 에너지양은 감소 ➡ 각 영양 단계에서 전달받은 에너지의 일부는 생명 활동에 필요한 에너지로 소비되거나 열에너지로 방출되고 남은 에너지만 상위 영양 단계로 전달되기 때문

2 생물 다양성

유전적 다양성	같은 종이라도 서로 다른 유전자를 가지고 있어 다양한 형질이 발현되는 것 ⑩ 같은 종의 무당벌레라도 유전자의 차이로 인해 껍데기의 무늬와 색깔이 다름
종 다양성	한 지역 내에 존재하는 생물종의 다양한 정도
생태계 다양성	지구상에 존재하는 생태계의 다양한 정도

대표 기출 문제

230

그림 (가)는 어떤 식물 군집에서 총생산량, 순생산량, 생장량의 관계를, (나)는 이 식물 군집에서 시간에 따른 A와 B를 나타낸 것이다. A와 B는 총생산량과 호흡량을 순서 없이 나타낸 것이다.

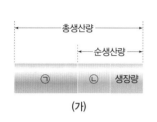

(가)

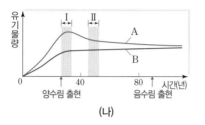

(나)

이에 대한 설명으로 옳은 것만을 〈보기〉에서 있는 대로 고른 것은?

| 보기 |

ㄱ. B는 ⓒ에 해당한다.
ㄴ. 구간 Ⅰ에서 이 식물 군집은 극상을 이룬다.
ㄷ. 구간 Ⅱ에서 순생산량은 시간에 따라 감소한다.

① ㄱ ② ㄴ ③ ㄷ ④ ㄱ, ㄴ ⑤ ㄱ, ㄷ

교육청 기출

✎ **문항 분석**
식물 군집의 총생산량은 호흡량과 순생산량을 더한 유기물량이라는 것을 파악해야 한다.

✎ **꼭 기억해야 할 개념**
1. 총생산량은 호흡량과 순생산량을 더한 유기물량이다.
2. 순생산량은 총생산량에서 호흡량을 뺀 유기물량이며, 피식량, 고사·낙엽량, 생장량으로 구성된다.
3. 극상은 식물 군집의 천이 과정에서 마지막 단계에 나타나는 안정된 상태를 의미한다.

✎ **선지별 선택 비율**

①	②	③	④	⑤
6 %	7 %	64 %	14 %	9 %

231

표는 생태계의 물질 순환 과정 (가)와 (나)에서 특징의 유무를 나타낸 것이다. (가)와 (나)는 질소 순환 과정과 탄소 순환 과정을 순서 없이 나타낸 것이다.

물질 순환 과정 특징	(가)	(나)
토양 속의 ⊙ 암모늄 이온(NH_4^+)이 질산 이온(NO_3^-)으로 전환된다.	×	○
식물의 광합성을 통해 대기 중의 이산화 탄소(CO_2)가 유기물로 합성된다.	○	×
ⓐ	○	○

(○ : 있음, × : 없음)

이에 대한 설명으로 옳은 것만을 〈보기〉에서 있는 대로 고른 것은? [3점]

| 보기 |

ㄱ. (나)는 탄소 순환 과정이다.
ㄴ. 질산화 세균은 ⊙에 관여한다.
ㄷ. '물질이 생산자에서 소비자로 먹이 사슬을 따라 이동한다.'는 ⓐ에 해당한다.

① ㄱ ② ㄷ ③ ㄱ, ㄴ ④ ㄴ, ㄷ ⑤ ㄱ, ㄴ, ㄷ

수능 기출

✎ **문항 분석**
질소 순환 과정에서 암모늄 이온(NH_4^+)이 질산 이온(NO_3^-)으로 전환되는 반응이 일어나고, 탄소 순환 과정에서 이산화 탄소(CO_2)가 유기물로 합성되는 반응이 일어난다는 것을 파악해야 한다.

✎ **꼭 기억해야 할 개념**
1. 질소 순환은 질소 고정($N_2 \rightarrow NH_4^+$ 또는 NO_3^-), 질산화 작용($NH_4^+ \rightarrow NO_3^-$), 탈질산화 작용($NO_3^- \rightarrow N_2$) 등으로 이루어져 있다.
2. 영양 단계를 따라 일어나는 먹고 먹히는 과정을 통해 탄소와 질소가 유기물의 형태로 이동한다.

✎ **선지별 선택 비율**

①	②	③	④	⑤
2 %	3 %	3 %	85 %	7 %

232

상 중 하

그림 (가)는 어떤 생태계의 에너지 피라미드를, (나)는 이 생태계의 유기물량을 나타낸 것이다. A~D는 각각 생산자, 1차 소비자, 2차 소비자, 3차 소비자 중 하나이다.

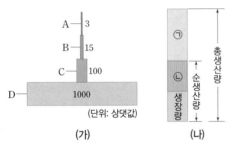

(가)　　　　　(나)

이 생태계에 대한 설명으로 옳은 것만을 〈보기〉에서 있는 대로 고른 것은?

| 보기 |

ㄱ. ⓒ은 D의 호흡량이다.
ㄴ. ⑤에는 C에서 B로 이동하는 에너지가 포함되어 있다.
ㄷ. 2차 소비자의 에너지 효율은 1차 소비자의 에너지 효율의 1.5배이다.

① ㄱ　　② ㄷ　　③ ㄱ, ㄴ　　④ ㄱ, ㄷ　　⑤ ㄴ, ㄷ

233

상 중 하

그림은 어떤 생태계에서 시간에 따른 유기물량 A와 B를, 표는 생태계 Ⅰ~Ⅲ에서 A와 호흡량을 나타낸 것이다. A와 B는 각각 생산자의 생장량과 순생산량을 순서 없이 나타낸 것이다.

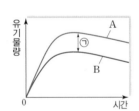

(단위: 상댓값)

생태계	A	호흡량
Ⅰ	6	4.5
Ⅱ	7.5	3
Ⅲ	9	1.5

이에 대한 설명으로 옳은 것만을 〈보기〉에서 있는 대로 고른 것은?

| 보기 |

ㄱ. A는 순생산량이다.
ㄴ. ⑤에 생산자에서 1차 소비자로 이동하는 에너지양이 포함된다.
ㄷ. Ⅰ~Ⅲ 생태계 중 생산자가 합성한 유기물의 총량은 Ⅲ에서 가장 많다.

① ㄱ　　② ㄷ　　③ ㄱ, ㄴ　　④ ㄴ, ㄷ　　⑤ ㄱ, ㄴ, ㄷ

234

| 신유형 |

상 중 하

다음은 어떤 생태계에 대한 자료이다. ㄱ~ⓒ은 생산자의 호흡량, 순생산량, 총생산량을 순서 없이 나타낸 것이다.

○ 표는 시점 t_1~t_3일 때 $\dfrac{\text{ⓒ}}{\text{㉠}}$을 나타낸 것이다.

시점	t_1	t_2	t_3
$\dfrac{\text{ⓒ}}{\text{㉠}}$	3.6	4.6	5.6

○ ⓒ과 ⓒ에 모두 1차 소비자의 호흡량이 포함되어 있으며, t_1일 때 ⓒ은 ⓒ보다 크다.
○ t_1, t_2, t_3일 때 ⓒ은 모두 서로 같다.

이에 대한 설명으로 옳은 것만을 〈보기〉에서 있는 대로 고른 것은?

| 보기 |

ㄱ. ㉠은 생산자의 호흡량이다.
ㄴ. 생산자의 생장량은 ⓒ과 ⓒ에 모두 포함된다.
ㄷ. 총생산량은 t_1일 때가 t_3일 때보다 많다.

① ㄱ　　② ㄷ　　③ ㄱ, ㄴ　　④ ㄴ, ㄷ　　⑤ ㄱ, ㄴ, ㄷ

235

상 중 하

그림 (가)와 (나) 중 하나는 탄소 순환에서, 다른 하나는 질소 순환에서 세균 A~C가 관여하여 일어나는 물질 이동의 일부를 나타낸 것이다.

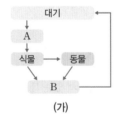
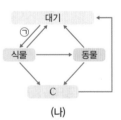

(가)　　　　　(나)

이에 대한 설명으로 옳은 것만을 〈보기〉에서 있는 대로 고른 것은?

| 보기 |

ㄱ. 탈질소 세균은 A에 해당한다.
ㄴ. 광합성에 의해 ㉠이 일어난다.
ㄷ. B와 C에 모두 해당하는 세균 중에 단백질을 NH_4^+으로 분해하는 세균이 있다.

① ㄱ　　② ㄴ　　③ ㄱ, ㄷ　　④ ㄴ, ㄷ　　⑤ ㄱ, ㄴ, ㄷ

236

상 중 **하**

그림은 생태계에서 일어나는 질소 순환 과정의 일부를, 표는 세균 (가)에 대한 설명을 나타낸 것이다. ㉠과 ㉡은 NO_3^-과 NH_4^+을 순서 없이 나타낸 것이다.

@ (가)는 N_2를 ㉠으로 전환시켜 토양의 ㉠ 농도를 증가시킨다.

이에 대한 설명으로 옳은 것만을 〈보기〉에서 있는 대로 고른 것은?

| 보기 |

ㄱ. (가)는 질소 고정 세균에 해당한다.
ㄴ. @는 생물이 비생물적 요인에 영향을 미치는 예에 해당한다.
ㄷ. 질소 순환에서 탈질소 작용에 의해 ㉡이 N_2로 전환된다.

① ㄱ   ② ㄴ   ③ ㄱ, ㄷ   ④ ㄴ, ㄷ   ⑤ ㄱ, ㄴ, ㄷ

237 | 신유형 |

상 중 **하**

표는 면적이 같은 지역 (가)와 (나)에 서식하는 식물 종 A~D의 ㉠과 ㉡을 나타낸 것이다. ㉠과 ㉡은 개체 수와 상대 빈도(%)를 순서 없이 나타낸 것이다. (가)에서 A와 C의 상대 밀도는 같고, A~D의 피도는 모두 같다. 대기가 오염될수록 C의 개체 수는 감소한다.

종	㉠	㉡
A	24	24
B	28	?
C	x	24
D	x	21

(가)

종	㉠	㉡
A	21	?
B	16	12
C	12	24
D	$4x$	10

(나)

이에 대한 설명으로 옳은 것만을 〈보기〉에서 있는 대로 고른 것은? (단, A~D 이외의 종은 고려하지 않는다.)

| 보기 |

ㄱ. (가)에서 우점종은 C이다.
ㄴ. 대기의 오염도는 (가)에서가 (나)에서보다 낮다.
ㄷ. 식물의 종 다양성은 (가)에서가 (나)에서보다 낮다.

① ㄱ   ② ㄴ   ③ ㄷ   ④ ㄱ, ㄴ   ⑤ ㄴ, ㄷ

238

상 중 **하**

표는 생물 다양성의 구성 요소 (가)~(다)의 예를 나타낸 것이다. (가)~(다)는 유전적 다양성, 종 다양성, 생태계 다양성을 순서 없이 나타낸 것이다.

구분	사례
(가)	옐로우스톤 국립공원에는 강, 호수, 숲, 협곡, 대초원 등이 곳곳에 존재한다.
(나)	비무장지대에는 2,000여종의 동식물이 서식하며, 81종의 멸종 위기종과 보호종이 있다.
(다)	1850년대 아일랜드에서는 ㉠ 재배 중인 감자의 대부분이 감자 잎마름병에 대한 저항성이 없어 이 병에 감염되어 썩는 일이 발생했다.

이에 대한 설명으로 옳은 것만을 〈보기〉에서 있는 대로 고른 것은?

| 보기 |

ㄱ. (가)는 생태계 다양성이다.
ㄴ. (나)가 높은 생태계일수록 안정적으로 유지된다.
ㄷ. ㉠은 재배 중인 감자 개체군의 (다)가 높았기 때문에 나타난 현상이다.

① ㄱ   ② ㄷ   ③ ㄱ, ㄴ   ④ ㄴ, ㄷ   ⑤ ㄱ, ㄴ, ㄷ

239

상 중 **하**

다음은 생물 다양성과 관련된 자료이다.

강화도 남단은 매년 ㉠ 많은 수의 물떼새, 오리, 기러기 등이 찾아오는 중요한 지역이다. 또한 이 곳은 천연기념물인 저어새가 번식지로 이용하는 보호 대상 지역이다. 이 곳의 저어새 개체 수는 2000년에 200마리까지 관찰됐다. 그러나 ㉡ 양식장 개발, 불법 포획 등으로 인해 저어새의 서식 환경이 악화되고 있으므로 ㉢ 국립공원 지정 등 대책 마련을 서둘러야 한다.

이에 대한 설명으로 옳은 것만을 〈보기〉에서 있는 대로 고른 것은?

| 보기 |

ㄱ. ㉠은 종 다양성의 예에 해당한다.
ㄴ. ㉡은 생물 다양성을 감소시키는 요인이 될 수 있다.
ㄷ. ㉢은 생물 다양성을 보전하기 위한 노력에 해당한다.

① ㄱ   ② ㄴ   ③ ㄱ, ㄷ   ④ ㄴ, ㄷ   ⑤ ㄱ, ㄴ, ㄷ

240 | 상 중 하 |

그림은 생태계 구성 요소 사이의 상호 관계와 에너지 이동의 일부를 나타낸 것이다. A와 B는 생산자와 소비자를 순서 없이 나타낸 것이며, ⓐ는 에너지양이다.

이에 대한 설명으로 옳은 것만을 〈보기〉에서 있는 대로 고른 것은?

──── | 보기 | ────
ㄱ. A와 B는 하나의 개체군을 구성한다.
ㄴ. ⓐ는 총생산량과 순생산량에 모두 포함된다.
ㄷ. 천이 과정에서 지의류에 의해 토양의 형성이 촉진되는 것은 ㉠에 해당한다.

① ㄱ   ② ㄴ   ③ ㄷ   ④ ㄱ, ㄴ   ⑤ ㄴ, ㄷ

241 | 개념 통합 | | 상 중 하 |

표는 (가)~(다)에 의한 생물과 환경의 상호 관계 예를, 그림은 어떤 참나무의 위쪽과 아래쪽에 있는 잎을 나타낸 것이다. (가)~(다)는 빛, 물, 온도를 순서 없이 나타낸 것이다. ㉠과 ㉡은 각각 사막여우와 북극여우 중 하나이고, 생물 ㉢과 ㉣은 각각 녹조류와 홍조류 중 하나이다.

요소	상호 관계 사례
(가)	㉠은 ㉡보다 몸집에 비해 귀와 꼬리가 길다.
(나)	㉢은 ㉣보다 수심이 깊은 곳까지 분포한다.
(다)	파충류의 알이 단단한 껍질로 싸여 있다.

위쪽 잎   아래쪽 잎

이에 대한 설명으로 옳은 것만을 〈보기〉에서 있는 대로 고른 것은?

──── | 보기 | ────
ㄱ. ㉠은 사막여우이고, ㉢은 홍조류이다.
ㄴ. (가)~(다) 중 그림과 가장 관련이 깊은 환경 요소는 (다)이다.
ㄷ. 숲에 나무가 우거지면 지표에 도달하는 빛의 세기가 감소하는 것은 (나)가 생물에 영향을 미친 예이다.

① ㄱ   ② ㄷ   ③ ㄱ, ㄴ   ④ ㄱ, ㄷ   ⑤ ㄴ, ㄷ

242 | 개념 통합 | | 상 중 하 |

그림은 생태계를 구성하는 요소 사이의 상호 관계를, 표는 상호 관계 (가)~(다)의 예를 나타낸 것이다. (가)~(다)는 ㉠~㉢을 순서 없이 나타낸 것이다.

구분	예
(가)	국화가 가을에 개화한다.
(나)	세균 ⓐ가 NH_4^+을 콩과식물에게 공급한다.
(다)	?

이에 대한 설명으로 옳은 것만을 〈보기〉에서 있는 대로 고른 것은?

──── | 보기 | ────
ㄱ. (가)는 ㉡이다.
ㄴ. 뿌리혹박테리아는 ⓐ에 해당한다.
ㄷ. 지렁이에 의해 토양이 비옥해지는 것은 것은 (다)의 예에 해당한다.

① ㄱ   ② ㄴ   ③ ㄱ, ㄷ   ④ ㄴ, ㄷ   ⑤ ㄱ, ㄴ, ㄷ

243 | 신유형 | | 상 중 하 |

그림은 생태계를 구성하는 온도와 생물 요소 (가)와 (나) 사이의 상호 관계 ㉠과 ㉡을, 표는 생물 요소 사이의 상호 작용 Ⅰ과 Ⅱ의 예를 나타낸 것이다. (가)와 (나)는 영양 단계가 서로 다른 생물 요소이며, Ⅰ과 Ⅱ는 각각 '개체군 내의 상호 작용'과 '군집 내 개체군 사이의 상호 작용' 중 하나이다.

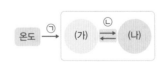

구분	예
Ⅰ	일벌이 여왕벌에게 먹이를 제공한다.
Ⅱ	ⓐ 말미잘이 ⓑ 흰동가리에게 은신처를 제공한다.

이에 대한 설명으로 옳은 것만을 〈보기〉에서 있는 대로 고른 것은?

──── | 보기 | ────
ㄱ. 양엽이 음엽보다 잎의 두께가 두꺼운 것은 ㉠의 예이다.
ㄴ. ⓐ와 ⓑ는 서로 다른 개체군을 구성한다.
ㄷ. Ⅰ과 Ⅱ 중 ㉡에 해당하는 상호 작용은 Ⅱ이다.

① ㄱ   ② ㄴ   ③ ㄱ, ㄴ   ④ ㄱ, ㄷ   ⑤ ㄴ, ㄷ

244 | 개념 통합 | 　　　　　상 중 하

그림은 생태계 구성 요소 (가)와 (나) 사이의 물질 이동(Ⅰ, Ⅱ)과 상호 관계(㉠, ㉡)를, 표는 생태계의 질소 순환에서 질소가 Ⅰ과 Ⅱ로 이동하기 위해 일어나는 물질 전환을 각각 나타낸 것이다. (가)와 (나)는 생물 군집과 비생물적 요인을 순서 없이 나타낸 것이다.

이동 방향	물질 전환
Ⅰ	$N_2 \longrightarrow$ ⓐ
Ⅱ	$NO_3^- \longrightarrow N_2$

이에 대한 설명으로 옳은 것만을 〈보기〉에서 있는 대로 고른 것은?

| 보기 |

ㄱ. NH_4^+는 ⓐ에 해당한다.
ㄴ. 수생 식물의 줄기에 통기 조직이 발달해 있는 것은 ㉡의 예에 해당한다.
ㄷ. 경쟁과 공생은 모두 (나)에서 일어나는 상호 작용이다.

① ㄱ　　② ㄴ　　③ ㄱ, ㄷ　　④ ㄴ, ㄷ　　⑤ ㄱ, ㄴ, ㄷ

245 | 신유형 | 개념 통합 | 　　　　　상 중 하

다음은 군집에 대한 자료이다.

○ 그림은 식물 군집 (가)의 천이 과정에서 우점종의 변화를, 표는 군집 내 개체군 사이의 상호 작용 Ⅰ~Ⅲ에서 두 종이 받는 영향을 나타낸 것이다. A~C는 소나무, 토끼풀, 참나무를 순서 없이, ⓐ와 ⓑ는 '이익'과 '손해'를 순서 없이 나타낸 것이다.

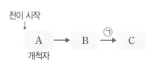

구분	종 1	종 2
Ⅰ	ⓐ	?
Ⅱ	ⓑ	?
Ⅲ	?	ⓐ

○ 개척자인 A와 뿌리혹박테리아 사이에서 Ⅲ이 일어난다.
○ 과정 ㉠에서 B와 C 사이에 Ⅰ~Ⅲ 중 하나가 일어난다.

이에 대한 설명으로 옳은 것만을 〈보기〉에서 있는 대로 고른 것은?

| 보기 |

ㄱ. (가)에서 1차 천이가 일어난다.
ㄴ. ㉠에서 B와 C 사이에 Ⅱ가 일어난다.
ㄷ. 참나무와 겨우살이 사이의 상호 작용에서 겨우살이가 받는 영향은 ⓐ이다.

① ㄱ　　② ㄴ　　③ ㄱ, ㄷ　　④ ㄴ, ㄷ　　⑤ ㄱ, ㄴ, ㄷ

246 　　　　　상 중 하

표 (가)는 개체군 사이의 상호 작용 Ⅰ과 Ⅱ의 예를, (나)는 ㉠과 ㉡에서 두 종이 받는 영향을 나타낸 것이다. Ⅰ과 Ⅱ는 상리 공생, 종간 경쟁, 포식과 피식 중 서로 다른 하나이며, ㉠과 ㉡은 Ⅰ과 Ⅱ를 순서 없이 나타낸 것이다. ⓐ와 ⓑ는 '손해'와 '이익'을 순서 없이 나타낸 것이다.

구분	예
Ⅰ	스라소니가 눈신토끼를 잡아먹는다.
Ⅱ	캥거루쥐와 주머니쥐는 같은 종류의 먹이를 두고 서로 다툰다.

구분	종 1	종 2
㉠	ⓐ	ⓐ
㉡	ⓑ	?

　　(가)　　　　　　　　　　　(나)

이에 대한 설명으로 옳은 것만을 〈보기〉에서 있는 대로 고른 것은?

| 보기 |

ㄱ. ㉠은 종간 경쟁이다.
ㄴ. 편리 공생을 하는 두 종 중 한 종은 ⓑ의 영향을 받는다.
ㄷ. Ⅰ의 예에서 눈신토끼에게서 스라소니에게로 탄소가 이동한다.

① ㄱ　　② ㄴ　　③ ㄱ, ㄷ　　④ ㄴ, ㄷ　　⑤ ㄱ, ㄴ, ㄷ

247 　　　　　상 중 하

다음은 식물 군집 (가)에 대한 자료이다.

○ 그림은 천이 과정에서 (가)의 높이 변화를, 표는 t_1과 t_2일 때 (가)의 유기물량 ㉠과 ㉡을 나타낸 것이다. A~C는 초원, 양수림, 음수림을 순서 없이 나타낸 것이다.

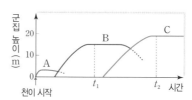

(단위 : 상댓값)

구분	t_1	t_2
㉠	18	15
㉡	36	60

○ ㉠과 ㉡은 생장량, 호흡량, 순생산량, 총생산량 중 서로 다른 하나이고, ㉠과 ㉡에 모두 1차 소비자의 호흡량이 포함된다.

이에 대한 설명으로 옳은 것만을 〈보기〉에서 있는 대로 고른 것은?

| 보기 |

ㄱ. (가)에서 2차 천이가 일어났다.
ㄴ. (가)는 B에서 극상을 이루었다.
ㄷ. t_1과 t_2 중 $\dfrac{호흡량}{순생산량}$이 더 클 때 (가)는 음수림 상태이다.

① ㄱ　　② ㄷ　　③ ㄱ, ㄴ　　④ ㄱ, ㄷ　　⑤ ㄴ, ㄷ

1등급 도전 문제

248 | 개념 통합 | 상 중 하

표는 어떤 생태계에서 영양 단계에 따른 에너지양을, 그림은 이 생태계에서 생산자의 에너지양 ㉠~㉢을 나타낸 것이다. 에너지 효율은 3차 소비자가 1차 소비자의 2배이며, x와 y 중 하나는 100이다. ㉠~㉢은 생장량, 호흡량, 순생산량, 총생산량 중 서로 다른 하나이다.

(단위: 상댓값)

영양 단계	에너지양
생산자	1000
1차 소비자	x
2차 소비자	y
3차 소비자	3

이에 대한 설명으로 옳은 것만을 〈보기〉에서 있는 대로 고른 것은?

| 보기 |

ㄱ. x와 y는 모두 ㉠에 포함된다.
ㄴ. 2차 소비자의 에너지 효율은 15 %이다.
ㄷ. 상위 영양 단계로 갈수록 에너지양이 감소한다.

① ㄱ   ② ㄴ   ③ ㄱ, ㄷ   ④ ㄴ, ㄷ   ⑤ ㄱ, ㄴ, ㄷ

249   상 중 하

표는 방형구법을 이용하여 면적이 동일한 서로 다른 지역 (가)와 (나)의 식물 군집을 조사한 결과를 나타낸 것이다. ㉠~㉢은 밀도, 빈도, 상대 빈도(%), 상대 피도(%) 중 서로 다른 하나이다. A는 빈도와 피도 중 하나가 (가)와 (나)에서 서로 같고, A~C의 피도를 모두 더한 값은 (가)와 (나)에서 서로 같다. A의 상대 밀도(%)는 (나)에서가 (가)에서의 6배이다.

지역	(가)			(나)		
종	A	B	C	A	B	C
㉠	10	50	140	?	82	58
㉡	13	25	x	19	22	y
㉢	0.90	0.26	0.84	?	0.48	0.62

이에 대한 설명으로 옳은 것만을 〈보기〉에서 있는 대로 고른 것은? (단, A~C 이외의 종은 고려하지 않는다.)

| 보기 |

ㄱ. (가)와 (나)에서 우점종은 모두 C이다.
ㄴ. (나)에서 $\dfrac{\text{A의 상대 밀도}}{\text{B의 상대 밀도}} > \dfrac{y}{x}$이다.
ㄷ. 식물의 종 다양성은 (가)에서가 (나)에서보다 높다.

① ㄱ   ② ㄴ   ③ ㄱ, ㄷ   ④ ㄴ, ㄷ   ⑤ ㄱ, ㄴ, ㄷ

250 | 개념 통합 | 상 중 하

다음은 두 지역 Ⅰ, Ⅱ와 생물 다양성에 대한 자료이다.

○ Ⅰ과 Ⅱ는 서식지의 면적이 서로 같다.
○ ㉠~㉣은 개체 수, 상대 밀도(%), 상대 빈도(%), 상대 피도(%)를 순서 없이 나타낸 것이며, 표는 Ⅰ과 Ⅱ에서 식물 종 A~D의 ㉠과 ㉡을 나타낸 것이다.

구분		A	B	C	D
Ⅰ	㉠	45	35	40	30
	㉡	?	16	40	14
Ⅱ	㉠	20	20	?	10
	㉡	25	40	?	?

○ Ⅰ에서 A~D의 ㉢은 모두 같고, Ⅰ과 Ⅱ에서 D의 ㉣은 같다.
○ 생물 다양성은 생태계 다양성, (가), (나)를 모두 포함한다. (가)와 (나)는 종 다양성과 유전적 다양성을 순서 없이 나타낸 것이다.
○ Ⅰ에 4종의 식물이 서식하는 것은 (가)의 예에 해당한다.

이에 대한 설명으로 옳은 것만을 〈보기〉에서 있는 대로 고른 것은? (단, A~D 이외의 종은 고려하지 않는다.)

| 보기 |

ㄱ. Ⅰ에서 우점종은 C이다.
ㄴ. 식물의 종 다양성은 Ⅰ에서가 Ⅱ에서보다 높다.
ㄷ. (나)는 개체군 내 서로 다른 개체 사이의 유전자 차이에 의해 나타난다.

① ㄱ   ② ㄴ   ③ ㄱ, ㄷ   ④ ㄴ, ㄷ   ⑤ ㄱ, ㄴ, ㄷ

메가스터디 N제

I~II 생명 과학의 이해~사람의 물질대사

01 생물의 특성 007~009쪽

대표 기출 문제	001 ③	002 ①		
적중 예상 문제	003 ②	004 ①	005 ⑤	006 ②	007 ⑤
	008 ④	009 ⑤	010 ②	

02 생명 과학의 탐구 011~013쪽

대표 기출 문제	011 ①	012 ⑤		
적중 예상 문제	013 ④	014 ②	015 ④	016 ②	017 ④
	018 ③	019 ④	020 ④	

03 생명 활동과 에너지 015~017쪽

대표 기출 문제	021 ⑤	022 ⑤		
적중 예상 문제	023 ③	024 ③	025 ②	026 ③	027 ④
	028 ③	029 ③	030 ⑤	

04 물질대사와 건강 019~021쪽

대표 기출 문제	031 ⑤	032 ④		
적중 예상 문제	033 ④	034 ②	035 ②	036 ⑤	037 ④
	038 ⑤	039 ⑤	040 ①	

I~II단원 1등급 도전 문제 022~023쪽

041 ②	042 ③	043 ⑤	044 ②	045 ④	046 ④
047 ⑤	048 ②				

III 항상성과 몸의 조절

05 흥분의 전도와 전달 027~033쪽

대표 기출 문제	049 ①	050 ⑤		
적중 예상 문제	051 ②	052 ②	053 ①	054 ④	055 ③
	056 ③	057 ③	058 ③	059 ③	060 ④

06 근육의 구조와 수축의 원리 035~041쪽

대표 기출 문제	061 ④	062 ①		
적중 예상 문제	063 ④	064 ④	065 ①	066 ④	067 ②
	068 ③	069 ④	070 ④	071 ①	072 ④

07 신경계 043~047쪽

대표 기출 문제	073 ④	074 ⑤		
적중 예상 문제	075 ②	076 ②	077 ①	078 ④	079 ③
	080 ②	081 ①	082 ④	083 ②	084 ②
	085 ①	086 ②		

08 항상성 049~053쪽

대표 기출 문제	087 ②	088 ④		
적중 예상 문제	089 ④	090 ②	091 ②	092 ③	093 ②
	094 ②	095 ②	096 ②	097 ③	098 ③
	099 ②	100 ⑤	101 ②	102 ①

09 방어 작용 055-059쪽

대표 기출 문제	103 ③	104 ⑤		
적중 예상 문제	105 ②	106 ②	107 ⑤	108 ③	109 ④
	110 ④	111 ③	112 ②	113 ①	114 ③
	115 ②	116 ②		

III단원 1등급 도전 문제 060-067쪽

117 ②	118 ②	119 ②	120 ④	121 ②	122 ③
123 ⑤	124 ①	125 ④	126 ③	127 ④	128 ③
129 ⑤	130 ③	131 ④	132 ③		

IV 유전

10 염색체와 세포 주기 071~075쪽

대표 기출 문제	133 ④	134 ③		
적중 예상 문제	135 ②	136 ②	137 ④	138 ④	139 ⑤
	140 ①	141 ③	142 ①	143 ③	144 ⑤
	145 ②	146 ④		

11 세포 분열 077~081쪽

대표 기출 문제	147 ③	148 ①		
적중 예상 문제	149 ③	150 ①	151 ⑤	152 ②	153 ⑤
	154 ②	155 ④	156 ③	157 ⑤	158 ②
	159 ①	160 ③		

12 사람의 유전 083~089쪽

대표 기출 문제	161 ④	162 ②		
적중 예상 문제	163 ⑤	164 ③	165 ②	166 ①	167 ②
	168 ④	169 ①	170 ②	171 ④	172 ①
	173 ④	174 ①	175 ④	176 ③	177 ⑤
	178 ②			

13 염색체 이상과 유전자 이상 091~097쪽

대표 기출 문제	179 ③			
적중 예상 문제	180 ⑤	181 ②	182 ④	183 ③	184 ④
	185 ③	186 ④	187 ①	188 ②	189 ④
	190 ②	191 ⑤	192 ②	193 ③	194 ③
	195 ④	196 ④		

IV단원 1등급 도전 문제 098~105쪽

197 ③	198 ①	199 ⑤	200 ③	201 ③	202 ②
203 ④	204 ③	205 ③	206 ①	207 ⑤	208 ⑤
209 ②	210 ③	211 ⑤	212 ④		

V 생태계와 상호 작용

14 생태계의 구성과 기능 109~113쪽

대표 기출 문제	213 ①	214 ⑤		
적중 예상 문제	215 ②	216 ④	217 ⑤	218 ③	219 ②
	220 ②	221 ④	222 ③	223 ②	224 ①
	225 ①	226 ④	227 ①	228 ②	229 ③

15 에너지 흐름과 물질의 순환 115~117쪽

대표 기출 문제	230 ③	231 ④		
적중 예상 문제	232 ②	233 ③	234 ⑤	235 ④	236 ⑤
	237 ②	238 ③	239 ①	

V단원 1등급 도전 문제 118~120쪽

240 ②	241 ①	242 ④	243 ⑤	244 ③	245 ④
246 ⑤	247 ④	248 ④	249 ①	250 ⑤	

메가스터디 N제

과학탐구영역 생명과학 I

수능 완벽 대비 예상 문제집

정답 및 해설

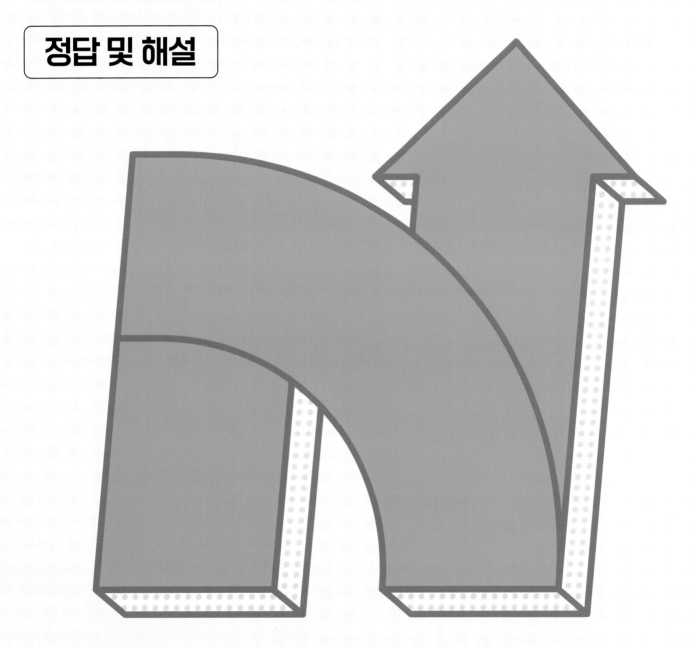

250제

메가스터디BOOKS

메가스터디 N제

과학탐구영역 생명과학 I

250제

정답 및 해설

Ⅰ~Ⅱ 생명 과학의 이해~사람의 물질대사

01 생물의 특성　007~009쪽

대표 기출 문제	001 ③	002 ①		
적중 예상 문제	003 ②	004 ①	005 ⑤	006 ②	007 ⑤
	008 ④	009 ⑤	010 ②		

02 생명 과학의 탐구　011~013쪽

대표 기출 문제	011 ①	012 ⑤		
적중 예상 문제	013 ④	014 ①	015 ④	016 ②	017 ④
	018 ③	019 ④	020 ④		

03 생명 활동과 에너지　015~017쪽

대표 기출 문제	021 ⑤	022 ⑤		
적중 예상 문제	023 ③	024 ③	025 ②	026 ③	027 ④
	028 ③	029 ③	030 ⑤		

04 물질대사와 건강　019~021쪽

대표 기출 문제	031 ⑤	032 ④		
적중 예상 문제	033 ④	034 ②	035 ②	036 ⑤	037 ③
	038 ⑤	039 ⑤	040 ①		

Ⅰ~Ⅱ단원 1등급 도전 문제　022~023쪽

041 ②	042 ③	043 ⑤	044 ②	045 ④	046 ④
047 ⑤	048 ②				

Ⅲ 항상성과 몸의 조절

05 흥분의 전도와 전달　027~033쪽

대표 기출 문제	049 ①	050 ⑤		
적중 예상 문제	051 ②	052 ②	053 ①	054 ④	055 ③
	056 ③	057 ③	058 ③	059 ③	060 ④

06 근육의 구조와 수축의 원리　035~041쪽

대표 기출 문제	061 ④	062 ①		
적중 예상 문제	063 ④	064 ④	065 ①	066 ④	067 ②
	068 ③	069 ③	070 ④	071 ①	072 ④

07 신경계　043~047쪽

대표 기출 문제	073 ④	074 ⑤		
적중 예상 문제	075 ②	076 ②	077 ①	078 ④	079 ③
	080 ②	081 ①	082 ④	083 ②	084 ②
	085 ①	086 ②			

08 항상성　049~053쪽

대표 기출 문제	087 ②	088 ④		
적중 예상 문제	089 ④	090 ⑤	091 ②	092 ③	093 ②
	094 ②	095 ②	096 ③	097 ③	098 ③
	099 ②	100 ④	101 ④	102 ①	

09 방어 작용　055~059쪽

대표 기출 문제	103 ③	104 ①		
적중 예상 문제	105 ②	106 ②	107 ④	108 ③	109 ②
	110 ②	111 ②	112 ②	113 ①	114 ②
	115 ②	116 ②			

Ⅲ단원 1등급 도전 문제　060-067쪽

117 ②	118 ②	119 ②	120 ④	121 ②	122 ②
123 ⑤	124 ①	125 ④	126 ③	127 ④	128 ③
129 ⑤	130 ③	131 ④	132 ③		

Ⅳ 유전

10 염색체와 세포 주기　071~075쪽

대표 기출 문제	133 ④	134 ③		
적중 예상 문제	135 ②	136 ②	137 ④	138 ④	139 ⑤
	140 ①	141 ③	142 ①	143 ③	144 ⑤
	145 ②	146 ④			

11 세포 분열　077~081쪽

대표 기출 문제	147 ③	148 ①		
적중 예상 문제	149 ②	150 ①	151 ⑤	152 ②	153 ⑤
	154 ②	155 ④	156 ③	157 ⑤	158 ②
	159 ①	160 ③			

12 사람의 유전　083~089쪽

대표 기출 문제	161 ④	162 ②		
적중 예상 문제	163 ⑤	164 ③	165 ②	166 ①	167 ②
	168 ④	169 ①	170 ②	171 ④	172 ①
	173 ④	174 ①	175 ④	176 ③	177 ⑤
	178 ②				

13 염색체 이상과 유전자 이상　091~097쪽

대표 기출 문제	179 ③			
적중 예상 문제	180 ⑤	181 ②	182 ④	183 ③	184 ④
	185 ③	186 ④	187 ①	188 ②	189 ④
	190 ②	191 ⑤	192 ②	193 ③	194 ③
	195 ④	196 ④			

Ⅳ단원 1등급 도전 문제　098~105쪽

197 ③	198 ①	199 ⑤	200 ③	201 ③	202 ②
203 ④	204 ③	205 ③	206 ①	207 ⑤	208 ⑤
209 ②	210 ③	211 ⑤	212 ④		

Ⅴ 생태계와 상호 작용

14 생태계의 구성과 기능　109~113쪽

대표 기출 문제	213 ①	214 ⑤		
적중 예상 문제	215 ②	216 ④	217 ⑤	218 ③	219 ②
	220 ②	221 ⑤	222 ③	223 ②	224 ①
	225 ①	226 ④	227 ①	228 ②	229 ③

15 에너지 흐름과 물질의 순환　115~117쪽

대표 기출 문제	230 ③	231 ④		
적중 예상 문제	232 ②	233 ③	234 ①	235 ④	236 ⑤
	237 ②	238 ③	239 ⑤		

Ⅴ단원 1등급 도전 문제　118~120쪽

240 ②	241 ①	242 ④	243 ⑤	244 ③	245 ④
246 ⑤	247 ④	248 ④	249 ①	250 ⑤	

정답과 해설

I. 생명 과학의 이해~
II. 사람의 물질대사

01 생물의 특성
007~009쪽

대표 기출 문제	001 ③	002 ①		
적중 예상 문제	003 ②	004 ①	005 ⑤	006 ②	007 ⑤
	008 ④	009 ⑤	010 ②	

001 생물의 특성
답 ③

알짜 풀이

ㄱ. 식물 X는 다세포 생물이고, 다세포 생물은 세포 → 조직 → 기관 → 개체의 구성 단계를 가진다. ㉠(잎)은 식물의 기관에 해당하므로 다양한 종류의 세포로 구성된다.

ㄴ. X의 털에 곤충이 닿는 것은 자극에 해당하고, 잎을 구부려 곤충을 잡는 것은 반응에 해당하므로 ㉡은 자극에 대한 반응의 예에 해당한다.

바로 알기

ㄷ. X는 곤충을 잡아 영양분을 얻으므로 포식자에, 곤충은 X에게 잡아먹히는 피식자에 해당하므로, X와 곤충 사이의 상호 작용은 포식과 피식이다.

002 생물의 특성
답 ①

알짜 풀이

ㄱ. (가)는 발생과 생장이고 (나)는 항상성이다. '더운 날씨'는 체온 상승을 일으킬 수 있는 환경 조건이고, '체온 유지를 위해 땀을 흘리는 것'은 적절히 대응하여 체내 상태를 일정하게 유지하는 성질이므로 (나)는 항상성이다.

바로 알기

ㄴ. 애벌레가 번데기를 거쳐 나비가 되는 것은 세포 분열과 분화를 통해 자라나며 완전한 개체가 되는 생물의 특성인 발생과 생장의 예에 해당한다. 따라서 그림에 나타난 생물의 특성은 (나)보다 (가)와 관련이 깊다.

ㄷ. 생물이 서식 환경에 적합하게 구조, 성질, 행동 양식이 달라지거나 새로운 종이 나타나는 것은 생물의 특성 중 적응과 진화이다. 북극토끼가 천적의 눈에 띄지 않도록 겨울이 되면 환경 변화에 따라 털 색깔이 변하여 생존에 유리하다는 것은 적응과 진화의 예에 해당한다.

003 생물의 특성
답 ②

알짜 풀이

(가)는 도마뱀의 위장에 대한 설명이며, 몸의 구조, 기능, 생활 방식 등이 그 생물의 생존에 적합한 특성을 갖는 것이므로 생물의 특성 중 적응과 진화를 나타낸다.

(나)에서 '포식자의 눈에 띄면'은 자극에 해당하고, '턱을 크게 열어 무섭고 밝은 붉은 입을 보임으로써 위협을 가한다.'는 반응에 해당한다.

004 생물과 바이러스의 특성 비교
답 ①

자료 분석

개구리만 가지는 특징이다.

구분	㉠	㉡
개구리 A	○	○
독감 바이러스 B	○	×

(○ : 있음, × : 없음)

(가)

특징(㉠, ㉡)

○ 핵산을 갖는다. ㉠
○ 독립적으로 효소 합성이 가능하다. ㉡

(나)

알짜 풀이

ㄱ. A는 2가지 특징(㉠, ㉡)을 모두 가지므로 생물인 개구리이다.

바로 알기

ㄴ. B는 ㉠과 ㉡ 중 하나의 특징만 가지므로 독감 바이러스이다. 세포 구조를 가지지 않는 독감 바이러스(B)는 조직을 가지지도 않는다.

ㄷ. ㉠은 개구리(A)와 독감 바이러스(B)에 공통으로 있는 '핵산을 갖는다.'이다. ㉡은 개구리만 가지는 특징이므로 '독립적으로 효소 합성이 가능하다.'이다.

005 생물의 특성
답 ⑤

알짜 풀이

ㄱ. 모든 생물은 세포로 이루어져 있다.

ㄴ. 물질대사는 생명체에서 일어나는 모든 화학 반응이다. 점액을 합성하는 것은 동화 작용에 해당한다.

ㄷ. ㉠은 자극에 대한 반응의 예에 해당한다.

006 생물의 특성
답 ②

알짜 풀이

ㄴ. 작은 곤충을 먹고 에너지를 얻는 과정에서 소화, 세포 호흡 같은 이화 작용이 일어나고, ATP 합성과 같은 동화 작용이 일어난다.

바로 알기

ㄱ. 뻐꾸기는 세포 분열과 분화를 통해 발생과 생장을 하는 다세포 생물이다.

ㄷ. 다른 새의 둥지에 알을 낳는 탁란은 상리 공생에 해당하지 않는다.

007 생물의 특성
답 ⑤

알짜 풀이

ㄱ. A는 광합성을 하므로 A에서 동화 작용이 일어난다.

ㄷ. A는 B에 붙어 살며 빛과 물을 쉽게 얻을 수 있는 이익을 얻고, B는 A로 인해 시원하고 습한 살기 좋은 환경적 이익을 얻는다. 따라서 A와 B의 상호 작용은 상리 공생에 해당한다.

바로 알기

ㄴ. (나)는 특정 환경에서 살아가기 적합한 생활 방식을 갖는 것으로 적응과 진화의 예에 해당한다.

008 바이러스의 특성
답 ④

알짜 풀이

ㄴ. 바이러스(X)는 유전 물질인 핵산을 단백질이 싸고 있는 구조를 가지므로 ㉠은 X의 유전 물질인 RNA이다.

ㄷ. ㉡은 숙주 세포 밖에서는 물질대사를 할 수 없는 X의 단백질이므로, 단백

질(ⓛ)은 살아 있는 세포 내에서 RNA(㉠)의 유전 정보에 따라 합성된다.

바로 알기

ㄱ. X는 독감을 일으키는 병원체인 인플루엔자 바이러스(독감 바이러스)이므로 세포 구조를 갖지 않으며 세포 호흡을 할 수 없다.

009 생물의 특성   답 ⑤

알짜 풀이

ㄱ. (가)는 하나의 수정란이 세포 분열하여 세포 수가 늘어나고, 세포의 종류와 기능이 다양해지며 완전한 개체가 되는 발생과 생장이다.

ㄴ. (나)는 자극에 대한 반응이다. 박쥐에게 빛(㉠)은 자극에 해당하고, 박쥐가 이동하는 것은 반응에 해당한다.

ㄷ. '식물은 물과 이산화 탄소를 이용해 포도당을 합성한다.'는 동화 작용인 식물의 광합성이므로 물질대사의 예(ⓐ)에 해당한다.

010 바이러스의 특성   답 ②

알짜 풀이

ㄴ. 껍질인 ㉠은 단백질이고, 유전 물질인 ⓛ은 핵산이다. 단백질(㉠)의 기본 단위는 아미노산이다.

바로 알기

ㄱ. P는 바이러스이며, 바이러스에는 핵이 없다. 바이러스는 핵산과 단백질로 이루어진 입자이다. 세포는 세포막, 유전 물질, 리보솜과 효소를 모두 가진다.

ㄷ. 바이러스는 세포 밖에서 스스로 증식할 수 없다.

---

02 생명 과학의 탐구   011~013쪽

대표 기출 문제 011 ①   012 ⑤

적중 예상 문제 013 ④   014 ②   015 ④   016 ②   017 ④
                  018 ③   019 ④   020 ④

011 연역적 탐구 방법   답 ①

알짜 풀이

ㄱ. (가)에서 'S가 ㉠을 분해할 것이다.'는 가설에 해당하며, (나)에서 Ⅰ과 Ⅱ는 각각 대조군, 실험군 중 어느 하나에 해당한다. 대조군과 실험군을 설정하였으므로 대조 실험이 수행되었다.

바로 알기

ㄴ. (나)의 대조 실험에서 수조 Ⅰ과 Ⅱ 중 한 수조에만 S를 넣었으므로 조작 변인은 S를 넣었는지의 여부이다. 수조에 남아 있는 ㉠의 농도는 S를 넣었는지 여부에 따라 달라지는 종속변인이다.

ㄷ. (라)에서 S가 ㉠을 분해한다는 결론을 내렸으므로 (나)에서 S를 넣은 수조는 (다)에서 ㉠의 농도가 낮게 나타난 것이다. 따라서 S를 넣은 수조는 Ⅱ이다.

012 귀납적 탐구 방법과 연역적 탐구 방법   답 ⑤

알짜 풀이

ㄱ. (가)는 귀납적 탐구 방법이고, 귀납적 탐구 방법에서는 가설 설정 단계 없이 여러 가지 관찰 사실을 분석하고 종합하여 일반적인 원리나 법칙을 도출한다.

ㄴ. (나)에서 쌀의 종류(백미, 현미)는 조작 변인에 해당하고 백미를 먹인 집단은 대조군에, 현미를 먹인 집단은 실험군에 해당한다. 따라서 (나)에서 대조군과 실험군을 설정하는 대조 실험이 수행되었다.

ㄷ. (나)에서 각기병 증세의 발생 여부는 조작 변인(닭에게 먹인 쌀의 종류)에 따라 실험 결과로 관찰되는 종속변인이다.

013 생명 과학의 탐구 방법   답 ④

알짜 풀이

ㄴ. ㉠은 잠정적인 답인 가설이므로 실험이나 관찰을 통해 검증될 수 있어야 한다.

ㄷ. 다윈의 자연 선택설 확립 과정에는 (나)에 적용된 귀납적 탐구 방법이 사용되었다. 다윈은 오랜 시간 동안 갈라파고스 군도의 다양한 생물들을 관찰하고 기록하여 자연 선택설을 발표하였다.

바로 알기

ㄱ. 가설을 세우고 검증하는 과정을 거친 (가)는 연역적 탐구 방법에 대한 사례이다.

014 연역적 탐구 방법   답 ②

자료 분석

> (가) 세균 S는 젖당보다 포도당을 이용할 때 잘 증식할 것으로 생각하였다. ─ 가설 설정
>
> (나) 같은 조건에서 배양한 S가 들어 있는 배지 Ⅰ~Ⅲ을 준비하고 각 배지에 표와 같이 첨가액 ㉠~㉢을 넣어 영양 조건에 변화를 주었다. ㉠~㉢은 각각 증류수, 포도당 수용액, 젖당 수용액을 순서 없이 나타낸 것이다. ─ 조작 변인
>
> | Ⅰ | Ⅱ | Ⅲ |
> |---|---|---|
> | ㉠증류수 | ⓛ젖당 수용액 | ㉢포도당 수용액 |
>
> (다) 일정 시간이 지난 후 배지 Ⅰ~Ⅲ에 남아 있는 S의 개체 수를 측정한 결과 S의 개체 수는 Ⅰ<Ⅱ<Ⅲ이다. ─ 종속변인
>
> (라) 'S는 젖당보다 포도당을 이용할 때 잘 증식한다.'는 결론을 내렸다.

알짜 풀이

ㄴ. 가설은 의문에 대한 답을 추측하여 내린 잠정적인 답이다. 가설은 예측 가능해야 하며, 실험과 관측 등을 통해 옳은지 그른지 검증될 수 있어야 한다. (가)에서 의문에 대한 잠정적인 답인 가설이 설정되었다.

바로 알기

ㄱ. 포도당을 이용할 때가 젖당을 이용할 때보다 잘 증식한다는 결론을 내렸으므로 개체 수가 가장 많은 Ⅲ은 포도당 수용액(㉢)을 넣은 배지, Ⅱ는 젖당 수용액(ⓛ)을 넣은 배지, Ⅰ은 증류수(㉠)를 넣은 배지이다.

ㄷ. '배지에 넣은 첨가액의 종류'는 조작 변인이다. 조작 변인은 대조군에서와 다르게 실험군에서 의도적으로 변화시키는 변인이며, 통제 변인은 대조군과 실험군에서 동일한 조건으로 통제하는 변인이다.

015 연역적 탐구 방법   답 ④

알짜 풀이

ㄴ. A와 B에 넣은 성게의 개체 수는 통제 변인이고, 돌돔을 넣는지 여부는 조작 변인이다. 통제 변인과 조작 변인은 모두 종속변인(남아 있는 해조류의 양)에 영향을 주는 독립변인이다.

ㄷ. (마)와 같은 결론이 내려지려면, 돌돔이 있는 곳에서 성게에게 먹히는 해조류의 양이 적어 남아 있는 해조류의 양이 많아야 하므로 돌돔을 넣은 ㉠은 A이다.

ㄱ. (가)는 자연 현상의 관찰 단계이고, (나)는 (가)를 통해 인식할 수 있는 탐구 주제에 대한 가설 설정 단계이다.

016 생명 과학의 탐구 방법   답 ②

자료 분석

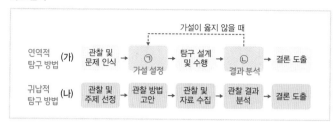

알짜 풀이

ㄴ. (가)는 연역적 탐구 방법으로, ⊙은 가설 설정이고 ⊙은 결과 분석이다.

바로 알기

ㄱ. (가)는 가설을 세우고 대조 실험을 통한 검증 과정을 거치는 연역적 탐구 방법이다. (나)는 귀납적 탐구 방법이다.

ㄷ. 플레밍은 페니실린을 발견하는 과정에서 가설을 설정하고 대조 실험을 통해 가설을 검증했다. 따라서 연역적 탐구 방법인 (가)의 사례이다.

017 연역적 탐구의 분석   답 ④

알짜 풀이

ㄱ. (가)는 탐구 주제에 대한 잠정적인 답인 가설을 설정하는 단계이다.

ㄷ. 밝은 토양의 사육장에서 밝은 털색 생쥐는 보름달일 때보다 그믐달일 때 주변 환경과 대비되는 정도가 작으므로 올빼미에 잡히는 수가 적게 나타난 것이다. 따라서 실험 결과는 가설을 지지한다.

바로 알기

ㄴ. 사육장의 밝고 어두운 정도는 과학자가 실험 집단에 따라 의도적으로 다른 조건을 설정한 것이며, 실험 결과에 영향을 줄 수 있는 변인이므로 조작 변인이다.

018 연역적 탐구 방법   답 ③

알짜 풀이

ㄱ. (가)의 'pH가 높아질수록 효소 X의 활성이 낮아질 것이다.'는 가설에 해당하며, 대조 실험을 통해 가설을 검증하는 탐구 방법이 수행되었으므로 연역적 탐구 방법이 이용되었다.

ㄷ. 실험 결과 pH가 가장 높은 증류수를 넣은 시험관 A에서 거품이 올라온 높이가 가장 높으므로 실험 결과는 가설을 지지하지 않는다.

바로 알기

ㄴ. ⓐ에서 첨가액의 부피는 같지만 첨가액의 성분이 다르므로, ⓐ는 통제 변인이 아니고 실험 집단에 따라 의도적이고 체계적으로 변화시킨 조작 변인이다.

019 연역적 탐구 방법   답 ④

알짜 풀이

ㄴ. ⊙은 실험에서 결과로서 측정되는 변인이므로 종속변인이다.

ㄷ. (다)에서 집단의 개체 수가 많아지는 A → B → C 순서로 거리가 커진다. 따라서 비둘기 무리의 개체 수가 많을수록 비둘기 무리가 참매를 발견했을 때의 거리(d)가 커지므로 A가 C보다 참매에게 포식될 확률이 높다.

바로 알기

ㄱ. (가)는 가설 설정 단계이다. (나)가 대조 실험의 설계 및 수행 단계로 볼 수 있다.

020 연역적 탐구 방법   답 ④

알짜 풀이

ㄱ. 자연 현상을 관찰하면서 생긴 의문에 대한 답을 찾기 위해 가설을 세우고 이를 실험적으로 검증했으므로 연역적 탐구 방법이 이용되었다.

ㄷ. 결론에 부합하는 실험 결과는 싹의 윗부분이 빛을 감지할 수 있는 A만 식물의 싹이 빛을 향해 구부러져 자라는 경우이다. 따라서 ⓐ는 A이다.

바로 알기

ㄴ. 덮개를 씌우는지의 여부는 실험 결과에 영향을 주는 독립변인이고, 실험 집단에 따라 다르게 처리하므로 독립변인 중 조작 변인이다. 종속변인은 '싹이 빛을 향해 구부러져 자라는지의 여부'이다.

03 생명 활동과 에너지   015~017쪽

대표 기출 문제	021 ⑤	022 ⑤			
적중 예상 문제	023 ③	024 ③	025 ②	026 ③	027 ④
	028 ③	029 ③	030 ⑤		

021 세포 호흡과 ATP의 이용   답 ⑤

알짜 풀이

ㄱ. 포도당이 세포 호흡을 통해 물과 이산화 탄소로 분해되는 과정에서 크고 복잡한 물질이 작고 간단한 물질로 분해되는 이화 작용이 일어난다.

ㄴ. ⊙이 ⊙과 무기 인산(P_i)으로 분해되므로 ⊙은 ATP이고, ⊙은 ADP이다. 미토콘드리아에서 세포 호흡의 일부 과정이 일어나며 이 과정에서 ADP(⊙)가 ATP(⊙)로 전환된다.

ㄷ. 포도당이 분해되어 생성되는 에너지의 일부는 열로 방출되어 체온 유지에 사용되고, 일부는 ATP에 저장된다. ATP에 저장된 에너지의 일부도 근육 떨림 같은 체온 유지 활동에 사용될 수 있다.

022 세포 호흡과 ATP의 이용   답 ⑤

자료 분석

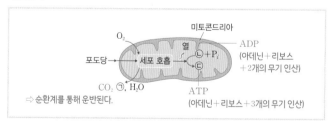

알짜 풀이

ㄱ. ⊙은 세포 호흡 결과 방출되는 CO_2이며, CO_2는 순환계를 통해 운반되어 호흡계로 전달된 후 체외로 배출된다.

ㄴ. ⊙은 ADP이고, ⊙은 ATP이다. ADP는 '아데노신 2인산'이므로 ADP의 구성 원소에는 인(P)이 포함된다.

ㄷ. ATP가 ADP와 무기 인산(P_i)으로 분해될 때 ATP에 저장된 에너지가 방출되며, 이 에너지는 근육 수축 과정이나 물질 합성, 생장 등 생명 활동에 사용된다.

023 동화 작용과 이화 작용   답 ③

알짜 풀이

ㄱ. 암모니아가 요소로 전환되는 과정은 간에서 일어나는 요소 합성 과정이므로 동화 작용에 해당한다.

ㄷ. (가)와 (나)는 모두 물질대사이므로 요소 합성(가)과 지방 소화(나)에서 모두 효소가 이용된다.

바로 알기

ㄴ. 중성 지방이 분해되는 과정은 물질대사의 이화 작용에 해당하므로 에너지가 방출되는 과정이다.

024 글리코젠의 합성과 분해   답 ③

알짜 풀이

ㄱ. ㉠은 이화 작용, ㉡은 동화 작용에 해당한다. 생물의 물질대사 과정에는 효소가 관여한다.

ㄴ. ㉡은 반응물인 포도당보다 생성물인 글리코젠이 크고 복잡하며 저장된 에너지양이 많으므로 동화 작용에 해당하며, ㉡에서 에너지가 흡수된다.

바로 알기

ㄷ. 간에서는 글리코젠 분해(㉠)와 글리코젠 합성(㉡)이 모두 일어난다.

025 광합성과 세포 호흡   답 ②

알짜 풀이

ㄷ. ㉠은 광합성(가) 결과 생성되는 O_2이고, ㉡은 세포 호흡(나) 결과 생성되는 CO_2이다. 날숨을 통해 CO_2(㉡)는 몸 밖으로 배출되므로 CO_2(㉡)의 농도는 들숨에서보다 날숨에서가 높다.

바로 알기

ㄱ. (가)는 빛에너지를 흡수하여 포도당을 합성하는 물질대사인 광합성이므로 엽록체에서 일어난다. 세포 호흡(나)은 주로 미토콘드리아에서 일어난다.

ㄴ. 세포 호흡(나)에서 방출되는 에너지의 일부는 ATP에 저장되고 나머지는 열에너지로 방출된다.

026 동화 작용   답 ③

자료 분석

알짜 풀이

ㄱ. (가)는 저분자 물질인 포도당을 고분자 물질인 글리코젠(다당류)으로 합성하는 과정이므로 동화 작용에 해당한다.

ㄴ. (나)는 암모니아를 독성이 적은 요소로 전환하는 요소 합성 과정이며, 동화 작용에 해당하므로 에너지가 흡수된다.

바로 알기

ㄷ. 요소 합성 과정(나)은 주로 간에서 일어난다. 콩팥에서는 요소가 농축된 오줌이 생성되며, 요소는 오줌을 통해 몸 밖으로 배출된다.

027 ADP와 ATP   답 ④

알짜 풀이

ㄴ. 미토콘드리아에서 ATP가 합성되므로 과정 Ⅰ이 일어난다.

ㄷ. 과정 Ⅱ는 ATP가 ADP로 분해되는 과정이고, 이 과정에서 방출되는 에너지는 근육 수축, 물질 합성, 체온 유지 등의 다양한 생명 활동에 이용된다.

바로 알기

ㄱ. ㉠은 ADP, ㉡은 ATP이다. 1분자당 저장된 에너지는 ATP(㉡)가 ADP(㉠)보다 더 많다.

028 광합성과 세포 호흡   답 ③

알짜 풀이

ㄱ. ⓐ는 포도당, ⓑ는 CO_2이다. 포도당($C_6H_{12}O_6$)은 CO_2보다 크고 복잡한 물질이다.

ㄷ. 세포 호흡(나)에서 방출되는 에너지의 일부는 ADP와 무기 인산 사이의 결합에 저장되어 ATP의 화학 에너지가 되며, 나머지는 열에너지로 방출된다.

바로 알기

ㄴ. 광합성(가)은 엽록체에서 일어난다. 세포 호흡(나)은 주로 미토콘드리아에서 일어난다.

029 세포 호흡과 ATP   답 ③

알짜 풀이

ㄷ. 근육 수축, 생장, 체온 조절, 정신 활동 등은 ATP의 화학 에너지가 이용되는 대표적인 생명 활동이다.

바로 알기

ㄱ. 세포 호흡을 통해 아미노산(㉠)이 분해될 때 암모니아가 생성된다. 아미노산(㉠)은 단백질의 기본 단위이고, 포도당은 글리코젠의 기본 단위이다.

ㄴ. O_2는 세포 호흡에 이용되고, CO_2(ⓐ)는 세포 호흡을 통해 생성된다.

030 유레이스에 의한 요소 분해   답 ⑤

알짜 풀이

ㄱ. 오줌 속의 요소가 분해되면 염기성을 띠는 암모니아가 생성된다. BTB 용액은 염기성에서 푸른색, 산성에서는 노란색을 나타낸다. Ⅲ은 생콩즙을 넣지 않았으므로 오줌 속의 요소의 분해가 일어나지 않으며, ㉠은 초록색에서 노란색에 가까운 연두색이고, ㉡은 푸른색이다.

ㄴ. Ⅱ는 오줌을 넣지 않았으므로 생콩즙에 의한 요소의 분해가 일어나지 않고, Ⅳ는 오줌을 넣었으므로 생콩즙에 의한 요소의 분해가 일어나므로, Ⅱ와 Ⅳ에서 오줌의 유무는 조작 변인이다.

ㄷ. Ⅳ에서 BTB 용액을 떨어뜨렸을 때 푸른색으로 변화된 것은 오줌 속의 요소가 생콩즙의 유레이스에 의해 분해되고 암모니아가 생성되었음을 나타내며, 이때 에너지 방출이 일어난다.

---

04 물질대사와 건강   019~021쪽

대표 기출 문제   031 ⑤   032 ④

적중 예상 문제   033 ④   034 ②   035 ②   036 ⑤   037 ③
                  038 ⑤   039 ⑤   040 ①

031 에너지 섭취와 소비　답 ⑤

자료 분석

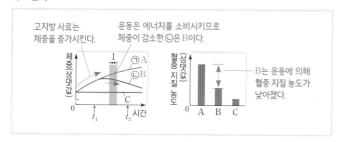

알짜 풀이

ㄱ. A와 B에게 고지방 사료를 먹이고, C에게 일반 사료를 먹였으며, t_1일 때부터 B에게만 운동을 시켰으므로, 체중이 증가하다가 t_1 이후 ㉠과 다르게 체중 감소를 나타내는 ㉡은 B이고 ㉠은 A이다.

ㄴ. 구간 Ⅰ에서 B(㉡)는 체중이 감소했으며, t_2일 때 측정된 혈중 지질 농도도 A(㉠)보다 낮으므로, 구간 Ⅰ에서 B(㉡)는 에너지 소비량이 에너지 섭취량보다 많다.

ㄷ. 대표적인 대사성 질환에는 고지혈증, 당뇨병, 고혈압 등이 있다.

032 기관계의 통합적 작용　답 ④

알짜 풀이

ㄴ. B는 폐이며, 폐를 통해 H_2O은 몸 밖으로 배출된다. 세포 호흡 결과 생성되는 H_2O은 순환계를 거쳐 폐, 콩팥 등 기관을 통해 몸 밖으로 배출된다.

ㄷ. 폐(B)로 들어온 O_2의 일부는 순환계를 통해 방광(A)을 포함한 온몸으로 운반되어 각 기관, 조직을 구성하는 세포들의 세포 호흡에 이용된다.

바로 알기

ㄱ. 간은 소화계에 속하는 기관이다. 배설계에 속하는 기관으로는 콩팥과 방광 등이 있다.

033 사람의 기관계와 대사성 질환　답 ④

알짜 풀이

ㄴ. 혈액 속의 콜레스테롤 농도가 지나치게 높은 것(ⓐ)은 대사성 질환인 고지혈증의 증상이다. 고지혈증은 비만, 동맥 경화증, 고혈압, 뇌졸중, 심근경색증 등의 질병이 발생하는 원인이 될 수 있다.

ㄷ. B는 동맥이고 간에서 생성된 요소는 순환계를 통해 온몸을 순환하다가 배설계에 속하는 콩팥으로 운반되어 오줌으로 배출된다. 그러므로 간에서 생성된 요소의 일부는 동맥을 거쳐 배설계로 이동한다.

바로 알기

ㄱ. A는 폐로 호흡계에 속한다. B는 내벽에 콜레스테롤 등이 쌓이면 동맥 경화증이 나타나므로 동맥이다.

034 사람의 기관과 기관계　답 ②

알짜 풀이

ㄴ. 심장은 소화계에 속하지 않고, 오줌을 생성하지도 않는다. 심장을 구성하는 세포에서는 ATP 합성, 근육 단백질 합성 등의 동화 작용이 일어난다. 따라서 특징의 개수가 1인 A는 심장이다. 나머지 B는 콩팥이다.

바로 알기

ㄱ. 간은 소화계에 속하며 간에서 동화 작용인 단백질 합성이 일어나므로 ㉠은 2이다.

ㄷ. 암모니아를 요소로 전환하는 대표 기관은 간이다.

035 대사 노폐물의 생성과 배출　답 ②

알짜 풀이

ㄴ. ㉠은 포도당, 아미노산, 지방산이 세포 호흡에 이용될 때 공통으로 생성되는 물이다. 물은 주로 호흡계를 통해 날숨으로, 배설계를 통해 오줌으로 몸 밖으로 배출된다.

바로 알기

ㄱ. 과정 (가)는 탄수화물(다당류)이 기본 단위인 포도당으로 분해되는 과정이므로 소화에 해당한다. 미토콘드리아에서는 세포 호흡의 주요 과정이 일어난다.

ㄷ. ㉡은 아미노산이 분해되는 과정에서 생성되는 암모니아이며, 독성이 강한 암모니아는 간에서 독성이 약한 요소로 전환된다.

036 기관계의 통합적 작용　답 ⑤

알짜 풀이

ㄱ. 질소 노폐물을 오줌으로 배설하는 A는 배설계이다. O_2가 들어오고 CO_2가 배출되는 B는 호흡계이고, 영양소가 소화·흡수되는 C는 소화계이다.

ㄴ. 이자는 소화계(C)에 속한다.

ㄷ. 기관계 A~C는 모두 세포로 이루어져 있고 세포에서는 동화 작용과 이화 작용이 지속적으로 일어나며 생명 활동이 유지된다.

037 에너지 균형과 대사성 질환　답 ③

알짜 풀이

ㄷ. 영양 과잉이나 운동 부족으로 에너지 섭취량이 에너지 소비량보다 많은 상태가 오랫동안 지속되면 비만, 당뇨병, 고혈압, 고지혈증 등의 대사성 질환이 생길 수 있다.

바로 알기

ㄱ. (가)는 고혈압, (나)는 고지혈증, (다)는 당뇨병이다.

ㄴ. 당뇨병(다)은 혈당 수치가 정상보다 높고 오줌에서 당이 섞여 나오는 상태이다. 혈관 내벽에 콜레스테롤 등이 쌓여 혈관이 좁아지고 탄력을 잃는 증상은 동맥 경화증이다.

038 노폐물의 생성과 배설　답 ⑤

자료 분석

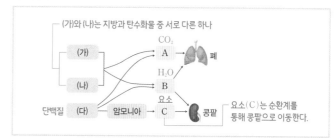

알짜 풀이

ㄱ. 폐를 통해 몸 밖으로 배출되는 노폐물은 이산화 탄소(A)이다. 물(B) 역시 폐를 통해 배출되지만 콩팥을 통해 오줌으로도 배출되므로 폐를 통해서만 배출되는 A는 이산화 탄소이다.

ㄷ. 간에서 생성된 요소(C)가 콩팥으로 이동할 때 순환계를 거친다.

바로 알기

ㄴ. (다)로부터 질소 노폐물인 암모니아가 생성되므로 (다)는 단백질이다. 단백질(다)의 기본 단위는 아미노산이다.

039 기관계의 통합적 작용　답 ⑤

알짜 풀이

ㄱ. 소화계는 소화관(입, 위, 소장, 대장 등)과 간, 이자 등의 기관으로 구성된다.

ㄴ. 소화계를 통해 몸 안으로 들어온 포도당 등의 영양소는 순환계를 통해 온몸의 살아 있는 세포에 공급되어 세포 호흡 등의 생명 활동에 이용된다. 포도당의 일부는 배설계를 구성하는 세포의 생명 활동에도 이용된다.

ㄷ. 물질대사의 결과 생성되는 노폐물은 주로 배설계를 통해 오줌으로 배출되지만, 일부는 폐를 통해 배출된다.

040 에너지 섭취와 소비의 균형　답 ①

알짜 풀이

ㄱ. 1일 기초 대사량, 1일 활동 대사량, 1일 동안 음식물의 소화·흡수에 필요한 에너지를 합한 것이 1일 대사량(㉠)이다.

바로 알기

ㄴ. '1일 활동 대사량＝1일 대사량－1일 기초 대사량'이다. B의 1일 기초 대사량은 $1.0 \times 60 \times 24 = 1440$(kcal/일)이고, 1일 활동 대사량은 $2600 - 1440 = 1160$(kcal/일)이다. 표에 제시된 기초 대사량과 체중의 곱이 A는 45이고 B는 60이므로, A의 1일 기초 대사량은 B의 1일 기초 대사량의 $\frac{45}{60} = \frac{3}{4}$인 1080(kcal/일)이고, A의 1일 활동 대사량은 $2250 - 1080 = 1170$(kcal/일)이다. $\frac{1일\ 활동\ 대사량}{1일\ 대사량}$은 A에서는 $\frac{1170}{2250}$이고 B에서는 $\frac{1160}{2600}$이므로 A에서가 B에서보다 크다.

ㄷ. 생활 습관이 유지될 때, 비만이 될 가능성이 가장 큰 사람은 1일 대사량보다 1일 에너지 섭취량이 큰 B이다.

1등급 도전 문제 022~023쪽

041 ②　**042** ③　**043** ⑤　**044** ②　**045** ④　**046** ④
047 ⑤　**048** ②

---

041 생물의 특성　답 ②

알짜 풀이

ㄷ. 빛은 자극에 해당하며 빛을 피해 이동하는 것은 반응에 해당하므로, '지렁이가 빛을 피해 이동한다.'는 자극에 대한 반응의 예인 ⓐ에 해당한다.

바로 알기

ㄱ. 캥거루쥐가 진한 오줌을 소량만 배설하는 것은 '건조한 사막'이라는 서식 환경에서 캥거루쥐가 수분 손실을 줄이는 데 적합한 생리적 특성을 갖는 것이므로, (가)는 적응과 진화이다. 따라서 (나)는 생식과 유전이다.

ㄴ. 짚신벌레가 분열법으로 번식하는 과정(㉠)에서 발생과 생장이 일어나지 않는다.

042 생물의 특성　답 ③

알짜 풀이

ㄱ. 감자는 다세포 생물인 식물이므로 세포로 구성되어 있다.

ㄷ. 파이토크롬을 통해 빛을 감지하는 것은 '자극' 감지에 해당하고 잎, 줄기, 뿌리의 변화가 시작되는 것은 '반응'에 해당하므로 ㉡은 자극에 대한 반응에 해당한다.

바로 알기

ㄴ. ㉠은 감자가 땅속에서 싹이 트고 토양을 뚫고 나오는 데 적합한 생활 방식과 형태를 갖는 것을 강조하고 있으므로 적응과 진화와 가장 관련이 깊다.

043 연역적 탐구 방법　답 ⑤

알짜 풀이

ㄱ. ⓐ는 실험의 결과이므로 종속변인이다. 실험에 사용한 카카오 묘목의 상태, 역병균 P 처리는 통제 변인이고, 내생 균류 E 처리 여부는 조작 변인이다.

ㄴ. (가)에서는 의문에 대한 잠정적인 답인 가설이 설정되었다.

ㄷ. 내생 균류 E가 카카오나무에서 역병 발생률을 감소시킨다고 결론을 내렸으므로, 역병에 걸려 죽은 잎의 비율(ⓐ)이 낮은 Ⅱ가 E를 처리한 집단이다.

044 물질대사　답 ②

자료 분석

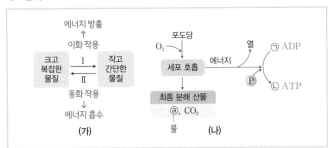

(가)　(나)

알짜 풀이

ㄴ. ㉠은 ADP이고, ㉡은 ATP이다. ADP보다 ATP는 크고 복잡한 물질이고, 물질에 저장된 화학 에너지가 많으므로 ADP(㉠)가 ATP(㉡)로 전환되는 과정은 동화 작용(Ⅱ)에 해당한다.

바로 알기

ㄱ. Ⅰ은 이화 작용이다. 이화 작용이 일어날 때는 에너지가 방출된다.

ㄷ. 포도당이 세포 호흡에 이용되면 최종 분해 산물로 물과 CO_2가 생성되므로 ⓐ는 물이다. 아미노산이 세포 호흡에 이용될 때에도 물(ⓐ)은 생성된다.

045 대사 노폐물 및 기관계의 통합적 작용　답 ④

자료 분석

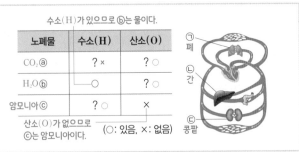

노폐물	수소(H)	산소(O)
CO_2 ⓐ	? ×	? ○
H_2O ⓑ	○	? ○
암모니아 ⓒ	? ○	×

(○: 있음, ×: 없음)

수소(H)가 있으므로 ⓑ는 물이다.
산소(O)가 없으므로 ⓒ는 암모니아이다.

알짜 풀이

ㄱ. ⓐ는 이산화 탄소, ⓑ는 물, ⓒ는 암모니아이다.

ㄴ. 물(ⓑ)은 폐(㉠)와 콩팥(㉢)을 통해 몸 밖으로 배출된다.

ㄷ. 암모니아(ⓒ)는 간(ⓛ)에서 독성이 약한 물질로 전환된다. 콩팥(ⓒ)에서는 혈액의 요소와 같은 노폐물이 걸러지고 농축되어 오줌이 형성된다.

046 물질대사(효모의 발효)　　답 ④

알짜 풀이

ㄴ. 대조군은 실험군과 비교하기 위해 아무 요인도 변화시키지 않은 집단이다. 이 실험에서 C는 포도당 용액 없이 증류수와 효모액을 넣어준 발효관이므로 대조군이다. C(대조군)는 A와 B의 실험 결과에 대한 비교의 기준이 된다.

ㄷ. 효모는 포도당을 발효의 기질(반응물)로 사용하기 때문에 포도당의 농도가 가장 높은 발효관 A에서 이산화 탄소(㉠)가 가장 많이 발생한다.

바로 알기

ㄱ. 효모의 발효는 포도당이 분해되어 알코올과 이산화 탄소가 생성되는 과정이며, 맹관부에 모이는 기체 ㉠은 이산화 탄소이다.

047 기관계의 통합적 작용　　답 ⑤

알짜 풀이

ㄱ. 소화계(가)와 배설계(나) 사이의 물질 이동은 순환계를 통해 일어난다.

ㄴ. 폐를 통해 몸 안으로 들어온 O_2의 일부는 순환계를 통해 콩팥(B)을 구성하는 세포의 ATP 합성을 위한 세포 호흡에 이용된다.

ㄷ. 간(A)에서는 포도당이 글리코젠으로 합성되는 동화 작용과 포도당이 세포 호흡을 통해 물과 이산화 탄소로 분해되는 이화 작용이 모두 일어난다.

048 사람의 물질대사 및 기관계의 통합적 작용　　답 ②

알짜 풀이

ㄴ. 초록색 BTB 용액을 푸른색으로 변화시키는 물질은 염기성을 띠는 암모니아(㉠)이다. 암모니아(㉠)는 주로 간에서 독성이 적은 요소로 전환된다.

바로 알기

ㄱ. 미토콘드리아에서 일어나는 세포 호흡 과정에서는 O_2가 소비된다.

ㄷ. 이산화 탄소(ⓛ)는 주로 순환계를 거쳐 호흡계를 통해 몸 밖으로 배출된다.

Ⅲ. 항상성과 몸의 조절

05 흥분의 전도와 전달　　027~033쪽

대표 기출 문제	049 ①	050 ⑤		
적중 예상 문제	051 ②	052 ②	053 ①	054 ④	055 ③
	056 ③	057 ②	058 ①	059 ③	060 ④

049 흥분의 전도에서 이온의 농도　　답 ①

알짜 풀이

ㄱ. A와 B를 처리하지 않은 Ⅰ에 비해 Ⅱ는 탈분극이 억제되었다. 따라서 Ⅱ는 A를 처리하여 세포막에 있는 Na^+ 통로를 통한 Na^+의 이동이 억제된 것이다. Ⅲ에서 탈분극은 일어났지만 재분극은 억제되었으므로 B는 세포막에 있는 K^+ 통로를 통한 K^+의 이동을 억제하는 물질이다. 따라서 ㉠은 Na^+, ⓛ은 K^+이다.

바로 알기

ㄴ. 뉴런에서 K^+의 농도는 항상 세포 안에서가 세포 밖에서보다 높으므로 t_1일 때, Ⅰ에서 ⓛ(K^+)의 $\dfrac{세포\ 안의\ 농도}{세포\ 밖의\ 농도}$는 1보다 크다.

ㄷ. Ⅰ은 대조군이고, Ⅲ은 재분극이 억제된 실험군이다. 막전위가 $+30\,mV$에서 $-70\,mV$가 되는 데 걸리는 시간은 Ⅲ에서가 Ⅰ에서보다 길다.

050 흥분의 전도와 전달에서 막전위 변화　　답 ⑤

알짜 풀이

ㄱ. ㉠이 $2\,ms$일 때 d_1에서의 막전위는 $+30\,mV$이므로 Ⅱ는 $2\,ms$이다. Ⅰ일 때 d_4와 Ⅲ일 때 d_3에서의 막전위가 $+30\,mV$로 같으므로 Ⅲ이 Ⅰ보다 빠른 시간이다. 따라서 Ⅰ은 $8\,ms$, Ⅲ은 $4\,ms$이다. ㉠이 $4\,ms$(Ⅲ)일 때 d_2에서의 막전위가 $-80\,mV$이므로 d_2에서 막전위 변화는 $3\,ms$ 동안 일어났으며, d_1에서 d_2까지 자극이 이동하는 데 걸린 시간은 $1\,ms$이므로 흥분 전도 속도(㉮)는 $2\,cm/ms$이다.

ㄴ. ㉠이 $4\,ms$(Ⅲ)일 때 d_3에서의 막전위는 $+30\,mV$이므로 d_3에서 막전위 변화는 $2\,ms$ 동안 일어났으며, d_1에서 d_3까지 자극이 이동하는 데 $2\,ms$가 걸렸다. 따라서 ⓐ는 4이다.

ㄷ. ㉠이 $8\,ms$(Ⅰ)일 때 d_4에서의 막전위는 $+30\,mV$이므로 d_4에서의 막전위 변화는 $2\,ms$ 동안 일어났으며 d_1에서 d_4까지 자극이 이동하는 데 $6\,ms$가 걸렸다. 이때 d_5에서의 막전위는 $0\,mV$이므로 d_4에서 d_5까지 자극이 이동하는 데 $1\,ms$가 걸리지 않았다. ㉠이 $9\,ms$일 때 d_4에서의 막전위는 $-80\,mV$이고, d_5에서의 막전위는 $-80\,mV$와 $+30\,mV$ 사이이므로 d_5에서 재분극이 일어나고 있다.

051 흥분의 전도와 이온의 막 투과도　　답 ②

알짜 풀이

구간 Ⅰ은 역치 이상의 자극 이후 막전위가 상승하므로 탈분극 구간이고, 구간 Ⅱ는 막전위가 하강하는 구간이므로 재분극 구간이다. Na^+ 통로가 열리면 Na^+의 막 투과도가 증가하고, K^+ 통로가 열리면 K^+의 막 투과도가 증가하므로 ㉠은 Na^+, ⓛ은 K^+이다.

ㄴ. 구간 Ⅱ에서는 K^+(ⓛ)의 막 투과도가 커지면서 K^+이 세포 안에서 밖으로 확산된다.

바로 알기

ㄱ. Na⁺(㉠)의 농도는 항상 세포 밖에서가 세포 안에서보다 높으므로 구간 I 에서는 Na^+이 세포 밖에서 안으로 확산된다.

ㄷ. t_1일 때 Na^+ 통로를 통해 Na^+이 확산되어 유입된다. 이온이 이온 통로를 통해 확산될 때는 ATP가 사용되지 않는다.

052 이온의 막 투과도
답 ②

자료 분석

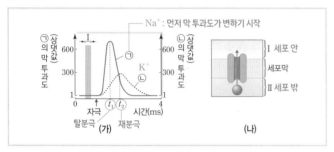

알짜 풀이

(가)에서 역치 이상의 자극을 주었을 때, 막 투과도가 먼저 증가하는 ㉠은 Na^+이고, 나중에 증가하는 ㉡은 K^+이다. Na^+은 활동 전위가 발생할 때 세포 밖에서 세포 안으로 확산된다. 따라서 I 은 세포 안이고, II 는 세포 밖이다.

ㄴ. K^+의 막 투과도가 증가하여 K^+ 통로를 통한 K^+의 확산이 증가하면 막전위가 하강하는 재분극이 일어난다. t_2일 때 K^+의 막 투과도가 최대이므로 재분극이 일어나고 있다.

바로 알기

ㄱ. Na^+(㉠)의 농도는 세포 밖(II)에서가 세포 안(I)에서보다 높고, K^+(㉡)의 농도는 세포 안(I)에서가 세포 밖(II)에서보다 높다. 따라서 이온의 $\dfrac{I(세포\ 안)에서의\ 농도}{II(세포\ 밖)에서의\ 농도}$ 는 ㉠(Na^+)이 ㉡(K^+)보다 작다.

ㄷ. 구간 I 에서 세포막은 분극 상태이고, 분극 상태일 때에도 K^+(㉡) 통로는 일부 열려 있어 세포막을 통한 확산이 일어난다.

053 흥분의 전도
답 ①

자료 분석

신경	4 ms일 때 막전위가 속하는 구간		
	㉠ (d_4)	㉡ (d_2)	㉢ (d_3)
(가) (B)	I	?	II
(나) (C)	?	II	I
(다) (A)	II	?	III

(나)에(다)보다 먼저 자극이 도달

III이 속하는 (다)에서 가장 빠름 → (가) → (나)의 순서임 ∴ (가)는 B, (나)는 C, (다)는 A

(다)에 (가)보다 먼저 자극이 도달

알짜 풀이

㉢에서의 막전위가 속하는 구간이 (가)는 재분극(II), (나)는 탈분극(I), (다)는 과분극(III)이므로 흥분 전도 속도는 (다)>(가)>(나)이다. 따라서 A는 (다), B는 (가), C는 (나)이다. (가)에서 4 ms일 때 막전위가 속하는 구간이 ㉠은 탈분극(I), ㉢은 재분극(II)이므로 ㉠과 ㉢ 중 d_1과 가까운 지점은 ㉢이다. (나)에서 4 ms일 때 막전위가 속하는 구간이 ㉡은 재분극(II), ㉢은 탈분극(I)이므로 ㉡과 ㉢ 중 d_1과 가까운 지점은 ㉡이다. d_1에서 가까운 순서가 ㉡, ㉢, ㉠이므로 ㉠은 d_4, ㉡은 d_2, ㉢은 d_3이다.

ㄱ. ㉢은 ㉠보다 먼저, ㉡보다 나중에 자극이 도달하므로 d_3이다.

바로 알기

ㄴ. ⓐ일 때 A((다))의 d_4(㉠)는 II 구간에 속한다. 따라서 재분극이 일어난다.

ㄷ. ⓐ일 때 B((가))의 d_3(㉢)에서의 막전위가 재분극(II)이므로 ㉡(d_2)에서의 막전위는 탈분극 구간(I)에 속하지 않는다.

054 흥분의 전도 과정과 자극을 준 지점 찾기
답 ④

자료 분석

지점	막전위(mV)			
	I (3 ms)	II (5 ms)	III (4 ms)	IV (2 ms)
㉠ (d_3)	−70	−50	−70	? −70
㉡ (d_1)	−80	−70	? −70	+30
㉢ (d_2)	? −50	−80	+30	−70

㉢이 ㉠보다 d_1에서 더 가까움

알짜 풀이

II 일 때 각 지점의 막전위가 ㉠은 −50 mV, ㉡은 −70 mV, ㉢은 −80 mV이므로 역치 이상의 자극을 받고 막전위 변화가 일어난 시간이 ㉡, ㉢, ㉠ 순으로 길다. 따라서 ㉠은 d_3, ㉡은 d_1, ㉢은 d_2이다. d_2에서의 막전위가 −80 mV이므로 d_2에서 막전위 변화는 3 ms 동안 일어났고, d_3에서의 막전위는 −50 mV이므로 d_3에서 막전위 변화는 1 ms 동안 일어났다. d_2에서 d_3까지 자극이 이동하는 데 걸린 시간이 2 ms이며, 거리는 2 cm이므로 흥분 전도 속도는 1 cm/ms이다. I 일 때 d_1(㉡)에서의 막전위는 −80 mV이므로 I 은 3 ms이다. II 일 때 d_2(㉢)에서의 막전위는 −80 mV이고 d_1에서 d_2까지 자극이 이동하는 데 걸린 시간이 2 ms이므로 II 는 5 ms이다. IV 일 때 d_1(㉡)에서의 막전위는 +30 mV이므로 IV는 2 ms이다.

ㄴ. III 일 때 d_2(㉢)에서의 막전위는 +30 mV이고 d_1에서 d_2까지 자극이 이동하는 데 걸린 시간이 2 ms이므로 III은 4 ms이다.

ㄷ. A에서의 흥분 전도 속도는 1 cm/ms이다.

바로 알기

ㄱ. d_1은 자극을 준 지점이고, ㉢은 d_2이다.

055 흥분의 전도
답 ③

알짜 풀이

A의 ㉠에서 측정한 막전위가 I 일 때 +30 mV, II 일 때 −70 mV, IV일 때 −80 mV이므로 자극을 받고 막전위 변화가 일어난 시간이 II, IV, I 순으로 길다. B의 ㉡에서 측정한 막전위가 III 일 때 −70 mV이므로 III은 I 보다 막전위 변화가 일어난 시간이 짧다. 따라서 II 는 5 ms, IV는 4 ms, I 은 3 ms, III은 2 ms이다.

ㄱ. ㉠에서 4 ms(IV)일 때 막전위가 −80 mV이므로 막전위 변화는 3 ms 동안 일어났다. 따라서 P에서 ㉠까지 자극이 이동하는 데 걸린 시간은 1 ms이다. A의 흥분 전도 속도가 2 cm/ms라면 B의 흥분 전도 속도는 1.5 cm/ms가 되고, P가 d_1이라면 ㉠은 d_3이고, P가 d_2라면 ㉠은 d_4이다. ㉡에서 4 ms(IV)일 때 막전위가 +30 mV이므로 막전위 변화는 2 ms 동안 일어났다. 따라서 P에서 ㉡까지 자극이 이동하는 데 걸린 시간은 2 ms이다. P가 d_1이라면 ㉡은 d_4이고, ㉠은 d_3이다.

ㄷ. A의 P(d_1)에 역치 이상의 자극을 주고 경과된 시간이 2 ms(III)일 때 d_3(㉠)까지 자극이 이동하는 데 걸린 시간이 1 ms이므로 d_3(㉠)에서 막전위 변화는 1 ms 동안 일어났다. 따라서 ⓐ는 −60(mV)이다. B의 P(d_1)에 역치 이상의 자극을 주고 경과된 시간이 3 ms(I)일 때 d_4(㉡)에서 막전위 변화는 1 ms 동안 일어났다. 따라서 ⓑ도 −60(mV)이다.

ㄴ. Ⅱ일 때 A의 d_3에서 막전위가 -70 mV이다. A의 d_1에서 d_3까지 흥분이 이동하는 데 1 ms가 소요되는데, -70 mV가 되는 것은 다시 분극 상태가 된 5 ms이다.

056 경과된 시간 찾기 답 ③

알짜 풀이

X의 흥분 전도 속도가 3 cm/ms이므로 흥분이 전도되는 데 걸리는 시간은 d_1과 d_2 사이는 1 ms, d_2와 d_3 사이는 2 ms이다. d_2에서의 막전위가 t_3일 때 -80 mV, t_1일 때 $+30$ mV이므로 t_3이 t_1보다 더 경과된 시간이다. 만약 t_2가 5 ms라면, t_3은 4 ms, t_1은 3 ms이다. 이때 d_1에서 t_2일 때 -70 mV, t_3일 때 $+30$ mV인데, 막전위 그래프에서 -70 mV와 $+30$ mV의 시간 차이가 1 ms일 수 없으므로 모순이다. 따라서 d_1~d_3에서 나타나는 막전위를 비교하여 3 ms, 4 ms, 5 ms는 각각 t_2, t_1, t_3임을 알 수 있으며, 이는 d_3 지점을 자극하였을 때의 결과이다.

ㄷ. d_3 지점에 자극을 주고 d_1까지 흥분이 전도되는 데 3 ms가 소요되고, d_2까지 흥분이 전도되는 데 2 ms가 소요된다. 따라서 ㉠과 ㉡은 각 지점에 흥분 도달 후 1 ms 동안 형성한 막전위로 서로 같다.

ㄱ. t_1은 4 ms, t_2는 3 ms, t_3은 5 ms이다. 따라서 t_1은 t_2보다 더 늦은 시점이다.

ㄴ. 자극을 준 지점은 d_3이다. 따라서 역치 이상의 자극을 주고 경과된 시점이 3 ms일 때 막전위가 -80 mV이다.

057 흥분의 전도와 전달 답 ③

자료 분석

신경	4 ms일 때 막전위(mV)				
	d_1	d_2	d_3 (P)	d_4 (Q)	d_5
Ⅰ 1 cm/ms	-70	ⓐ (-80)	-70	-80	?
Ⅱ 3v 1.5 cm/ms	ⓑ ($+30$)	?	ⓒ (-70)	?	$+30$
Ⅲ 4v 2 cm/ms	ⓑ ($+30$)	-80	?	ⓒ (-70)	ⓑ ($+30$)

알짜 풀이

㉠일 때 Ⅰ의 d_1과 d_3에서 막전위가 모두 -70 mV이므로 d_1은 P가 아니고, d_3이 P다. ㉠일 때 Ⅰ의 d_4에서 막전위가 -80 mV이므로 d_4에서 막전위 변화는 3 ms 동안 일어났고 P(d_3)에서 d_4까지 자극이 이동하는 데 걸린 시간은 1 ms이다. 따라서 Ⅰ을 구성하는 두 뉴런의 흥분 전도 속도는 1 cm/ms이다. ㉠일 때 Ⅰ의 d_2에서 막전위는 -80 mV이므로 ⓐ는 -80이다. ㉠일 때 Ⅱ의 P(d_3)에서 막전위는 -70 mV이므로 ⓒ는 -70이다. 따라서 Q는 d_4이다. ㉠일 때 Ⅲ의 d_2에서 막전위 변화가 3 ms 동안 일어나 막전위는 -80 mV이고, Q(d_4)에서 d_2까지 자극이 이동하는 데 걸린 시간은 1 ms이다. 따라서 Ⅲ을 구성하는 두 뉴런의 흥분 전도 속도는 2 cm/ms이다. ㉠일 때 Ⅲ의 d_1에서 막전위는 $+30$ mV이므로 ⓑ는 $+30$이고, Ⅱ의 흥분 전도 속도는 1.5 cm/ms이다.

ㄱ. Ⅰ과 Ⅱ에 자극을 준 P는 d_3이다.

ㄷ. d_3(P)에서 d_2까지 흥분이 이동하는 데 1 ms가 소요된다. ㉠이 3 ms일 때 Ⅰ의 d_2에서 막전위 변화는 2 ms 동안 일어나므로 막전위는 $+30$ mV(ⓑ)이다.

ㄴ. Ⅲ의 흥분 전도 속도는 2 cm/ms이다.

058 흥분의 이동 속도 계산 답 ③

알짜 풀이

A~C의 d_3에 역치 이상의 자극을 동시에 1회 주었으므로 t_1일 때 A~C의 d_3의 막전위는 모두 같다. 따라서 d_3은 Ⅰ과 Ⅱ 중 하나이다. t_1일 때 Ⅲ에서 A의 막전위는 -80 mV, C의 막전위는 0 mV이므로 흥분 전도 속도는 A가 C보다 빠르다. t_1일 때 Ⅳ에서 B의 막전위는 $+30$ mV, C의 막전위는 -60 mV이므로 흥분 전도 속도는 B가 C보다 빠르다. 따라서 C의 흥분 전도 속도는 1 cm/ms이다. C의 d_1, d_2, d_4 중 t_1일 때 막전위가 0 mV일 수 있는 지점은 d_4이므로 Ⅲ은 d_4이고, ㉡에 시냅스가 있음을 알 수 있다. Ⅳ가 d_1이라면 t_1은 6 ms가 되는데 t_1일 때 A의 Ⅲ(d_4)에서 막전위가 -80 mV가 될 수 없으므로 Ⅳ는 d_2이다. t_1일 때 C의 d_2에서 막전위 변화는 1 ms 동안 일어났고, 자극이 d_3에서 d_2(Ⅳ)까지 이동하는 데 3 ms가 걸리므로 t_1은 4 ms이다. t_1일 때 B의 d_2에서 막전위 변화는 2 ms 동안 일어났고, d_3에서 d_2(Ⅳ)까지 자극이 이동하는 데 2 ms가 걸리므로 B의 흥분 전도 속도는 1.5 cm/ms이다. 따라서 A의 흥분 전도 속도는 2 cm/ms이다. t_1일 때 A의 d_1에서 막전위가 -70 mV이므로 ㉠에 시냅스가 있다. ㉡에는 시냅스가 없고 t_1일 때 B의 d_1에서 막전위가 -70 mV가 될 수 없으므로 Ⅰ은 d_3, Ⅱ는 d_1이다.

ㄱ. ㉠과 ㉡에 모두 시냅스가 있다.

ㄷ. t_1일 때, B의 d_3에서 d_4(Ⅲ)까지 자극이 이동하는 데 걸린 시간은 $\frac{4}{3}$ ms이고 d_4(Ⅲ)에서 막전위 변화는 $\frac{8}{3}$ ms 동안 일어났다. 그래프에서 $\frac{8}{3}$ ms인 지점을 찾으면 재분극이 일어나는 시점이다.

ㄴ. A의 흥분 전도 속도는 2 cm/ms, B의 흥분 전도 속도는 1.5 cm/ms, C의 흥분 전도 속도는 1 cm/ms이므로 A~C 중 A의 흥분 전도 속도가 가장 빠르고 C의 흥분 전도 속도가 가장 느리다.

059 흥분의 전도에서 막전위 답 ③

알짜 풀이

㉮가 4 ms일 때 C의 d_2와 d_4에서 막전위가 같으므로 ㉢은 d_3이다. 따라서 ⓑ는 -70이다. 이때 d_1에서 막전위는 -70 mV이고 d_1에서 d_3까지 거리는 4 cm이므로 C의 흥분 전도 속도는 1 cm/ms이다. d_2에서 d_3까지 거리는 2 cm이므로 ㉮가 4 ms일 때 C의 d_2에서 막전위는 $+10$ mV이다. 따라서 ⓐ는 $+10$이다. ㉮가 4 ms일 때 B의 d_4에서 막전위인 ⓒ는 -80 mV이다. ㉮가 4 ms일 때 B의 d_3에서 막전위가 -70 mV이므로 ㉡은 d_3이다. 이때 d_2에서 막전위가 -80 mV이므로 d_3에서 d_2까지 자극이 이동하는 데 걸린 시간은 1 ms이고, B의 흥분 전도 속도는 2 cm/ms이다. ㉮가 4 ms일 때 A의 d_1과 d_3에서 막전위가 $+10$ mV로 같으므로 ㉠은 d_2이다. 이때 d_2에서 d_3까지 자극이 이동하는 데 걸린 시간이 2 ms이므로 A의 흥분 전도 속도는 1 cm/ms이다.

ㄱ. B의 ㉡과 C의 ㉢은 모두 d_3이므로, 4 ms일 때 막전위가 -70 mV이다.

ㄴ. A와 C의 흥분 전도 속도는 1 cm/ms로 서로 같다.

ㄷ. ㉮가 3 ms일 때, A의 d_4에는 아직 자극이 도달하지 않았으므로 탈분극이 일어나지 않는 분극 상태이다.

060 흥분의 전도와 전달   답 ④

자료 분석

신경 2 cm/ms	4 ms일 때 막전위(mV)			
	Ⅰ(d_5)	Ⅱ(d_3)	Ⅲ(d_4)	Ⅳ(d_2)
Ⓐ	+30	−80	?	?
Ⓑ,Ⓒ	−60	?(−80)	+30	?
Ⓓ	?(−70)	+30	?(−60)	−80
└─ 1 cm/ms				

알짜 풀이

㉠이 4 ms일 때 A의 Ⅰ에서 막전위는 +30 mV, Ⅱ에서 막전위는 −80 mV이므로 막전위 변화는 Ⅱ에서가 Ⅰ에서보다 더 긴 시간 동안 일어났다. 따라서 Ⅰ이 Ⅱ보다 d_1에서 더 멀리 있다. ㉠이 4 ms일 때 B와 C의 Ⅰ에서 막전위는 −60 mV, Ⅲ에서 막전위는 +30 mV이므로 막전위 변화는 Ⅰ에서가 Ⅲ에서보다 더 긴 시간 동안 일어났다. 따라서 Ⅰ이 Ⅲ보다 d_1에서 더 멀리 있다. ㉠이 4 ms일 때 D의 Ⅱ에서 막전위는 +30 mV, Ⅳ에서 막전위는 −80 mV이므로 막전위 변화는 Ⅱ에서가 Ⅳ에서보다 더 긴 시간 동안 일어났다. 따라서 Ⅱ가 Ⅳ보다 d_1에서 더 멀리 있으므로 Ⅰ은 d_5이다. ㉠이 4 ms일 때 A의 d_1에서 4 cm 떨어진 d_5(Ⅰ)의 막전위가 +30 mV이므로 A의 흥분 전도 속도는 2 cm/ms이고, B의 흥분 전도 속도도 2 cm/ms이다. 따라서 C와 D의 흥분 전도 속도는 1 cm/ms이다. ㉠이 4 ms일 때 A의 Ⅱ에서 막전위는 −80 mV이므로 Ⅱ는 d_3이고, D의 Ⅳ에서 막전위는 −80 mV이므로 Ⅳ는 d_2이다. 따라서 Ⅲ은 d_4이다.

ㄴ. ㉠이 3 ms일 때 A의 d_1에서 d_4(Ⅲ)까지 자극이 이동하는 데 1.5 ms가 걸리므로 d_4(Ⅲ)에서 막전위 변화는 1.5 ms 동안 일어난다. 따라서 A의 Ⅲ에서 탈분극이 일어나고 있다.

ㄷ. ㉠이 5 ms일 때 B의 d_1에서 C의 d_6까지 자극이 이동하는 데 4 ms가 걸리므로 d_6에서 막전위 변화는 1 ms 동안 일어나고, D의 d_1에서 d_5까지 자극이 이동하는 데 4 ms가 걸리므로 d_5에서 막전위 변화는 1 ms 동안 일어난다. 따라서 ㉠이 5 ms일 때 C의 d_6과 D의 d_5에서의 막전위는 서로 같다.

바로 알기

ㄱ. Ⅱ는 흥분 전도 속도가 2 cm/ms인 A에서 −80 mV이므로 d_1에서 2 cm 떨어진 부분이다. 따라서 Ⅱ는 d_3이다.

---

06 근육의 구조와 수축의 원리   035~041쪽

대표 기출 문제   061 ④   062 ①

적중 예상 문제   063 ④   064 ④   065 ①   066 ④   067 ②
                068 ③   069 ③   070 ④   071 ①   072 ④

061 골격근의 수축과 길이 계산   답 ④

알짜 풀이

ㄴ. t_1일 때 ㉠의 길이와 ㉡의 길이를 더한 값은 1.0 μm이고, X의 길이는 3.2 μm이며, X는 좌우 대칭이므로 ㉢의 길이는 1.2 μm이다. t_1일 때

$\dfrac{\text{ⓐ의 길이}}{\text{ⓒ의 길이}}=\dfrac{2}{3}$이므로 ⓐ의 길이는 0.8 μm이다. $\dfrac{t_1\text{일 때 ⓑ의 길이}}{t_2\text{일 때 ⓑ의 길이}}=\dfrac{1}{3}$ 이므로 t_1일 때 ⓑ의 길이는 0.2 μm이고, t_2일 때 ⓑ의 길이는 0.6 μm이다. t_1일 때보다 t_2일 때 0.4 μm 증가한다. ㉠+㉡의 값은 항상 1.0 μm이므로 t_2일 때 ⓐ의 값은 0.4 μm이다. 이를 바탕으로 t_1과 t_2일 때 X의 길이와 ㉠~㉢의 길이를 정리하면 다음 표와 같다.

시점	X의 길이	㉠(ⓐ)의 길이	㉡(ⓑ)의 길이	㉢의 길이
t_1	3.2 μm	0.8 μm	0.2 μm	1.2 μm
t_2	2.4 μm	0.4 μm	0.6 μm	0.4 μm

A대의 길이는 마이오신 필라멘트의 길이와 같고, 항상 일정하다. t_1일 때 A대의 길이는 2㉡(ⓑ)+㉢=1.6 μm이다.

ㄷ. X의 길이는 t_1일 때가 3.2 μm, t_2일 때가 2.4 μm이므로 t_1일 때가 t_2일 때보다 0.8 μm 길다.

바로 알기

ㄱ. X의 길이가 0.8 μm 감소할 때 0.4 μm 감소한 ⓐ는 ㉠, 0.4 μm 증가한 ⓑ는 ㉡이다.

062 골격근의 수축과 길이 계산   답 ①

자료 분석

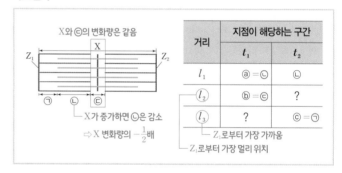

알짜 풀이

ㄱ. ㉠의 길이와 ㉡의 길이를 더한 값은 시점에 관계없이 일정하므로 ㉠의 길이와 ㉡의 길이를 더한 값은 13d이다. 따라서 t_1일 때 ㉢의 길이는 6d이고, t_2일 때 ㉢의 길이는 2d이다. t_1에서 t_2로 될 때 X의 길이는 4d 감소하므로 ㉠의 길이는 2d 감소하고, ㉡의 길이는 2d 증가한다. 따라서 t_1과 t_2일 때 ㉠~㉢의 길이는 다음 표와 같다.

시점	㉠의 길이	㉡의 길이	㉢의 길이
t_1	8d	5d	6d
t_2	6d	7d	2d

t_1일 때, A대의 길이는 2㉡+㉢=16d이므로 ㉢는 ㉠이다. ⓐ가 ㉢이라면 l_1은 Z_1으로부터 13d 이상 거리의 지점이므로 t_2일 때도 l_1 지점은 ㉢에 위치해야 한다. 그런데 t_2일 때 l_1 지점은 ㉡에 위치하므로 ⓐ는 ㉡, ⓑ는 ㉢이다. t_1일 때 Z_1으로부터 Z_2 방향으로 거리가 l_1인 지점은 ㉡(ⓐ)에 위치하고, l_2인 지점은 ㉢(ⓑ)에 위치하며, l_3인 지점은 ㉠(ⓒ)에 위치하므로 $l_2 > l_1 > l_3$이다.

바로 알기

ㄴ. t_2일 때, Z_1으로부터 Z_2 방향으로 거리가 l_3인 지점은 ㉠에 해당하므로 l_3은 Z_1으로부터 6d 이내의 지점이다. 따라서 t_1일 때, Z_1으로부터 Z_2 방향으로 거리가 l_3인 지점도 ㉠에 해당한다.

ㄷ. t_2일 때 ⓐ(㉡)의 길이는 7d, H대(㉢)의 길이는 2d이므로 ⓐ의 길이는 H대의 길이의 3.5배이다.

063 골격근의 수축과 길이 계산   답 ④

알짜 풀이

ㄴ. ⓐ와 ⓑ는 각각 2.8 μm와 3.2 μm 중 하나이므로, 0.4 μm만큼 차이가 난다. Ⅰ+Ⅲ의 값이 t_1에서보다 t_2에서 0.2 μm 짧으므로 둘 중 하나는 0.4 μm 감소한 ⓒ이고, 나머지는 0.2 μm 증가한 ⓛ이다. 따라서 나머지 Ⅱ는 ㉠이다. Ⅰ이 ⓒ이라면 t_1일 때 ㉠−ⓒ=2ⓛ이고, t_2일 때 ㉠−0.2−ⓒ+0.4=ⓛ이므로 모순이다. 따라서 Ⅰ은 ⓛ이고, Ⅲ은 ⓒ이다. t_1일 때 ㉠~ⓒ의 길이를 각각 ㉠, ⓛ, ⓒ이라고 하면 ㉠−ⓛ=2ⓒ이고, t_2일 때 ㉠−0.2−ⓛ−0.2=ⓒ이므로 ⓒ는 0.4이다. ⓐ는 3.2 μm, ⓑ는 2.8 μm이다. t_1일 때 X의 길이는 3.2 μm이므로 2㉠+2ⓛ+ⓒ=3.2이고, ⓛ(Ⅰ)+ⓒ(Ⅲ)=1.0이며, ㉠(Ⅱ)−ⓛ(Ⅰ)=0.8이므로 식을 풀어서 구한 ㉠~ⓒ의 길이는 다음 표와 같다.

시점	길이(μm)			
	X	**㉠**	**ⓛ**	**ⓒ**
t_1	3.2	1.0	0.2	0.8
t_2	2.8	0.8	0.4	0.4

따라서 t_1일 때 H대의 길이는 0.8 μm이다.

ㄷ. t_2일 때 ㉠의 길이는 0.8 μm이고, ⓛ의 길이는 0.4 μm이므로 t_2일 때 ㉠의 길이는 ⓛ의 길이의 2배이다.

바로 알기

ㄱ. Ⅰ은 t_1일 때보다 t_2일 때 0.2 μm 증가한 ⓛ이다.

064 골격근의 수축과 길이 계산   답 ④

알짜 풀이

ㄴ. t_1일 때 $\dfrac{\text{ⓐ의 길이}}{\text{㉠의 길이}}$=1이므로 ㉠의 길이와 ⓐ의 길이는 같다. t_1일 때 ㉠의 길이와 ⓐ의 길이를 a로 가정하자. t_2일 때 $\dfrac{\text{ⓑ의 길이}}{\text{㉠의 길이}}$=1이므로 ㉠의 길이와 ⓑ의 길이는 같다. t_2일 때 ㉠의 길이와 ⓑ의 길이를 b로 가정하자. $\dfrac{t_1\text{일 때 ⓑ의 길이}}{t_2\text{일 때 ⓐ의 길이}}$=1이므로 t_1일 때 ⓑ의 길이와 t_2일 때 ⓐ의 길이는 같다. t_1일 때 ⓑ의 길이와 t_2일 때 ⓐ의 길이를 c로 가정하자. t_2일 때 X의 길이는 2.4 μm이므로 만약 ⓐ가 ⓒ이라면 2㉠+2ⓛ+ⓒ=2b+2b+c=2.4이고, t_2일 때 ⓛ의 길이와 ⓒ의 길이를 더한 값은 1.0 μm라는 것을 이용하여 식을 풀면 $b=\dfrac{7}{15}$ μm가 된다. 이 값은 t_1일 때 A대의 길이가 1.6 μm라는 조건을 만족하지 못하므로 ⓐ는 ⓛ이다. t_2일 때 X의 길이는 2.4 μm이므로 2㉠+2ⓛ+ⓒ=2b+2c+b=2.4이고, t_2일 때 ⓛ의 길이와 ⓒ의 길이를 더한 값은 1.0 μm라는 것을 이용하여 식을 풀면 b=0.4 μm이다. 이를 바탕으로 두 시점에서 X의 길이와 ㉠~ⓒ의 길이를 구하면 다음 표와 같다.

시점	길이(μm)			
	X	**㉠**	**ⓛ(ⓐ)**	**ⓒ(ⓑ)**
t_1	2.6	0.5	0.5	0.6
t_2	2.4	0.4	0.6	0.4

따라서 t_1일 때 X의 길이는 2.6 μm이다.

ㄷ. t_2일 때 X의 길이는 2.4 μm이고, ⓛ의 길이가 0.6 μm, ⓒ의 길이가 0.4 μm이다. 따라서 $\dfrac{\text{ⓒ의 길이}}{\text{ⓛ의 길이}}=\dfrac{0.4}{0.6}=\dfrac{2}{3}$이다.

바로 알기

ㄱ. ⓐ가 ⓛ이어야 t_1일 때 $\dfrac{\text{ⓐ(ⓛ)의 길이}}{\text{㉠의 길이}}=\dfrac{0.5}{0.5}=1$이라는 조건을 만족한다.

065 골격근의 수축과 길이 계산   답 ①

알짜 풀이

ㄱ. t_1일 때 $\dfrac{ⓒ}{ⓛ}$=2이므로 ⓒ=2ⓛ이고, $\dfrac{㉠}{ⓛ+ⓒ}=\dfrac{1}{2}$이므로 2㉠=ⓛ+ⓒ이다. 따라서 2㉠=3ⓛ이다. t_1일 때 X의 길이는 2.8 μm이므로 2㉠+2ⓛ+ⓒ=2.8이 된다. 세 식을 정리하면 ⓛ은 0.4 μm이다. 따라서 ⓒ은 0.8 μm이고, ㉠은 0.6 μm이다. t_1일 때 A대의 길이는 2ⓛ+ⓒ이므로 1.6 μm이다.

시점	X의 길이	㉠의 길이	ⓛ의 길이	ⓒ의 길이
t_1	2.8 μm	0.6 μm	0.4 μm	0.8 μm
t_2	2.2 μm	0.3 μm	0.7 μm	0.2 μm

바로 알기

ㄴ. t_1에서 t_2로 될 때 X의 길이 변화량을 k라고 하면 t_2일 때 ㉠의 길이는 0.6+k, ⓛ의 길이는 0.4−k, ⓒ의 길이는 0.8+2k이다. t_2일 때 $\dfrac{㉠}{ⓛ+ⓒ}=\dfrac{0.6+k}{0.4-k+0.8+2k}=\dfrac{1}{3}$이므로 k=−0.3이다. 따라서 t_2일 때 ㉠의 길이는 0.3 μm, ⓛ의 길이는 0.7 μm, ⓒ의 길이는 0.2 μm이므로 X의 길이는 2.2 μm이다.

ㄷ. t_1일 때 ㉠의 길이를 ⓒ의 길이로 나눈 값은 $\dfrac{3}{4}\left(=\dfrac{0.6}{0.8}\right)$이고, t_2일 때 ㉠의 길이를 ⓒ의 길이로 나눈 값은 $\dfrac{3}{2}\left(=\dfrac{0.3}{0.2}\right)$이다. 따라서 ㉠의 길이를 ⓒ의 길이로 나눈 값은 t_1일 때가 t_2일 때보다 작다.

066 지점이 해당하는 구간 찾기   답 ④

자료 분석

거리	지점이 해당하는 구간	
가장 길다	t_1	수축 → t_2
l_1	? (ⓒ)	ⓐ (ⓒ)
l_2	ⓑ (㉠)	ⓒ (ⓛ)
l_3	ⓛ	? (ⓒ)
가장 짧다		

Z_1에서 가까울수록 ㉠일 가능성이 높음

알짜 풀이

ㄴ. t_1일 때 Z_1로부터 Z_2 방향으로 거리가 l_2인 지점이 ⓒ에 있다면 t_2일 때도 l_2인 지점은 ⓒ에 있어야 한다. 반대로 t_2일 때 Z_1로부터 Z_2 방향으로 거리가 l_2인 지점이 ㉠에 있다면 t_1일 때도 l_2인 지점은 ㉠에 있어야 한다. 따라서 ⓑ와 ⓒ는 ⓒ이 될 수 없으므로 ⓐ는 ⓒ이다. t_2일 때 Z_1로부터 Z_2 방향으로 거리가 l_1인 지점이 ⓒ에 해당하므로 t_1일 때 Z_1로부터 Z_2 방향으로 거리가 l_1인 지점도 ⓒ에 해당한다.

ㄷ. 골격근이 이완한다면 l_2에서 ⓛ이 ㉠으로 변하므로 ⓑ는 ⓛ, ⓒ는 ㉠이 된다. t_1일 때 $\dfrac{\text{ⓑ의 길이}}{\text{ⓐ의 길이}}=\dfrac{3}{4}$이므로 t_1일 때 ⓐ(ⓒ)의 길이를 4a, ⓑ(ⓛ)의 길이를 3a로 가정하고, t_2일 때 $\dfrac{\text{ⓑ의 길이}}{\text{ⓐ의 길이}}$=1이므로 t_2일 때 ⓐ(ⓒ)의 길이를 d, ⓑ(ⓛ)의 길이를 d로 가정하자.

t_1에서 t_2로 될 때 ⓒ의 길이 변화량이 $2k$라면 ⓛ의 길이 변화량은 $-k$이므로 $4a+2k=d$, $3a-k=d$이고, $a=-k$이다. 이 경우 t_1일 때 ⓒ의 길이는 $-12k$, t_2일 때 ⓒ의 길이는 $-10k$가 되므로 골격근이 이완한다는 조건을 만족하지 않는다. 따라서 골격근은 수축되고 있으며, 이때 l_2에서 ㉠이 ⓛ으로 변하므로 ⓑ는 ㉠, ⓒ는 ⓛ이 된다. t_1일 때 ⓐ(ⓒ)의 길이를 $4a$, ⓑ(ㄴ)의 길이를 $3a$로 가정하고, t_2일 때 ⓐ(ⓒ)의 길이를 d, ⓑ(㉠)의 길이를 d로 가정하자. t_1에서 t_2로 될 때 ⓒ의 길이 변화량이 $-2k$라면 ㉠의 길이 변화량은 $-k$이므로 $4a-2k=d$, $3a-k=d$이고, $a=k$이다. t_1일 때 ⓐ(ⓒ)의 길이는 $4k$, ⓑ(㉠)의 길이는 $3k$이고, t_2일 때 ⓐ(ⓒ)의 길이는 $2k$, ⓑ(㉠)의 길이는 $2k$이므로 t_1일 때 H대(ⓒ)의 길이는 t_2일 때 H대(ⓒ)의 길이의 2배이다.

바로 알기

ㄱ. t_1일 때 Z_1로부터 Z_2 방향으로 거리가 l_1인 지점은 ⓒ, l_2인 지점은 ㉠, l_3인 지점은 ⓛ에 해당하므로 Z_1로부터 거리는 $l_1>l_3>l_2$이다.

067 지점이 해당하는 구간 찾기   답 ②

알짜 풀이

㉠과 ⓛ의 길이를 더한 값은 시점에 상관없이 일정하므로 t_1일 때와 t_2일 때 ㉠의 길이와 ⓛ의 길이를 더한 값은 $13a$이고, ⓒ의 길이는 t_1일 때 $2a$, t_2일 때 $6a$이다. t_1에서 t_2로 될 때 X의 길이는 $4a$ 증가하였으므로 ㉠의 길이는 $2a$ 증가, ⓛ의 길이는 $2a$ 감소한다. 따라서 A대의 길이는 $16a$이므로 ⓒ는 ㉠이다. t_1일 때 ㉠은 $6a$, ⓛ은 $2a$이고, t_2일 때 ㉠은 $8a$, ⓒ은 $6a$이다. ⓐ가 ⓒ이라면 Z_1로부터 $6a$만큼 떨어진 지점인데, 이는 t_2일 때 ㉠($8a$)에 해당하는 위치이므로 모순이다. 따라서 ⓐ는 ⓛ, ⓑ는 ⓒ이다.

ㄷ. t_1일 때, Z_1로부터 Z_2 방향으로 거리가 l_3인 지점은 ㉠에 해당하므로 l_3은 $6a$보다 작다. 따라서 t_1일 때, Z_1로부터 Z_2 방향으로 거리가 l_3인 지점도 ㉠에 해당한다.

바로 알기

ㄱ. t_2일 때 Z_1로부터 Z_2 방향으로 거리가 l_1인 지점은 ⓛ(ⓐ)에, l_3인 지점은 ㉠(ⓒ)에 위치하므로 $l_1>l_3$이다.

ㄴ. t_1일 때 ⓐ(ⓛ)의 길이($7a$)는 H대의 길이($2a$, ⓒ)의 3.5배이다.

068 골격근의 수축   답 ③

알짜 풀이

t_1일 때 ⓐ의 길이를 a라고 하면 t_2일 때 ⓑ의 길이와 ⓒ의 길이를 더한 값은 $2a$이다. t_1일 때 ⓑ의 길이는 0.6 μm이므로 ⓐ+ⓑ$=a+0.6$이고, ⓐ의 길이와 ⓑ의 길이를 더한 값은 일정하므로 t_2일 때도 ⓐ+ⓑ$=a+0.6$이다. t_2일 때 X의 길이는 $2㉠+2ⓛ+ⓒ$이므로 $a+0.6+0.8+2a=3a+1.4$이다. 만약 t_2일 때 X의 길이가 3.2 μm라면 $3a+1.4=3.2$이고 이를 풀면 a는 0.6이 된다. t_1일 때 ⓐ의 길이는 0.6 μm이므로 t_2일 때 ⓑ의 길이는 0.4 μm이다. 따라서 t_2일 때 ⓒ의 길이는 0.8 μm이다. t_1에서 t_2로 될 때 ㉠의 길이는 증가하고, ⓛ의 길이는 감소하므로 ⓐ는 ㉠, ⓑ는 ⓛ이다.

시점	X의 길이	ⓐ(㉠)의 길이	ⓑ(ⓛ)의 길이	ⓒ의 길이
t_1	2.8 μm	0.6 μm	0.6 μm	0.4 μm
t_2	3.2 μm	0.8 μm	0.4 μm	0.8 μm

ㄱ. t_1일 때 X의 길이는 2.8 μm이고, H대(ⓒ)의 길이는 0.4 μm이다.

ㄴ. t_1일 때 ㉠(ⓐ)의 길이는 0.6 μm, t_2일 때 ⓛ(ⓑ)의 길이는 0.4 μm이므로 $\dfrac{t_2일 \ 때 \ ⓛ(ⓑ)의 \ 길이}{t_1일 \ 때 \ ㉠(ⓐ)의 \ 길이} = \dfrac{2}{3}$이다.

ㄷ. X의 길이는 t_1일 때 2.8 μm, t_2일 때 3.2 μm이므로 X의 길이는 t_1일 때가 t_2일 때보다 짧다.

069 골격근의 수축   답 ③

자료 분석

시점	길이(μm)					
	㉠	ⓛ	ⓒ	Ⅰ(ⓒ)+Ⅲ(ⓛ)	Ⅱ(㉠)+Ⅲ(ⓛ)	X
t_1	0.6	0.4	0.8	1.2	? 1.0	2.8
t_2	0.5	0.5	0.6	? 1.1	1.0	2.6
t_3	0.4	0.6	0.4	ⓐ$=1.0$	ⓐ$=1.0$	2.4

알짜 풀이

t_1일 때 ㉠의 길이를 a라 하면 t_2일 때 ⓒ의 길이도 a이다. t_1에서 t_2로 될 때 ⓒ의 길이 변화량은 ㉠의 길이 변화량의 2배이다. $a-0.8=2(0.5-a)$이므로 $a=0.6$ μm이다. t_3일 때 ㉠의 길이를 b라 하면 ⓒ의 길이도 b이다. t_2에서 t_3으로 될 때 ⓒ의 길이 변화량은 ㉠의 길이 변화량의 2배이다. 따라서 $b-0.6=2(b-0.5)$이므로 $b=0.4$ μm이다. t_3일 때 Ⅰ+Ⅲ과 Ⅱ+Ⅲ의 값이 ⓐ로 같으므로 Ⅲ은 ⓛ이다. Ⅰ이 ㉠이라면 t_1일 때 ⓛ의 길이는 0.6 μm이고, ㉠+ⓛ$=1.2$ μm이다. t_2일 때 ⓛ의 길이는 0.4 μm이고, ㉠+ⓛ$=0.9$ μm이므로 성립하지 않는다. 따라서 Ⅰ은 ⓒ, Ⅱ는 ㉠이다.

ㄱ. ㉠+ⓛ의 값은 항상 일정하므로 t_3일 때 Ⅱ(㉠)+Ⅲ(ⓛ)의 값인 ⓐ는 t_2일 때와 같은 1.0이다.

ㄷ. t_1일 때 X의 길이는 2.8 μm, t_3일 때 X의 길이는 2.4 μm이므로 t_1일 때 X의 길이는 t_3일 때 X의 길이보다 0.4 μm 길다.

바로 알기

ㄴ. t_2일 때 Ⅰ(ⓒ)의 길이는 0.6 μm이고, Ⅱ(㉠)의 길이는 0.5 μm이므로 두 값을 더한 값은 1.1 μm이다.

070 골격근의 수축   답 ④

알짜 풀이

t_1일 때 A대의 길이는 1.6 μm이므로 t_2일 때도 A대의 길이는 1.6 μm이고, X의 길이는 3.0 μm이므로 t_2일 때 ㉠의 길이는 0.7 μm이다. 따라서 ⓒ는 ⓛ과 ⓒ 중 하나이다. 만약 ⓒ가 ⓛ이라면 t_2일 때 ⓛ(ⓒ)의 길이는 0.4 μm, ⓒ의 길이는 0.8 μm이고, t_1일 때 ⓒ의 길이는 0.4 μm이므로 ㉠의 길이는 0.5 μm, ⓛ의 길이는 0.6 μm가 된다. 이때 t_1일 때 $\dfrac{ⓐ-ⓑ}{ⓒ}=\dfrac{1}{2}$이라는 조건을 만족하지 못하므로 ⓒ는 ⓒ이다. t_2일 때 ⓒ(ⓒ)의 길이는 0.4 μm이므로 ⓛ의 길이는 0.6 μm이고, ㉠은 ⓐ, ⓛ은 ⓑ이다. t_1일 때 ⓒ의 길이는 0.6 μm이므로 ㉠의 길이는 0.8 μm, ⓛ의 길이는 0.5 μm이다.

이를 표로 정리하면 다음과 같다.

시점	길이(μm)				
	㉠(ⓐ)	ⓛ(ⓑ)	ⓒ(ⓒ)	A대	X
t_1	0.8	0.5	0.6	1.6	3.2
t_2	0.7	0.6	0.4	1.6	3.0

ㄴ. $\dfrac{t_1일 \ 때 \ ⓛ의 \ 길이}{t_2일 \ 때 \ ⓛ의 \ 길이}=\dfrac{0.5}{0.6}=\dfrac{5}{6}$이다.

ㄷ. t_1일 때 X의 길이는 3.2 μm, t_2일 때 X의 길이는 3.0 μm이므로 X의 길이는 t_1일 때가 t_2일 때보다 0.2 μm 길다.

바로 알기

ㄱ. t_1일 때 ⓐ(㉠)의 길이는 0.8 μm이다.

071 골격근의 수축

답 ①

알짜 풀이

t_1에서 t_2로 될 때 ㉠의 길이에서 ⓐ의 길이를 뺀 값이 5배 증가하였다. 근육이 이완될 때 ㉠의 길이는 증가하고, ㉡의 길이는 감소하므로 ⓐ는 ㉡이고, ⓑ는 ㉢이다. t_2일 때 2㉠+2㉡+㉢=3.0(μm)이고, ㉠−㉡(ⓐ)=0.5 μm이며, $\dfrac{ⓑ의 길이}{A대의 길이}=\dfrac{㉢}{2㉡+㉢}=\dfrac{3}{4}$이므로 세 식을 풀어주면 t_2일 때 ㉠은 0.7 μm, ㉡(ⓐ)은 0.2 μm, ㉢(ⓑ)은 1.2 μm이다. 따라서 A대의 길이는 1.6 μm이고, t_1일 때 $\dfrac{ⓑ(㉢)의 길이}{A대의 길이}=\dfrac{1}{2}$이므로 t_1일 때 ㉢의 길이는 0.8 μm이다.

시점	길이(μm)				
	㉠	㉡(ⓐ)	㉢(ⓑ)	A대	X
t_1	0.5	0.4	0.8	1.6	2.6
t_2	0.7	0.2	1.2	1.6	3.0

ㄱ. t_1일 때와 t_2일 때의 A대의 길이는 1.6 μm로 같다.

바로 알기

ㄴ. t_2일 때 ⓐ(㉡)의 길이는 0.2 μm, ⓑ(㉢)의 길이는 1.2 μm이므로 t_2일 때 ⓐ의 길이와 ⓑ의 길이를 더한 값은 1.4 μm이다.

ㄷ. t_1일 때 X의 길이는 2.6 μm, t_2일 때 X의 길이는 3.0 μm이므로 X의 길이는 t_1일 때가 t_2일 때보다 0.4 μm 짧다.

072 골격근의 수축과 길이 계산

답 ④

알짜 풀이

t_1일 때 ⓐ의 길이 : ⓑ의 길이＝2 : 1이고, t_3일 때 ⓐ의 길이 : ⓑ의 길이＝2 : 3이므로 t_1에서 t_3로 될 때 X의 길이는 감소하고, ⓑ의 길이는 증가하였다. 따라서 ⓑ는 ㉡이다. t_1일 때 ⓐ의 길이를 $2a$라 하면 ⓑ의 길이는 a이고, t_2일 때 ⓑ의 길이를 b라 하면 ㉢의 길이도 b이다. ⓐ는 ㉢, ⓒ는 ㉠이라고 하면 t_1일 때 ⓒ(㉠)의 길이는 $b+0.1$이므로 X의 길이를 구할 수 있다. $2a+2(a+b+0.1)=2.8$이고, $b=a+0.1$이므로 이를 풀어 주면 $a=0.4$이다. 따라서 $b=0.5$이고, 문제의 조건을 만족한다. 각 시점에 ⓐ～ⓒ의 길이는 다음 표와 같다.

시점	길이(μm)			
	ⓐ(㉢)	ⓑ(㉡)	ⓒ(㉠)	X
t_1	0.8	0.4	0.6	2.8
t_2	0.6	0.5	0.5	2.6
t_3	0.4	0.6	0.4	2.4

ㄴ. t_1일 때 ㉠(ⓒ)의 길이와 t_2일 때 ㉢(ⓐ)의 길이는 모두 0.6 μm로 같다.

ㄷ. t_3일 때 ⓑ(㉡)의 길이는 0.6 μm이다.

바로 알기

ㄱ. ⓒ는 ㉠에 해당하므로, 마이오신 필라멘트는 없고 액틴 필라멘트만 있는 부분이다.

07 신경계

043~047쪽

대표 기출 문제 **073** ④ **074** ⑤

적중 예상 문제 **075** ② **076** ② **077** ① **078** ④ **079** ③
080 ② **081** ① **082** ④ **083** ② **084** ②
085 ① **086** ②

073 뇌의 구조와 자율 신경

답 ④

자료 분석

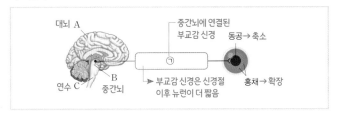

알짜 풀이

A는 대뇌, B는 중간뇌, C는 연수이다.

ㄴ. 대뇌(A)의 겉질은 신경 세포체가 있는 회색질이다. 대뇌는 겉질이 회색질, 속질이 백색질이고, 척수는 반대이다.

ㄷ. 뇌줄기는 중간뇌, 뇌교, 연수이므로 중간뇌(B)와 연수(C)는 모두 뇌줄기에 속한다.

바로 알기

ㄱ. 중간뇌(B)와 눈을 연결하는 자율 신경 X는 부교감 신경이다. 따라서 신경절 이전 뉴런이 신경절 이후 뉴런보다 길다.

074 자율 신경

답 ⑤

알짜 풀이

ㄱ. 자율 신경 Ⅰ은 신경절 이후 뉴런의 축삭 돌기 말단에서 분비되는 신경 전달 물질이 아세틸콜린이므로 부교감 신경이고, 연결된 기관이 위이므로 신경절 이전 뉴런의 신경 세포체는 뇌줄기인 연수에 있다. 따라서 (가)는 뇌줄기이다.

ㄷ. 자율 신경 Ⅱ는 신경절 이전 뉴런의 신경 세포체가 뇌줄기(가)에 있으므로 부교감 신경이다. 부교감 신경의 신경절 이후 뉴런의 축삭 돌기 말단에서 분비되는 ㉠은 아세틸콜린이다. 자율 신경 Ⅲ도 신경절 이후 뉴런의 축삭 돌기 말단에서 아세틸콜린이 분비되므로 부교감 신경이다.

바로 알기

ㄴ. ㉠은 부교감 신경의 신경절 이후 뉴런의 말단에서 분비되는 신경 전달 물질이므로 아세틸콜린이다.

075 중추 신경계

답 ②

알짜 풀이

A는 간뇌, B는 중간뇌, C는 척수, D는 대뇌이다.

ㄴ. 척수(C)에는 교감 신경의 신경절 이전 뉴런의 신경 세포체가 있다.

바로 알기

ㄱ. 뇌줄기에는 중간뇌, 뇌교, 연수가 속한다. 간뇌(A)는 뇌줄기를 구성하는 부분이 아니다.

ㄷ. 전두엽은 신경 세포체가 모여 있는 대뇌(D)의 회색질에 있다.

076 중추 신경계의 특성 　답 ②

자료 분석

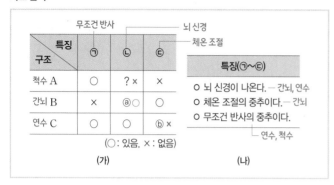

특징 구조	무조건 반사 ㉠	뇌 신경 ㉡	체온 조절 ㉢
척수 A	○	? ×	×
간뇌 B	×	ⓐ○	○
연수 C	○	○	ⓑ ×

(○: 있음, ×: 없음)
(가)

특징(㉠~㉢)

○ 뇌 신경이 나온다. — 간뇌, 연수
○ 체온 조절의 중추이다. — 간뇌
○ 무조건 반사의 중추이다.
　　　　　　　└ 연수, 척수

(나)

알짜 풀이

'뇌 신경이 나온다.'는 간뇌와 연수의 특징이고, '체온 조절의 중추이다.'는 간뇌의 특징이며, '무조건 반사의 중추이다.'는 연수와 척수의 특징이다. 따라서 A는 척수, B는 간뇌, C는 연수이고, ㉠은 '무조건 반사의 중추이다.', ㉡은 '뇌 신경이 나온다.', ㉢은 '체온 조절의 중추이다.'이다.

ㄴ. 연수(C)는 호흡 운동의 조절 중추이다.

바로 알기

ㄱ. B는 간뇌이고, ㉡은 '뇌 신경이 나온다.'이므로 ⓐ는 '○'이다. C는 연수이고, ㉢은 '체온 조절의 중추이다.'이므로 ⓑ는 '×'이다.

ㄷ. 뇌에는 대뇌, 간뇌, 중간뇌, 연수가 속한다. 따라서 ㉡은 '뇌 신경이 나온다.'이다.

077 소화 운동 조절과 자율 신경 　답 ①

알짜 풀이

㉠에 역치 이상의 자극을 주면 소화 작용이 촉진되므로 ㉠은 부교감 신경의 신경절 이전 뉴런이고, ㉢에 역치 이상의 자극을 주면 소화 작용이 억제되므로 ㉢은 교감 신경의 신경절 이전 뉴런이다.

ㄱ. 소화 작용의 조절 중추는 연수이고, 위에 연결된 부교감 신경의 신경절 이전 뉴런의 신경 세포체는 연수에 있으므로 A는 연수이다. 연수, 중간뇌, 뇌교는 뇌줄기에 속한다.

바로 알기

ㄴ. ㉡은 부교감 신경의 신경절 이후 뉴런이므로 ㉡의 축삭 돌기 말단에서는 아세틸콜린이 분비된다.

ㄷ. ㉢은 교감 신경의 신경절 이전 뉴런이고, ㉣은 교감 신경의 신경절 이후 뉴런이므로 ㉢의 길이는 ㉣의 길이보다 짧다.

078 심장 박동 조절 　답 ④

알짜 풀이

심장 박동 조절 중추는 연수이고, 심장과 연결된 부교감 신경의 신경절 이전 뉴런의 신경 세포체는 연수에 있다. 부교감 신경은 신경절 이전 뉴런이 신경절 이후 뉴런보다 길므로 A는 연수이고, B는 척수이다.

ㄴ. X의 주사량이 증가할 때 심장 박동 수가 증가하므로 X는 교감 신경의 신경절 이후 뉴런(㉡)의 축삭 돌기 말단에서 분비되는 노르에피네프린이다.

ㄷ. ㉠은 부교감 신경의 신경절 이후 뉴런이므로, ㉠에 역치 이상의 자극을 주면 심장 박동이 억제된다.

바로 알기

ㄱ. 배변·배뇨 반사의 중추는 척수(B)이고, 연수(A)는 호흡 운동과 심장 박동의 조절 중추이다.

079 자율 신경 　답 ③

알짜 풀이

방광과 연결된 부교감 신경의 신경절 이전 뉴런의 신경 세포체는 척수에 있고, 교감 신경의 신경절 이전 뉴런의 신경 세포체도 척수에 있으므로 (나)는 척수이다. 따라서 (가)는 중간뇌이고, 중간뇌와 연결된 기관은 눈이므로 ⓐ는 눈, ⓑ는 위이다. 눈과 연결된 부교감 신경의 신경절 이전 뉴런의 신경 세포체가 중간뇌에 있으므로 ㉠은 부교감 신경의 신경절 이후 뉴런의 축삭 돌기 말단에서 분비되는 신경 전달 물질이다. 따라서 ㉠은 아세틸콜린, ㉡은 노르에피네프린이다.

ㄱ. (가)는 중간뇌이고, 눈에 연결된 부교감 신경이 나오는 부분이다. 중간뇌 (가)는 안구 운동의 중추이다.

ㄴ. 소장은 소화계에 속하는 기관이다. 또한 위(ⓑ)도 소화계에 속하는 기관이다. 따라서 ⓑ는 소장과 같은 기관계에 속한다.

바로 알기

ㄷ. Ⅲ의 신경절 이후 뉴런의 축삭 돌기 말단에서 분비되는 신경 전달 물질이 아세틸콜린(㉠)이므로 Ⅲ은 부교감 신경이다.

080 척수 반사와 근육 원섬유 마디의 길이 변화 　답 ②

알짜 풀이

날카로운 물체에 찔렸을 때 해당 자극에 의해 일어나는 회피 반사의 중추는 척수이다. A는 구심성 뉴런(감각 뉴런), B는 연합 뉴런, C는 원심성 뉴런(운동 뉴런)이다. ㉠은 H대, ㉡은 A대이다.

ㄷ. 과정 X가 일어나는 동안 ⓐ는 수축하므로 H대(㉠)의 길이는 짧아지고, A대(㉡)의 길이는 변하지 않는다. 따라서 X가 일어나는 동안 $\dfrac{㉠의 길이}{㉡의 길이}$는 작아진다.

바로 알기

ㄱ. 척수 반사가 일어날 때 A(구심성 뉴런)의 흥분은 ⓑ로 전달되어 ⓑ가 이완한다. ⓑ가 이완하면 팔이 굽어진다.

ㄴ. B(연합 뉴런)는 중추 신경계에 속하고, C(원심성 뉴런)는 체성 신경에 속한다.

081 동공의 크기 조절 　답 ①

자료 분석

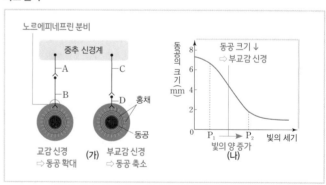

알짜 풀이

동공의 크기를 조절하는 중추는 중간뇌이므로 이에 관여하는 A와 B는 각각 교감 신경의 신경절 이전 뉴런과 신경절 이후 뉴런이고, C와 D는 각각 부교감 신경의 신경절 이전 뉴런과 신경절 이후 뉴런이다.

ㄱ. A는 교감 신경의 신경절 이전 뉴런이다. 동공의 크기 조절에 관여하는 교감 신경의 신경절 이전 뉴런인 A의 신경 세포체는 척수에 있다.

바로 알기

ㄴ. B(교감 신경의 신경절 이후 뉴런)의 축삭 돌기 말단에서는 노르에피네프린이 분비되고, C(부교감 신경의 신경절 이전 뉴런)의 축삭 돌기 말단에서는 아세틸콜린이 분비된다.

ㄷ. B에 역치 이상의 자극을 주면 동공의 크기가 커지고, D에 역치 이상의 자극을 주면 동공의 크기가 작아진다. 빛의 세기가 P₁에서 P₂로 변할 때 동공의 크기가 작아지므로 $\dfrac{\text{B에서 분비되는 신경 전달 물질의 양}}{\text{D에서 분비되는 신경 전달 물질의 양}}$은 작아진다.

082 교감 신경과 부교감 신경   답 ④

알짜 풀이

자극을 주었을 때 위 내부의 pH가 감소하므로 자극을 준 신경은 부교감 신경이다. 따라서 ㉠은 부교감 신경, ㉡은 교감 신경이다. 위와 연결된 부교감 신경은 연수에서 뻗어 나오므로 Ⅰ은 연수이고, 교감 신경은 척수에서 뻗어 나오므로 Ⅱ는 척수이다. 척수에서 뻗어 나온 부교감 신경은 방광에 연결되므로 B는 방광이고, Ⅲ은 중간뇌이므로 C는 홍채이다. 나머지 A는 심장이다.

ㄴ. ㉠은 부교감 신경이다. 부교감 신경의 신경절 이전 뉴런의 길이는 신경절 이후 뉴런의 길이보다 길다.

ㄷ. 중간뇌(Ⅲ)는 안구 운동의 중추로, 중간뇌에서 나온 부교감 신경이 연결된 C는 홍채이다.

바로 알기

ㄱ. 척수(Ⅱ)의 겉질은 백색질이고, 속질은 회색질이다.

083 자율 신경   답 ②

알짜 풀이

방광에 연결된 부교감 신경에 역치 이상의 자극을 주면 방광이 수축하므로 ㉠과 ㉡은 부교감 신경을 이루는 뉴런이고, 방광에 연결된 교감 신경에 역치 이상의 자극을 주면 방광이 이완하므로 ㉢과 ㉣은 교감 신경을 이루는 뉴런이다.

ㄴ. ㉠은 부교감 신경의 신경절 이전 뉴런이고, ㉡은 부교감 신경의 신경절 이후 뉴런이므로 ⓑ에 신경절이 있다. ㉢은 교감 신경의 신경절 이전 뉴런이고, ㉣은 교감 신경의 신경절 이후 뉴런이므로 ⓒ에 신경절이 있다.

바로 알기

ㄱ. 방광에 연결된 부교감 신경의 신경절 이전 뉴런의 신경 세포체는 척수에 있으므로 ㉠과 ㉡은 척수 신경에 속한다.

ㄷ. ㉠의 축삭 돌기 말단에서 분비되는 신경 전달 물질은 아세틸콜린이고, ㉣의 축삭 돌기 말단에서 분비되는 신경 전달 물질은 노르에피네프린이다.

084 신경계의 구조와 기능   답 ②

자료 분석

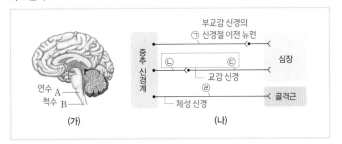

(가)   (나)

알짜 풀이

A는 연수, B는 척수이다. ㉠은 부교감 신경의 신경절 이전 뉴런이고, ㉡은 교감 신경의 신경절 이전 뉴런이다. ㉢은 교감 신경의 신경절 이후 뉴런이고, ㉣은 체성 신경을 구성하는 원심성 뉴런(운동 뉴런)이다.

ㄴ. 교감 신경의 신경절 이전 뉴런(㉡)과 체성 신경을 구성하는 원심성 뉴런(운동 뉴런)(㉣)은 모두 전근을 통해 나온다.

바로 알기

ㄱ. 심장과 연결된 부교감 신경의 신경절 이전 뉴런(㉠)의 신경 세포체는 연수(A)에 있다.

ㄷ. 교감 신경의 신경절 이후 뉴런(㉢)의 축삭 돌기 말단에서 분비되는 신경 전달 물질은 노르에피네프린이고, 체성 신경을 구성하는 원심성 뉴런(운동 뉴런)(㉣)의 축삭 돌기 말단에서 분비되는 신경 전달 물질은 아세틸콜린이다.

085 교감 신경과 부교감 신경의 비교   답 ①

알짜 풀이

㉠과 ㉣의 축삭 돌기 말단에서 분비되는 물질이 같다고 했는데, 교감 신경의 신경절 이전 뉴런의 축삭 돌기 말단에서 분비되는 신경 전달 물질과 부교감 신경의 신경절 이후 뉴런의 축삭 돌기 말단에서 분비되는 신경 전달 물질이 아세틸콜린으로 같다. 따라서 ㉠과 ㉡은 교감 신경을 이루는 뉴런이고, ㉢과 ㉣은 부교감 신경을 이루는 뉴런이다.

ㄱ. 소장과 연결된 교감 신경의 신경절 이전 뉴런의 신경 세포체는 척수에 있으므로 A는 척수이고, B는 연수이다.

바로 알기

ㄴ. 자극을 준 이후 소장 근육의 수축력이 약해졌는데, 소화 운동을 억제하는 자율 신경은 교감 신경이다. 따라서 (나)에서 자극을 준 뉴런은 교감 신경의 신경절 이전 뉴런인 ㉠이다.

ㄷ. 교감 신경의 신경절 이후 뉴런(㉡)의 축삭 돌기 말단에서 분비되는 신경 전달 물질은 노르에피네프린이다.

086 흥분 전달 경로   답 ②

알짜 풀이

ㄴ. (가)는 날카로운 것에 닿았을 때 일어나는 회피 반사이다. 이는 무조건 반사이므로 대뇌가 관여하지 않고 일어난다. 따라서 (가)에서 흥분은 B → ⓖ → ⓗ → ⓘ → R로 전달되므로, 반응 기관은 R이다.

바로 알기

ㄱ. ⓖ는 감각 기관 B에서 받아들인 자극을 중추 신경계로 전달하는 구심성 뉴런(감각 뉴런)이다. 구심성 뉴런은 척수의 후근을 구성한다.

ㄷ. (나)는 대뇌의 판단과 명령에 따라 일어나는 의식적인 반응이다. (나)에서 흥분은 손을 통해 받아들이므로, (나)에서 흥분의 이동 경로는 B → ⓖ → ⓓ → ⓑ → ⓔ → ⓕ → Q이다.

08 항상성   049~053쪽

대표 기출 문제	087 ②	088 ④			
적중 예상 문제	089 ④	090 ⑤	091 ②	092 ③	093 ②
	094 ②	095 ②	096 ②	097 ③	098 ③
	099 ②	100 ④	101 ④	102 ①	

087 삼투압 조절과 ADH의 분비　　답 ②

자료 분석

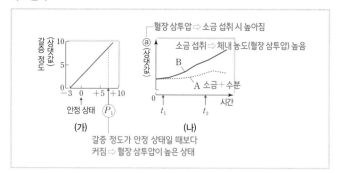

알짜 풀이

ⓐ의 변화량이 안정 상태일 때보다 P_1일 때 갈증 정도가 크므로 ⓐ는 혈장 삼투압이다.

ㄴ. t_2일 때 혈장 삼투압(ⓐ)은 B에서가 A에서보다 크다. 혈장 삼투압(ⓐ)이 증가하면 갈증 정도가 커지므로 t_2일 때 갈증을 느끼는 정도는 B에서가 A에서보다 크다.

바로 알기

ㄱ. 안정 상태일 때가 P_1일 때보다 갈증 정도가 작으므로 혈장 삼투압도 안정 상태일 때가 P_1일 때보다 낮다. 혈장 삼투압이 높을수록 콩팥에서 재흡수되는 물의 양이 증가하여 오줌의 삼투압이 높다. 따라서 생성되는 오줌의 삼투압은 안정 상태일 때가 P_1일 때보다 낮다.

ㄷ. 혈장 삼투압(ⓐ)이 높을수록 항이뇨 호르몬(ADH)의 분비량이 증가하므로 B의 혈중 항이뇨 호르몬(ADH) 농도는 t_1일 때가 t_2일 때보다 낮다.

088 자극의 종류와 체온 조절 과정　　답 ④

알짜 풀이

뇌하수체 전엽에 이상이 생겨 TSH 분비량이 정상보다 적은 A는 티록신의 분비량도 적은 ⓒ이다. 갑상샘에 이상이 생겨 티록신 분비량이 정상보다 많은 B는 ⓛ이다. 갑상샘에 이상이 생겨 티록신 분비량이 적은 C는 ⓞ이다.

ㄱ. 갑상샘에 이상이 생겨 티록신 분비량이 정상보다 많은 B(ⓛ)는 음성 피드백 작용에 의해 뇌하수체에서 TSH의 분비량이 정상보다 낮다. 따라서 ⓐ는 '—'이다.

ㄷ. 시상 하부에서 분비되는 TRH는 뇌하수체 전엽을 자극하여 TSH의 분비를 촉진하므로 정상인에서 뇌하수체 전엽에는 TRH의 표적 세포가 있다.

바로 알기

ㄴ. ⓞ(C)에게 티록신을 투여하면 티록신의 양이 많아지므로 음성 피드백 작용에 의해 투여 전보다 TSH의 분비가 억제된다.

089 호르몬의 특징　　답 ④

알짜 풀이

이자에서 분비되는 호르몬은 인슐린과 글루카곤이고, 교감 신경에 의해 분비가 촉진되는 호르몬은 글루카곤과 에피네프린이다. 혈당량이 낮아지면 분비가 증가하는 호르몬은 글루카곤과 에피네프린이다. 따라서 특징의 개수가 2인 A는 에피네프린이고, 1인 B는 인슐린이다. C는 글루카곤이고, 특징의 개수는 3이다.

ㄴ. 인슐린(B)은 혈당량을 낮추는 작용을 하는 호르몬으로, 부교감 신경에 의해 분비가 촉진된다.

ㄷ. 글루카곤(C)은 간에서 글리코젠이 포도당으로 전환되는 과정을 촉진하여 혈당량을 높인다.

바로 알기

ㄱ. 에피네프린(A)은 부신 속질에서 분비되어 혈당량을 높인다.

090 호르몬의 특징　　답 ⑤

알짜 풀이

'뇌하수체에서 분비된다.'는 항이뇨 호르몬(ADH)과 갑상샘 자극 호르몬(TSH)의 특징이고, '티록신 분비를 촉진한다.'는 갑상샘 자극 호르몬(TSH)의 특징이며, '혈당량 조절에 관여한다.'는 당질 코르티코이드의 특징이다. 따라서 A는 항이뇨 호르몬(ADH), B는 갑상샘 자극 호르몬(TSH), C는 당질 코르티코이드이고, ⓞ은 '혈당량 조절에 관여한다.', ⓛ은 '뇌하수체에서 분비된다.', ⓒ은 '티록신 분비를 촉진한다.'이다.

ㄴ. 항이뇨 호르몬(A)은 콩팥에서 수분의 재흡수를 촉진하므로 혈액을 통해 콩팥으로 이동한다.

ㄷ. 뇌하수체 전엽에서 분비되는 부신 겉질 자극 호르몬(ACTH)에 의해 부신 겉질에서 당질 코르티코이드(C)의 분비가 촉진된다.

바로 알기

ㄱ. 당질 코르티코이드(C)는 혈당량 조절에 관여하므로 ⓐ는 'ㅇ'이고, 항이뇨 호르몬(A)은 티록신 분비를 촉진하지 않으므로 ⓑ는 'x'이다.

091 호르몬 분비 조절　　답 ②

자료 분석

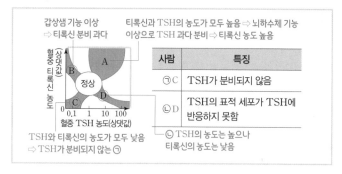

알짜 풀이

A는 뇌하수체의 기능 이상으로 TSH와 티록신이 모두 과다 분비되는 경우, B는 갑상샘의 기능 이상으로 티록신이 과다 분비되는 경우, C는 뇌하수체의 기능 이상으로 티록신의 분비가 부족한 경우인 ⓞ이고, D는 갑상샘의 기능 이상으로 티록신의 분비가 부족한 경우인 ⓛ이다.

ㄴ. ⓞ은 뇌하수체의 기능 이상으로 TSH가 분비되지 않는 사람이므로 티록신의 분비가 부족한 C에 해당한다. 티록신의 분비가 부족할 때 시상 하부에서는 음성 피드백에 의해 TRH의 분비가 정상인보다 높게 나타난다.

바로 알기

ㄱ. ⓛ은 갑상샘의 기능 이상(TSH의 표적 세포인 갑상샘 세포가 TSH에 반응하지 못함)으로 TSH의 분비는 많지만 티록신의 분비가 부족한 D에 해당한다.

ㄷ. ⓛ은 TSH의 표적 세포가 TSH에 반응하지 못하므로 TSH를 투여하여도 갑상샘에서 티록신을 분비하지 못한다.

092 호르몬 분비 조절　　답 ③

알짜 풀이

B에서 티록신 분비량은 정상보다 낮은데 TSH 분비량은 정상보다 높은 상태이므로 갑상샘에 이상이 있다. 따라서 ⓞ은 갑상샘, ⓛ은 뇌하수체이다.

ㄱ. A는 갑상샘의 분비 기능에 이상이 있는 사람이고, 티록신의 분비량이 정상보다 높으므로 TSH의 분비량은 정상보다 낮다. D는 뇌하수체의 분비 기능에 이상이 있는 사람이고, 티록신의 분비량이 정상보다 낮으므로 TSH의 분비량도 정상보다 낮다. 따라서 ⓐ와 ⓑ는 모두 '−'이다.

ㄷ. 뇌하수체의 분비 기능에 이상이 있는 D는 티록신의 분비량이 정상보다 낮으므로 음성 피드백에 의해서 시상 하부에서 TRH의 분비량이 정상보다 높다.

바로 알기

ㄴ. C는 뇌하수체의 분비 기능에 이상이 생겨 TSH 분비량이 많아지고, 티록신의 분비량도 정상보다 높아진 경우이다. C의 경우 갑상샘의 기능에는 이상이 없다.

093 혈당량 조절   답 ②

알짜 풀이

운동을 하는 동안 세포 호흡이 활발해져 혈중 포도당의 소비가 증가하므로 혈당량을 높이는 글루카곤의 혈중 농도는 증가하고 혈당량을 낮추는 인슐린의 혈중 농도는 감소한다. 따라서 ㉠은 인슐린이다.

ㄴ. 인슐린(㉠)은 세포로의 포도당 흡수를 촉진하여 혈당량을 낮추는 작용을 한다.

바로 알기

ㄱ. 인슐린은 간에서 포도당이 글리코젠으로 합성되는 반응을 촉진하므로 A는 포도당, B는 글리코젠이다.

ㄷ. 혈중 인슐린(㉠)의 농도가 t_1일 때가 운동 시작 시점일 때보다 낮으므로 간에서 단위 시간당 합성되는 글리코젠의 양도 t_1일 때가 운동 시작 시점일 때보다 적다.

094 혈당량 조절   답 ②

자료 분석

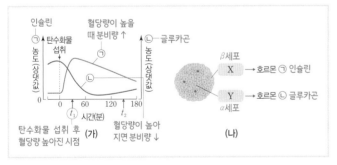

알짜 풀이

탄수화물을 섭취하면 혈중 포도당의 농도가 높아지므로 혈당량을 낮추는 작용을 하는 인슐린의 농도는 증가하고, 혈당량을 높이는 작용을 하는 글루카곤의 농도는 감소한다. 따라서 ㉠은 인슐린, ㉡은 글루카곤이다.

ㄴ. 혈중 포도당 농도는 탄수화물 섭취 후 인슐린(㉠)의 농도가 상승하는 구간이 있는 t_1일 때가 인슐린의 농도가 많이 감소한 시점인 t_2일 때보다 높다.

바로 알기

ㄱ. 인슐린(㉠)은 이자의 β세포에서 분비되고, 글루카곤(㉡)은 이자의 α세포에서 분비되므로 X는 β세포, Y는 α세포이다.

ㄷ. 인슐린(㉠)은 간에서 포도당이 글리코젠으로 전환되는 과정을 촉진하여 혈당량을 낮추고, 글루카곤(㉡)은 간에서 글리코젠이 포도당으로 전환되는 과정을 촉진하여 혈당량을 높인다.

095 체온 조절   답 ②

알짜 풀이

체온 조절 중추는 체온을 감지하는 곳으로 고온 자극이 주어지면 체온을 일정하게 유지하기 위해 체온을 낮추고, 저온 자극이 주어지면 체온을 높이므로 ㉠은 저온 자극, ㉡은 고온 자극이다. 고온 자극에 의해 체온이 높아졌다고 판단하면 열 발산량을 높이고 열 발생량을 낮춘다. 저온 자극일 때는 반대의 과정이 일어난다.

ㄴ. 구간 Ⅰ에서 열 발산량은 높고, 열 발생량은 낮다. 구간 Ⅱ에서 열 발산량은 낮고, 열 발생량은 높다. 따라서 $\dfrac{\text{열 발산량}}{\text{열 발생량}}$은 구간 Ⅰ에서가 구간 Ⅱ에서보다 많다.

바로 알기

ㄱ. (나)에서 ⓐ는 고온 자극(㉡)이 주어질 때 높아지고, 저온 자극(㉠)이 주어질 때 낮아지므로 ⓐ는 땀 분비량이다. 땀 분비량이 많아지면 체온이 낮아진다.

ㄷ. 체온 조절 중추인 시상 하부에 고온 자극(㉡)을 주었을 때 피부 근처 혈관은 확장되어 열 발산량이 높아진다.

096 체온 조절   답 ②

알짜 풀이

(가)에서 ㉠은 저온 자극이 주어지면 감소하고, 고온 자극이 주어지면 증가하므로 피부 근처 모세 혈관을 흐르는 단위 시간당 혈액량이다. (나)에서 ㉡은 시상 하부 온도가 감소할 때 증가하므로 근육에서의 열 발생량이다.

ㄴ. 저온 자극이 주어지면 체온을 일정하게 유지하기 위해 갑상샘에서 티록신의 분비가 증가한다. 따라서 혈중 티록신의 농도는 저온 자극을 받은 t_1일 때가 고온 자극을 받은 t_2일 때보다 높다.

바로 알기

ㄱ. ㉠은 저온 자극일 때 낮아지고, 고온 자극일 때 높아지는 값이므로 피부 근처 모세 혈관을 흐르는 단위 시간당 혈액량이다.

ㄷ. 시상 하부 온도가 낮아지면 열 발산량은 감소하므로 피부 근처 모세 혈관을 흐르는 단위 시간당 혈액량(㉠)은 T_1일 때가 T_2일 때보다 적다.

097 삼투압 조절에서 항이뇨 호르몬의 기능   답 ③

알짜 풀이

호르몬 X는 뇌하수체 후엽에서 분비되고, 콩팥에 작용하여 혈장 삼투압 변화에 관여하므로 항이뇨 호르몬(ADH)이다. 고온 환경에 노출시켜 같은 양의 땀을 흘리게 하였을 때 혈장 삼투압이 더 많이 증가하는 ㉠은 X(항이뇨 호르몬)가 정상보다 적게 분비되는 개체이고, 혈장 삼투압이 더 적게 증가하는 ㉡은 X(항이뇨 호르몬)가 정상적으로 분비되는 개체이다.

ㄱ. 항이뇨 호르몬(ADH)은 콩팥에서 수분의 재흡수를 촉진하므로 항이뇨 호르몬인 X의 표적 기관은 콩팥이다.

ㄷ. 항이뇨 호르몬이 정상적으로 분비되는 개체에서 고온 환경에 노출되어 땀 분비량이 증가하면 혈중 ADH 농도가 증가한다. 혈중 ADH 농도는 t_1일 때가 t_2일 때보다 적으므로 콩팥에서 물의 재흡수량도 t_1일 때가 t_2일 때보다 적다. 따라서 단위 시간당 오줌 생성량은 t_1일 때가 t_2일 때보다 많다.

바로 알기

ㄴ. ㉠은 X(ADH)가 정상보다 적게 분비되는 개체이고, ㉡은 X(ADH)가 정상적으로 분비되는 개체이므로 t_2일 때 $\dfrac{\text{㉠의 혈중 ADH 농도}}{\text{㉡의 혈중 ADH 농도}}$는 1보다 작다.

098 물 섭취 시 삼투압 조절 답 ③

자료 분석

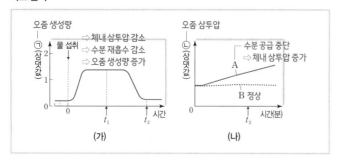

(가) (나)

알짜 풀이

정상인이 1 L의 물을 섭취하면 혈장 삼투압이 감소하므로 혈중 ADH 농도는 감소한다. ADH 농도가 감소하면 콩팥에서 물의 재흡수량이 감소하므로 오줌 생성량은 증가하고 오줌 삼투압은 감소한다. (가)에서 ㉠은 물 섭취 후 증가하므로 단위 시간당 오줌 생성량이고, ㉡은 오줌 삼투압이다. (나)에서 수분 공급을 중단한 사람은 시간이 지나면서 오줌 삼투압이 증가하므로 A가 수분 공급을 중단한 사람이다.

ㄷ. A는 수분 공급을 중단한 사람이고, B는 정상인이므로 t_3일 때 혈장 삼투압은 A가 B보다 높다.

바로 알기

ㄱ. ㉡은 수분 공급을 중단한 후 높아지는 값인 오줌 삼투압이다.

ㄴ. 단위 시간당 오줌 생성량이 많으면 오줌 삼투압(㉡)은 낮다. 단위 시간당 오줌 생성량이 t_1일 때가 t_2일 때보다 많으므로 오줌 삼투압은 t_1일 때가 t_2일 때보다 낮다.

099 혈중 ADH 농도와 삼투압 변화 답 ②

알짜 풀이

㉠이 증가할 때 혈중 ADH 농도는 감소하므로 ㉠은 전체 혈액량이고, ㉡이 증가할 때 갈증 정도도 증가하므로 ㉡은 혈장 삼투압이다. 같은 ㉠의 농도에서 혈중 ADH 농도는 B가 A보다 높으므로 A는 'ADH가 정상적으로 분비되는 사람'이고, B는 'ADH가 과다하게 분비되는 사람'이다.

ㄴ. V_1일 때 혈중 ADH 농도는 B가 A보다 높으므로 콩팥에서 단위 시간당 물의 재흡수량도 B에서가 A에서보다 높다.

바로 알기

ㄱ. ㉠은 변화량이 +가 되어 정상보다 많아졌을 때 혈중 ADH 농도가 낮아지므로 전체 혈액량이다.

ㄷ. 혈장 삼투압이 p_1일 때가 p_2일 때보다 낮으므로 혈중 ADH 농도도 p_1일 때가 p_2일 때보다 낮다.

100 혈당량 조절과 길항 작용 답 ④

알짜 풀이

글루카곤은 혈당량을 높이는 호르몬이고, 인슐린은 혈당량을 낮추는 호르몬이다. 정상인에서 혈당량이 낮은 상태일 때는 증가하고, 혈당량이 높은 상태일 때는 감소하는 ㉠은 글루카곤이다.

ㄴ. 이자에 연결된 교감 신경에서 흥분 발생 빈도가 증가하면 이자의 α세포에서 글루카곤(㉠)의 분비가 촉진되어 혈당량이 높아진다.

ㄷ. 글루카곤과 인슐린은 길항 작용을 한다. 혈중 글루카곤(㉠) 농도가 높아지면 인슐린 농도는 낮아지므로 혈당량이 낮은 상태일 때 혈중 인슐린 농도는 t_1일 때가 t_2일 때보다 높다.

바로 알기

ㄱ. 글루카곤(㉠)은 글리코젠이 포도당으로 전환되는 과정(Ⅱ)을 촉진하여 혈당량을 높이고, 인슐린은 포도당이 글리코젠으로 전환되는 과정(Ⅰ)을 촉진하여 혈당량을 낮춘다.

101 혈당량 조절에 관여하는 호르몬의 기능 연결 답 ④

알짜 풀이

정상인은 탄수화물 섭취 후 혈중 인슐린 농도가 증가했다가 감소하고 당뇨병 환자는 혈중 인슐린 농도에 변화가 없으므로 ㉠은 인슐린이고, A는 당뇨병 환자, B는 정상인이다. 정상인에게 인슐린(㉠)을 주사하면 혈중 글루카곤(㉡) 농도는 증가하고, 혈중 포도당 농도는 감소하므로 ㉡은 글루카곤, ㉢은 포도당이다.

ㄴ. 글루카곤(㉡)은 이자의 α세포에서 분비되어 혈당량을 높인다.

ㄷ. 혈중 글루카곤(㉡) 농도는 t_2일 때가 t_3일 때보다 낮으므로 간에서 단위 시간당 생성되는 포도당의 양은 t_2일 때가 t_3일 때보다 적다.

바로 알기

ㄱ. 탄수화물 섭취 후 A와 B의 혈중 포도당 농도는 증가한다. A는 당뇨병 환자로 인슐린이 분비되지 않고, B는 정상인으로 인슐린이 분비되므로 t_1일 때 혈중 포도당 농도는 A에서가 B에서보다 높다.

102 ADH의 분비량과 삼투압 조절 답 ①

자료 분석

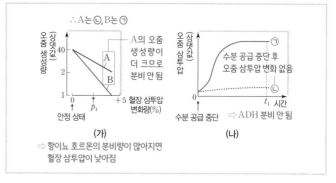

(가) (나)

알짜 풀이

ㄱ. 정상인은 혈장 삼투압이 증가하면 뇌하수체 후엽에서 항이뇨 호르몬(ADH)의 분비량이 증가하여 콩팥에서 수분의 재흡수가 촉진되며, 오줌 생성량은 감소하고 오줌 삼투압은 증가한다. (가)에서 혈장 삼투압이 증가할 때 오줌 생성량이 더 빠르게 감소하는 B가 정상인이고, A는 ADH의 분비에 이상이 있어 분비가 잘 안 되는 환자이다. (나)에서 수분 공급 중단 후 오줌 삼투압이 증가하는 ㉠이 정상인이고, ㉡은 ADH의 분비에 이상이 있는 환자이다.

바로 알기

ㄴ. B에서 오줌 생성량이 안정 상태일 때가 p_1일 때보다 많으므로 오줌 삼투압은 안정 상태일 때가 p_1일 때보다 낮다.

ㄷ. t_1일 때 ㉡(ADH의 분비에 이상이 있는 환자)에게 항이뇨 호르몬(ADH)을 투여하면 콩팥에서 수분의 재흡수가 촉진되므로 단위 시간당 오줌 생성량은 항이뇨 호르몬을 투여하기 전보다 감소한다.

대표 기출 문제	103 ③	104 ⑤		
적중 예상 문제	105 ③	106 ⑤	107 ④	108 ③	109 ②
	110 ②	111 ②	112 ②	113 ①	114 ③
	115 ②	116 ②		

103 림프구의 기능과 방어 작용　　답 ③

알짜 풀이

T 림프구는 가슴샘에서 성숙하므로 가슴샘이 없는 생쥐 B는 T 림프구가 성숙하지 못한다. 따라서 보조 T 림프구가 관여하는 체액성 면역과 세포성 면역이 일어나지 않는다.

ㄱ. 생쥐 A에 X를 1차 주사한 후 혈중 항체 농도가 증가하고, X를 2차 주사한 후 혈중 항체 농도가 1차에 비해 더 높은 농도로 빠르게 증가하므로 구간 Ⅰ의 A에는 X에 대한 기억 세포가 있다.

ㄴ. 구간 Ⅱ의 A에서 X에 대한 기억 세포가 형질 세포로 빠르게 분화되는 2차 면역 반응이 일어났다.

바로 알기

ㄷ. 구간 Ⅲ의 A에서 X에 대한 항체는 형질 세포에서 생성된다. 세포독성 T 림프구는 세포성 면역에 관여한다.

104 생쥐의 방어 작용 실험　　답 ⑤

알짜 풀이

ㄱ. 이 실험은 바이러스 X에 대한 생쥐의 방어 작용 실험이다. 바이러스는 유전 물질인 핵산을 갖는다.

ㄴ. 정상 생쥐에서는 T 림프구에 의해 X에 대한 세포성 면역 반응이 일어나고, 가슴샘이 없는 생쥐에서는 T 림프구가 성숙하지 못하므로 X에 대한 세포성 면역 반응이 일어나지 못한다. (다)의 B에서 X에 대한 세포성 면역 반응이 일어났으므로 ㉠은 '정상 생쥐'이고, D에서는 X에 대한 세포성 면역 반응이 일어나지 않았으므로 ㉡은 '가슴샘이 없는 생쥐'이다.

ㄷ. (다)의 B에서 X에 대한 세포성 면역 반응이 일어났다. 이는 세포독성 T 림프구가 ⓐ(X에 감염된 세포)를 파괴하는 세포성 면역 반응이 일어났다는 것을 의미한다.

105 병원체의 특징　　답 ③

자료 분석

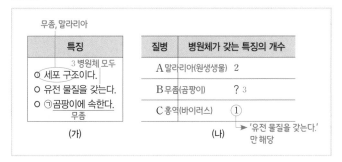

알짜 풀이

'세포 구조이다.'는 무좀의 병원체, 말라리아의 병원체가 갖는 특징이고, '유전 물질을 갖는다.'는 무좀의 병원체, 홍역의 병원체, 말라리아의 병원체가 갖는 특징이며, '곰팡이에 속한다.'는 무좀의 병원체가 갖는 특징이다. 병원체가 갖는 특징의 개수가 2인 A는 말라리아이고, 특징의 개수가 1인 C는 홍역이다.

따라서 B는 무좀이고, 병원체가 갖는 특징의 개수는 3이다.

ㄱ. 말라리아(A)는 말라리아 원충에 감염되어 발생한다. 말라리아 원충은 원생생물이며, 말라리아는 모기를 매개로 전염되는 질병이다.

ㄴ. 무좀(B)의 병원체는 곰팡이에 속하므로 특징 ㉠을 갖는다.

바로 알기

ㄷ. 홍역(C)의 병원체는 바이러스이며, 자체 효소가 없어 독립적으로 물질대사를 하지 못한다.

106 병원체의 특징　　답 ⑤

알짜 풀이

'비감염성 질병이다.'는 당뇨병이 갖는 특징이고, '병원체에 단백질이 있다.'는 결핵과 독감이 갖는 특징이며, '병원체는 분열을 통해 증식한다.'는 결핵이 갖는 특징이다. 따라서 A는 당뇨병, B는 결핵, C는 독감이고, ㉠은 '병원체는 분열을 통해 증식한다.', ㉡은 '병원체에 단백질에 있다.', ㉢은 '비감염성 질병이다.'이다.

ㄱ. 결핵(B)의 병원체인 세균은 분열을 통해 증식하고, 독감(C)의 병원체인 바이러스는 단백질이 있다. 따라서 ⓐ와 ⓑ는 모두 'ㅇ'이다.

ㄴ. 결핵(B)은 세균이 병원체인 질병으로, 세균에 의한 질병의 치료에는 항생제가 사용된다.

ㄷ. 독감(C)의 병원체는 바이러스이다.

107 병원체 감염과 검사 키트의 원리　　답 ④

알짜 풀이

사람으로부터 채취한 시료를 검사 키트에 떨어뜨리면 시료는 물질 ⓐ와 함께 이동한다. 따라서 모든 시료의 검사 결과에서는 ⓐ에 대한 항체가 부착된 부위에서 띠가 나타나므로 Ⅲ은 ⓐ에 대한 항체(ㄷ)가 부착되어 있다. A의 검사 결과에서 Ⅰ과 Ⅱ에 띠가 나타나지 않으므로 A는 P와 Q에 감염되지 않은 사람이고, B는 Q에 감염된 사람이다. 따라서 B의 검사 결과에서 띠가 나타난 Ⅰ에 Q에 대한 항체(ㄱ)가 부착되어 있고, Ⅱ에 P에 대한 항체(ㄴ)가 부착되어 있다.

ㄴ. A의 검사 결과 Ⅲ에만 띠가 나타나고, B의 검사 결과 Ⅰ과 Ⅲ에서 띠가 나타나므로 Q에 감염된 사람은 B이다.

ㄷ. P, Q, ⓐ에 대한 항체를 이용하여 검사 키트를 제작하였으므로 검사 키트에는 항원 항체 반응의 원리가 이용된다.

바로 알기

ㄱ. Q에 감염된 B의 검사 결과에서 띠가 나타난 Ⅰ 부위는 Q에 대한 항체가 부착된 부위이다. 따라서 ㉠은 'Q에 대한 항체'이다.

108 생쥐의 방어 작용　　답 ③

알짜 풀이

항체를 생성하는 ㉠은 형질 세포이고, ㉡은 기억 세포이다.

ㄱ. 구간 Ⅰ에서 대식세포의 식세포 작용(식균 작용)을 통한 항원 제시 과정이 일어나고 있으므로 비특이적 방어 작용이 일어난다.

ㄴ. 구간 Ⅱ에서 X에 대한 항체와 X가 결합하는 체액성 면역 반응이 일어난다.

바로 알기

ㄷ. 구간 Ⅱ에서는 기억 세포(㉡)가 형질 세포(㉠)로 분화되는 2차 면역 반응이 일어나지만, 1차 면역 반응이 일어나는 구간 Ⅰ에서는 기억 세포(㉡)가 형질 세포(㉠)로 분화되지 않는다.

109 세포성 면역과 체액성 면역　답 ②

자료 분석

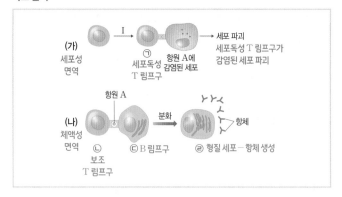

알짜 풀이

㉠은 세포독성 T 림프구, ㉡은 보조 T 림프구, ㉢은 B 림프구, ㉣은 형질 세포이다.

ㄴ. 대식세포가 항원을 제시하면 이를 보조 T 림프구(㉡)가 인식하고 세포독성 T 림프구(㉠)를 활성화시킨다.

바로 알기

ㄱ. 세포독성 T 림프구(㉠)는 골수에서 생성되어 가슴샘에서 성숙하지만, B 림프구(㉢)는 골수에서 생성되어 골수에서 성숙한다.

ㄷ. 2차 면역 반응에서는 기억 세포가 형질 세포(㉣)로 분화되지만 형질 세포(㉣)가 기억 세포로 분화되지는 않는다.

110 방어 작용 실험과 림프구의 기능　답 ②

알짜 풀이

ㄷ. (다)에서 Ⅲ은 P를 주사 맞은 후 죽었고, Ⅳ는 (라)에서 기억 세포를 주사 맞고, (마)에서 P를 주사 맞은 후 살아남았다. 따라서 (마)의 Ⅳ에서 기억 세포로부터 형질 세포로의 분화가 빠르게 일어나 항체가 빠르게 생성되었음을 알 수 있다.

바로 알기

ㄱ. Ⅰ은 (다)에서 ㉠을 주사하고, (마)에서 P를 주사했을 때 죽었지만, Ⅱ는 (다)에서 ㉡을 주사한 후 (마)에서 P를 주사했을 때 살았으므로 P에 대한 백신으로 ㉡이 ㉠보다 적합하다.

ㄴ. (다)에서 ㉠을, (마)에서 P를 주사한 Ⅰ과 (라)에서 ⓑ를, (마)에서 P를 주사한 Ⅴ는 죽었고, (다)에서 ㉡을, (마)에서 P를 주사한 Ⅱ와 (라)에서 ⓐ를, (마)에서 P를 주사한 Ⅳ는 살아남았으므로 ⓐ는 Ⅱ에서 분리한 기억 세포, ⓑ는 Ⅰ에서 분리한 기억 세포이다.

111 생쥐의 방어 작용 실험 분석　답 ②

알짜 풀이

정상 생쥐에서는 가슴샘에서 성숙하는 T 림프구에 의해 X에 대한 세포성 면역 반응이 일어나고, 가슴샘이 없는 생쥐에서는 X에 대한 세포성 면역 반응이 일어나지 않을 것이다. Ⅰ에서는 X에 대한 세포성 면역 반응이 일어났으므로 ㉠은 '정상 생쥐'이고, Ⅲ에서는 X에 대한 세포성 면역 반응이 일어나지 않았으므로 ㉡은 '가슴샘이 없는 생쥐'이다.

ㄴ. Ⅰ과 Ⅱ는 정상 생쥐이다. (나)의 Ⅰ에서 X에 대한 B 림프구가 분화한 기억 세포를 주사한 (라)의 Ⅱ가 살았으므로 (나)의 Ⅰ에서 체액성 면역 반응이 일어났다.

바로 알기

ㄱ. Ⅲ과 Ⅳ는 가슴샘이 없는 생쥐이므로 체내에 보조 T 림프구가 분화될 수 없어 세포성 면역과 체액성 면역이 억제된다. 따라서 (라)의 Ⅳ는 살아남지 못한다.

ㄷ. Ⅳ는 가슴샘이 없는 생쥐로, 보조 T 림프구가 없어서 2차 면역 반응이 일어나지 않는다.

112 ABO식 혈액형 판정　답 ②

자료 분석

혈장 적혈구	㉠ (AB형)	㉡ (O형)	㉢ (A형)	㉣ (B형)
Ⅰ (B형)	−	?(+)	+	−
Ⅱ (O형)	?(−)	−	−	?(−)
Ⅲ (AB형)	?(−)	+	?(+)	+
Ⅳ (A형)	−	?(+)	−	+

(+ : 응집됨, − : 응집 안 됨)

알짜 풀이

Ⅰ의 적혈구를 항 B 혈청과 섞을 때 응집 반응이 일어났으므로 Ⅰ은 B형 또는 AB형이다. B형의 적혈구를 A형, O형의 혈장과 섞었을 때 응집 반응이 일어나고, AB형의 적혈구를 A형, B형, O형의 혈장과 섞었을 때 응집 반응이 일어나므로 Ⅰ은 B형이고, ㉡과 ㉢은 각각 A형의 혈장과 O형의 혈장 중 하나이다. A형의 혈장을 B형, AB형의 적혈구와 섞었을 때 응집 반응이 일어나고, O형의 혈장을 A형, B형, AB형의 적혈구와 섞었을 때 응집 반응이 일어나므로 ㉡은 O형의 혈장, ㉢은 A형의 혈장이다. 따라서 Ⅲ은 AB형의 적혈구이고, O형의 적혈구를 A형, B형, AB형의 혈장과 섞었을 때 응집 반응이 일어나지 않으므로 Ⅱ는 O형의 적혈구이다. 나머지 Ⅳ는 A형의 적혈구이고, AB형의 혈장은 A형, B형, O형의 적혈구와 섞었을 때 응집 반응이 일어나지 않으므로 ㉠은 AB형의 혈장, ㉣은 B형의 혈장이다.

ㄴ. ㉢은 A형의 혈장이므로 응집소 β를 가진 Ⅳ(A형)의 혈장이다.

바로 알기

ㄱ. Ⅲ의 적혈구는 ㉡, ㉣과 섞었을 때 응집 반응이 일어나고, Ⅳ가 A형이다. 따라서 Ⅲ의 ABO식 혈액형은 AB형이다.

ㄷ. Ⅱ(O형)의 적혈구에는 응집원이 없고, ㉠(AB형의 혈장)에는 응집소가 없으므로 Ⅱ의 적혈구와 ㉠을 섞으면 항원 항체 반응이 일어나지 않는다.

113 방어 작용과 면역 세포의 기능　답 ①

알짜 풀이

㉠은 ㉡에게 X의 항원 조각을 제시하므로 ㉠은 대식세포, ㉡은 보조 T 림프구이다.

ㄱ. 대식세포(㉠)가 결핍되면 비특이적 방어 작용과 특이적 방어 작용이 모두 정상적으로 일어나지 않으며, 보조 T 림프구(㉡)가 결핍되면 특이적 방어 작용이 정상적으로 일어나지 않는다. 따라서 A는 대식세포(㉠)가 결핍된 생쥐, B는 보조 T 림프구(㉡)가 결핍된 생쥐, C는 정상 생쥐이다.

바로 알기

ㄴ. A는 대식세포(㉠)가 결핍된 생쥐이므로 (가) 작용이 일어나지 못한다. 따라서 구간 Ⅰ에서 (가) 작용은 B에서가 A에서보다 활발하다.

ㄷ. 형질 세포는 보조 T 림프구가 항원을 인식한 후 B 림프구로부터 만들어지는데, B는 보조 T 림프구(㉡)가 결핍된 생쥐이므로 형질 세포의 수는 B에서가 C에서보다 적다.

114 면역에 관여하는 세포　　　　답 ③

자료 분석

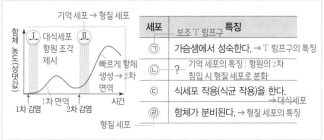

세포	보조 T 림프구	특징
㉠		가슴샘에서 성숙한다. → T 림프구의 특징
㉡ ?		기억 세포의 특징: 항원의 2차 침입 시 형질 세포로 분화
㉢		식세포 작용(식균 작용)을 한다. → 대식세포
㉣		항체가 분비된다. → 형질 세포의 특징

알짜 풀이

㉠은 보조 T 림프구, ㉢은 대식세포, ㉣은 형질 세포이다. 따라서 나머지 ㉡은 기억 세포이다.

ㄱ. B 림프구는 활성화된 보조 T 림프구(㉠)에 의해 항체를 생성하는 형질 세포와 기억 세포(㉡)로 분화한다.

ㄴ. 구간 Ⅰ에서 대식세포(㉢)가 병원체를 삼킨 후 분해하여 항원 조각을 제시하면 보조 T 림프구(㉠)가 이를 인식하여 활성화된다.

바로 알기

ㄷ. 형질 세포(㉣)는 기억 세포(㉡)로 분화하지 않는다. 구간 Ⅱ에서 기억 세포(㉡)가 형질 세포(㉣)로 분화한다.

115 체액성 면역　　　　답 ②

알짜 풀이

(라)의 Ⅲ에서 B에 대한 2차 면역 반응만 일어났으므로 ㉢은 B이다. (라)의 Ⅰ에서 B와 C에 대한 2차 면역 반응만 일어났으므로 ㉠은 C이고, ⓒ는 B에 대한 기억 세포이다. (라)의 Ⅱ에서 A와 C에 대한 2차 면역 반응만 일어났으므로 ㉡은 A이고, ⓐ는 C에 대한 기억 세포이다. 따라서 ⓑ는 혈장이다.

ㄴ. ⓐ와 ⓒ는 기억 세포, ⓑ는 혈장이다.

바로 알기

ㄱ. ⓐ는 C에 대한 기억 세포이고, Ⅱ에서 A와 C에 대한 2차 면역 반응이 일어나므로 ㉡은 A이다.

ㄷ. 2차 면역 반응은 같은 항원이 다시 침입하였을 때 기억 세포가 형질 세포로 분화되어 다량의 항체가 신속하게 생성되는 것이다. 따라서 구간 ㉮와 ㉰에서는 B에 대한 2차 면역 반응이 일어나 빠르게 항체가 생성되었지만 구간 ㉯에서는 2차 면역 반응이 일어나지 않았다.

116 체액성 면역과 2차 면역 반응　　　　답 ②

알짜 풀이

ㄴ. 구간 Ⅰ에서 X 주사 후 천천히 항체가 생성되는 1차 면역 반응이 일어난다. 따라서 구간 Ⅰ에서 항원 항체 반응이 일어난다.

바로 알기

ㄱ. B~D에 각각 X*, 기억 세포, 혈청을 주사했을 때 X*를 주사한 쥐에서는 1차 면역 반응이 일어나고, 기억 세포를 주사한 쥐에서는 아무 일도 일어나지 않으며, 혈청을 주사한 쥐는 초기에 혈중 항체 농도가 조금 높게 나타난다. 따라서 ㉠은 (나)의 혈청, ㉡은 (나)의 기억 세포, ㉢은 X*이다.

ㄷ. 구간 Ⅱ에서는 기억 세포가 형질 세포로 빠르게 분화하여 항체 농도가 급격히 상승하는 2차 면역 반응이 일어나고 있지만 구간 Ⅲ은 1차 면역 반응이 일어난다. 이는 기억 세포가 형질 세포로 분화하는 반응이 일어나지 않았기 때문이다.

1등급 도전 문제　　　　060-067쪽

117 ②	118 ②	119 ②	120 ④	121 ②	122 ③
123 ⑤	124 ①	125 ④	126 ③	127 ④	128 ③
129 ⑤	130 ③	131 ④	132 ③		

117 흥분의 전도와 전달　　　　답 ②

자료 분석

시간	막전위(mV)			1 ms 미만 소요	
	d_1	d_2	d_3	d_4	d_5
Ⅰ 4 ms	? −70	−80	+30	? −70	? −70
Ⅱ 8 ms	? −70	−70	? −70	+30	0
Ⅲ 2 ms	+30	? 약 −60	−70	? −70	? −70

알짜 풀이

ㄴ. Ⅰ(4 ms)일 때 d_3에서의 막전위가 +30 mV이므로 d_1에서 d_3까지 흥분이 전도되는 데 2 ms가 걸렸다. d_2까지 흥분이 전도되는 데 1 ms가 소요되므로 d_1에서 d_3까지의 거리는 4 cm이다. 따라서 ㉠은 d_1과 4 cm 떨어진 4이다.

바로 알기

ㄱ. Ⅲ일 때 d_1에서의 막전위가 +30 mV이므로 Ⅲ은 2 ms이다. d_1에서 발생한 흥분은 d_4보다 d_3에 먼저 전도된다. 따라서 Ⅰ일 때 d_3과 Ⅱ일 때 d_4에서의 막전위가 각각 +30 mV이므로 Ⅰ은 4 ms, Ⅱ는 8 ms이다. Ⅰ(4 ms)일 때 d_2에서의 막전위가 −80 mV이므로 d_1에서 d_2까지 흥분이 전도되는 데 1 ms가 걸렸다. 따라서 (가)의 흥분 전도 속도(v)는 2 cm/ms이다.

ㄷ. Ⅱ(8 ms)일 때 d_4에서의 막전위가 +30 mV이므로 d_1에서 d_4까지 흥분이 전도 및 전달되는 데 6 ms가 걸리고, d_5에서의 막전위가 0 mV이므로 d_4에서 d_5까지 흥분이 전도되는 데 1 ms가 걸리지 않는다는 것을 알 수 있다. 따라서 ⓐ가 9 ms일 때 d_5에서는 재분극이 일어나 막전위가 +30 mV보다 작고 −80 mV보다 크다.

118 흥분의 이동과 막전위 찾기　　　　답 ②

알짜 풀이

ㄴ. ㉠이 3 ms일 때 X와 Y의 d_2에서의 막전위는 −80 mV이므로 Ⅲ은 d_2이다. Y의 Ⅰ~Ⅳ 중 적어도 3개의 지점에서 막전위 변화가 나타났으므로 Y의 시냅스는 (라)에 있다. 만약 X의 시냅스가 (나)에 있다면 X와 Y의 d_0~d_3에서의 막전위는 모두 같아야 한다. 그러나 Ⅱ에서 X와 Y의 막전위가 다르므로 X의 시냅스는 (가)에 있다.

바로 알기

ㄱ. X에서 시냅스 이전 뉴런인 d_0과 d_1 지점에서의 막전위는 −70 mV이므로 Ⅰ과 Ⅳ는 각각 d_0과 d_1 중 하나이고, Ⅱ는 d_3이다. X의 Ⅱ(d_3)와 Y의 Ⅳ의 막전위는 +30 mV이므로 Ⅱ(d_3)와 Ⅳ는 d_2로부터의 거리가 같아야 한다. 따라서 Ⅳ는 d_1, Ⅰ은 d_0이다.

ㄷ. Ⅰ(d_0)은 자극을 준 뉴런의 앞쪽에 위치한 시냅스 이전 뉴런의 지점이므로 흥분이 전달되지 않는다. 따라서 ㉠이 4 ms일 때 X의 Ⅰ(d_0)은 흥분이 도달되지 않은 분극 상태이다.

119 흥분의 전도와 막전위 변화   답 ②

알짜 풀이

A의 d_1과 B의 d_3에 역치 이상의 자극을 동시에 1회 주고 경과한 시간을 t 라고 하면 t가 3 ms일 때 d_1과 d_3의 막전위는 모두 -80 mV이다. 만약 ㉠ 이 3 ms, Ⅰ이 d_1, Ⅱ가 d_3이라면 Ⅲ은 d_2이다. 이때 d_2(Ⅲ)의 막전위가 -70 mV이므로 성립하지 않는다. t가 2 ms일 때 d_1과 d_3의 막전위는 모 두 $+30$ mV이다. 만약 ㉢이 2 ms, Ⅲ이 d_1, Ⅰ이 d_3이라면 Ⅱ는 d_2이다. t 가 4 ms일 때 d_1과 d_3의 막전위는 모두 -70 mV이므로 ㉠은 4 ms, ㉣는 -70이다. t가 3 ms일 때 d_1과 d_3의 막전위는 모두 -80 mV이므로 ㉡은 3 ms, ㉥는 -80이다. 이때 B의 d_2(Ⅱ)의 막전위는 $+30$ mV이므로 d_3(Ⅰ) 에서 d_2(Ⅱ)까지 자극이 이동하는 데 걸린 시간은 1 ms이고 거리는 1 cm이 므로 B의 흥분 전도 속도는 1 cm/ms이고, A의 흥분 전도 속도는 2 cm/ms 이다.

ㄴ. d_1에서 d_3까지 흥분이 전도되는 데 2 ms가 소요되므로 B의 흥분 전도 속도는 1 cm/ms이다.

바로 알기

ㄱ. A의 d_1(Ⅲ)에서 d_3(Ⅰ)까지 자극이 이동하는 데 걸린 시간은 1 ms이므 로 t가 2 ms(㉢)일 때 A의 d_3(Ⅰ)에서 막전위 변화는 1 ms 동안 일어났 다. 따라서 ㉢는 -60이다.

ㄷ. 3 ms일 때 A의 Ⅱ에서 막전위 변화는 2.5 ms 동안 일어났으므로 Ⅱ에 서는 재분극이 일어나고 있다.

120 자극을 준 지점 찾기   답 ④

알짜 풀이

자극을 주고 3 ms가 경과했을 때의 막전위가 -80 mV이므로 표에서 -80 mV가 있는 Ⅰ과 Ⅱ는 각각 d_1과 d_5 중 하나이다. (가)에서 Ⅱ의 막전 위는 -70 mV이므로 자극을 준 지점이 아니다. 따라서 (가)와 (다)에 자극 을 준 지점인 Ⅰ이 d_1, (나)에 자극을 준 지점인 Ⅱ가 d_5이다. 자극을 준 지점 으로부터 6 cm 떨어진 (가)의 d_5(Ⅱ)는 분극 상태이고, (나)의 d_1(Ⅰ)에서의 막전위는 -60 mV이므로 흥분 전도 속도는 (나)가 (가)보다 빠르다. (가)의 Ⅴ는 분극 상태이고, (다)의 Ⅴ에서의 막전위는 0 mV이므로 흥분 전도 속도 는 (다)가 (가)보다 빠르다. 따라서 (가)의 흥분 전도 속도는 1 cm/ms이다. (나)의 흥분 전도 속도가 2 cm/ms라면, 자극을 준 지점으로부터 6 cm 떨 어진 d_1(Ⅰ)의 막전위가 -70 mV여야 하는데, -60 mV이므로 모순이다. 따라서 흥분 전도 속도는 (나)가 3 cm/ms, (다)가 2 cm/ms이다. (가)의 $d_3 \sim d_5$에서의 막전위는 모두 -70 mV여야 하므로 Ⅲ은 d_2이며, -60 mV 는 1 ms 동안 형성한 막전위임을 알 수 있다. (다)의 d_4에 흥분이 전도되는 시간은 2 ms이고, 1 ms 동안 막전위를 형성하므로 막전위는 -60 mV이 다. 따라서 Ⅳ가 d_4, Ⅴ가 d_3이다.

ㄱ. Ⅰ은 (가)와 (다)에 자극을 준 지점인 d_1이다.

ㄷ. ⓐ는 3 ms일 때 (나)의 d_3(Ⅴ)에서 측정한 막전위이다. (다)의 d_2(Ⅲ)는 d_1(Ⅰ)에서 2 cm 떨어져 있고, (나)의 d_3(Ⅴ)은 d_5(Ⅱ)에서 3 cm 떨어 져 있는 지점이다. 또한 (나)와 (다)의 흥분 전도 속도는 각각 3 cm/ms, 2 cm/ms이므로 흥분이 도달하는 시간은 1 ms로 같고, 막전위를 형성하 는 시간도 2 ms로 같다. 따라서 3 ms일 때 (다)의 d_2에서의 막전위와 ⓐ는 같다.

바로 알기

ㄴ. (가)와 (다)는 Ⅰ(d_1)에 자극을 주었고, (나)는 Ⅱ(d_5)에 자극을 주었 다. (나)에서 d_5에서 d_1까지의 거리인 6 cm 사이에 흥분이 전도되는 데 2 ms가 소요되므로 흥분 전도 속도는 3 cm/ms이다.

121 시냅스 위치 찾기   답 ②

알짜 풀이

X~Z의 P에 역치 이상의 자극을 동시에 1회 주고 경과된 시간이 4 ms일 때 자극을 준 지점 P에서의 막전위는 모두 -70 mV이다. 따라서 자극을 준 지 점 P는 Ⅲ($d_2 \sim d_4$ 중 한 지점)이다. X의 Ⅰ, Ⅱ에서 막전위가 $+30$ mV이 고, d_5의 막전위가 -70 mV이므로 P는 d_3이다.

X의 d_3에 자극을 주고 경과된 시간이 4 ms일 때 Ⅰ과 Ⅱ에서의 막전위가 $+30$ mV로 서로 같고, Ⅰ과 Ⅱ 중 하나는 d_2, 나머지 하나는 d_4이므로 (가) 에는 시냅스가 없다. 또한 X의 d_4에서의 막전위가 $+30$ mV이므로 흥분이 도달하고 2 ms가 지난 시점이고, 두 지점 사이의 거리는 2 cm이므로 X의 흥분 전도 속도는 1 cm/ms(㉡)이다. Y의 d_3에 자극을 주고 경과된 시간이 4 ms일 때 Y의 d_1에서의 막전위가 $+30$ mV이므로 흥분이 도달하고 2 ms 가 지난 시점이며, 두 지점 사이의 거리는 4 cm이므로 Y의 흥분 전도 속도는 2 cm/ms(㉠)이다. 2개의 뉴런으로 구성된 Y와 Z의 각 뉴런에서 흥분 전도 속도가 같으므로 Z의 d_3에 자극을 주고 경과된 시간이 4 ms일 때 Z의 d_4에 서의 막전위는 -80 mV이다.

ㄴ. 시냅스가 있는 신경은 Y와 Z이다. Y와 Z를 구성하는 뉴런의 흥분 전도 속도는 ㉠으로 같으며, ㉠은 2 cm/ms이다.

바로 알기

ㄱ. 자극을 준 지점인 Ⅲ은 d_3이고, Ⅰ은 d_2, Ⅱ는 d_4이다.

ㄷ. Y의 d_3에 자극을 주고, d_5까지 흥분이 이동하는 데 3 ms가 소요된다. 따라서 ⓐ가 5 ms일 때 Y의 d_5에서의 막전위는 $+30$ mV이다.

122 흥분의 전도와 전달   답 ③

알짜 풀이

ㄱ. Ⅰ의 d_3에서의 막전위가 -80 mV이므로 d_1에서 d_3까지 흥분이 전도되 는 데 걸린 시간이 2 ms이다. 따라서 Ⅰ의 흥분 전도 속도는 1 cm/ms 이다. Ⅲ의 d_4에서의 막전위가 $+30$ mV이므로 d_1에서 d_3까지 흥분 전 도 시간이 2 ms, d_3에서 d_4까지 흥분 전도 및 전달 시간이 1.5 ms이 다. Ⅲ의 d_5에서의 막전위가 -60 mV이므로 d_1에서 d_3까지 흥분 전도 시간이 2 ms, d_3에서 d_4까지 흥분 전도 및 전달 시간이 1.5 ms, d_4에 서 d_5까지 흥분 전도 시간이 0.5 ms이다. 따라서 Ⅲ의 흥분 전도 속도는 4 cm/ms이다. Ⅳ의 d_4에서의 막전위가 재분극이 일어날 때의 0 mV, d_6에서의 막전위가 탈분극이 일어날 때의 0 mV이므로 d_4에서 d_6까지 흥분 전도 시간이 1 ms이다. 따라서 흥분 전도 속도는 Ⅳ가 3 cm/ms, Ⅱ가 2 cm/ms이다.

ㄷ. Ⅰ의 d_2에 역치 이상의 자극을 1회 주고 경과된 시간이 4 ms일 때 Ⅰ의 d_2에서 d_3까지 흥분 전도 시간은 1 ms, Ⅰ의 d_3에서 Ⅲ의 d_4까지 흥분 이 이동하는 데 걸린 시간은 1.5 ms, Ⅲ의 d_4에서 d_5까지 흥분 전도 시 간은 0.5 ms이다. 따라서 Ⅲ의 d_5에서 막전위 변화 시간은 1 ms이므로 Ⅲ의 d_5에서의 막전위는 -60 mV이다.

바로 알기

ㄴ. 흥분 이동 시간은 Ⅰ의 d_1에서 d_3까지 2 ms, Ⅰ의 d_3에서 Ⅲ의 d_4까지 1.5 ms, Ⅲ의 d_4에서 d_7까지 1.5 ms이다. ㉠이 7 ms이므로 막전위 변 화 시간은 2 ms이고, Ⅲ의 d_7에서의 막전위는 0 mV이며 재분극이 일어 나고 있다. Ⅱ의 d_1에서 d_3까지 흥분 전도 시간이 1 ms, Ⅱ의 d_3에서 Ⅳ 의 d_4까지 흥분 전도 및 전달 시간이 1.5 ms, Ⅳ의 d_4에서 d_7까지 흥분 전도 시간이 2 ms이다. ㉠이 7 ms이므로 막전위 변화 시간은 2.5 ms이 고, Ⅳ의 d_7에서의 막전위는 0 mV이며 재분극이 일어나고 있다. 따라서 ㉠이 7 ms일 때 Ⅲ의 d_7과 Ⅳ의 d_7에서 모두 재분극이 일어나고 있다.

123 근육 원섬유 마디의 변화량을 사용한 구간 찾기　답 ⑤

알짜 풀이

ㄱ. ⓒ+ⓔ의 길이는 액틴 필라멘트의 길이로 골격근의 수축 시와 이완 시 변하지 않고 일정하다. 따라서 ⓐ+ⓑ와 ⓑ+ⓒ는 각각 ㉠+ⓒ과 ㉠+ⓔ 중 하나이다. 따라서 ⓑ는 ㉠이다. t_1일 때와 t_2일 때 ⓐ+ⓑ의 차이는 ⓑ+ⓒ의 차이보다 크므로 ⓐ는 ⓒ, ⓒ는 ⓒ이다.

ㄴ. t_1에서 t_2로 될 때 X의 길이가 2Δ만큼 변하면 ⓑ(㉠)+ⓒ(ⓒ)는 Δ만큼 변한다. t_1에서 t_2로 될 때 ⓑ(㉠)+ⓒ(ⓒ)가 Δ(0.3)만큼 증가했으므로 X의 길이는 2Δ(0.6)만큼 증가한다. 따라서 t_2일 때 X의 길이는 3.0 μm이다.

시점	㉠(ⓑ)	ⓒ(ⓒ)	ⓒ(ⓐ)	X
t_1	0.4 μm	0.6 μm	0.4 μm	2.4 μm
t_2	1.0 μm	0.3 μm	0.7 μm	3.0 μm

ㄷ. t_1일 때 ⓑ(㉠)+ⓒ(ⓒ)=1.0 μm의 길이는 ⓐ(ⓒ)+ⓑ(㉠)=0.8 μm보다 0.2 μm 더 크므로 ⓒ=ⓔ+0.2 μm이다. 따라서 t_1일 때 ㉠(H대)의 길이는 0.4 μm, ⓒ의 길이는 0.6 μm, ⓔ의 길이는 0.4 μm이다.

124 골격근 수축 과정의 각 구간의 길이 변화　답 ①

알짜 풀이

ㄱ. 마이오신 필라멘트만 있는 부분인 ⓒ은 H대이다.

바로 알기

ㄴ. 골격근의 수축 과정에서 A대의 길이는 일정하다. t_1일 때 ⓒ의 길이는 $(0.6+2d)$ μm이다. ⓒ의 길이가 $2d$만큼 변하면 ㉠의 길이는 d만큼 변한다. 따라서 $0.3-d=0.5+d$가 성립하므로 d는 -0.1이다. t_1일 때 ⓒ의 길이는 0.4 μm이므로 A대의 길이는 1.6 μm이다.

시점	㉠의 길이	ⓒ의 길이	A대−ⓒ
t_1	0.3 μm	?(0.4) μm	1.2 μm
t_2	$0.5+d(=0.4)$ μm	0.6 μm	$1.2+2d(=1.0)$ μm

ㄷ. t_2일 때 ⓒ의 길이(0.6 μm)는 ㉠의 길이(0.4 μm)보다 길다.

125 근육 원섬유 마디 길이의 수학적 접근　답 ④

자료 분석

액틴 필라멘트의 길이 $\frac{1}{2}$ ⇨ 일정

시점	ⓒ+ⓔ	$\frac{ⓐ}{㉠}$	X의 길이
t_1	1.0 μm	$\frac{2}{3}=\frac{2k}{3k}$	3.2 μm
t_2	?1.0 μm	$1=\frac{k}{k}$	2.4 μm

$-Δ=k$　$-2Δ=2k$

∴ t_1에서 t_2로 될 때 X의 길이는 $-2Δ=2k$만큼 감소함　∴ ⓐ=ⓒ

알짜 풀이

t_1일 때 ⓒ의 길이와 ⓔ의 길이를 더한 값은 1.0 μm이고, X의 길이는 3.2 μm이므로 t_1일 때 ㉠의 길이는 1.2 μm이다. t_1에서 t_2로 될 때 ⓐ의 길이는 $-Δ=k$만큼 변화하고, ㉠의 길이는 $-2Δ=2k$만큼 변화하므로 ⓐ는 ⓒ, ⓑ는 ⓒ이다. t_1일 때 $\frac{ⓐ의 길이}{㉠의 길이}=\frac{2}{3}$이므로 t_1일 때 ⓐ(ⓒ)의 길이는 0.8 μm이다. X의 길이는 ㉠+2(ⓒ+ⓔ)이므로 t_1일 때 ⓒ(ⓑ)의 길이는

0.2 μm이다. 따라서 t_2일 때 ⓒ(ⓑ)의 길이는 0.6 μm이고, t_1에서 t_2로 될 때 X의 길이는 2.4 μm이다. t_1과 t_2일 때 각 구간의 길이는 표와 같다.

시점	㉠의 길이	ⓒ(ⓑ)의 길이	ⓒ(ⓐ)의 길이	X의 길이
t_1	1.2 μm	0.2 μm	0.8 μm	3.2 μm
t_2	0.4 μm	0.6 μm	0.4 μm	2.4 μm

ㄴ. A대의 길이는 항상 일정하다. t_1일 때 A대의 길이는 ㉠의 길이+(2×ⓒ의 길이)이므로 1.6 μm이다.

ㄷ. X의 길이는 t_1일 때(3.2 μm)가 t_2일 때(2.4 μm)보다 0.8 μm 길다.

바로 알기

ㄱ. ⓑ는 t_1일 때 더 짧은 부분이므로 두 필라멘트가 겹쳐진 ⓒ이다.

126 근육 원섬유 마디 길이의 수학적 접근　답 ③

자료 분석

시점	㉠의 길이 └H대의 길이	ⓒ의 길이	ⓒ의 길이	X의 길이	$\frac{ⓒ}{㉠+ⓒ}$
t_1	0.8 μm ? $0.2+2k$	$2k-0.2$	$3k$	3.4 μm	$\frac{3}{4}=\frac{3k}{4k}$
t_2	0.2 μm	$3k-0.2$	$2k$	2.8 μm ? $3.4-2k$	$\frac{2}{3}=\frac{2k}{3k}$

$-Δ=k$　$-2Δ=2k$

∴ t_1에서 t_2로 될 때 X의 길이는 $-2Δ=2k$만큼 감소함
t_2: X의 길이는 ㉠+2(ⓒ+ⓔ)이므로 $3.4=(0.2+2k)+2(5k-0.2)$　∴ $k=0.3$

알짜 풀이

ㄱ. t_1일 때 X의 길이=㉠+2(ⓒ+ⓔ)=3.4 μm이므로 $k=0.3$이다. 따라서 t_1일 때 ㉠의 길이는 0.8 μm, ⓒ의 길이는 0.4 μm, ⓔ의 길이는 0.9 μm이고, t_2일 때 ㉠의 길이는 0.2 μm, ⓒ의 길이는 0.7 μm, ⓔ의 길이는 0.6 μm이다. 따라서 t_1일 때 A대의 길이(㉠+2ⓒ)는 1.6 μm이다.

ㄴ. t_1에서 t_2로 될 때 X의 길이가 감소하므로 H대의 길이는 t_1일 때가 t_2일 때보다 길다.

바로 알기

ㄷ. t_2일 때 ⓒ의 길이(0.7 μm)와 ⓔ의 길이(0.6 μm)를 더한 값은 1.3 μm이다.

127 구간의 변화량을 사용한 매칭　답 ④

알짜 풀이

t_1일 때 ㉠~ⓒ의 길이의 합은 2.0 μm이고, t_3일 때 ㉠~ⓒ의 길이의 합은 2.2 μm이다. X가 2Δ만큼 변할 때 ㉠은 2Δ만큼, ⓒ은 $-Δ$만큼, ⓒ은 Δ만큼 변한다. 따라서 ㉠의 길이는 t_1일 때 1.0 μm, t_3일 때 1.2 μm이고, ⓒ의 길이는 t_1일 때 0.3 μm, t_3일 때 0.2 μm이며, ⓒ의 길이는 t_1일 때 0.7 μm, t_3일 때 0.8 μm이다. ⓒ의 길이+ⓒ의 길이는 액틴 필라멘트의 길이로 항상 일정하므로 t_2일 때 ⓒ의 길이+ⓒ의 길이=1.0 μm이다. t_2일 때 ㉠의 길이를 기준으로 가능한 경우는 다음 표와 같다.

구분	㉠의 길이	ⓒ의 길이	ⓒ의 길이
i	1.2 μm	0.2 μm	0.8 μm
ii	0.8 μm	ⓐ(0.4) μm	0.6 μm
iii	0 μm	0.8 μm	ⓐ(0.2) μm
iv	0.4 μm	0.6 μm	ⓐ(0.4) μm

따라서 ⅱ일 때 조건을 만족하며, $t_1 \sim t_3$일 때 ㉠~㉢의 길이는 다음 표와 같다.

시점	㉠의 길이	㉡의 길이	㉢의 길이
t_1	$1.0\ \mu m$	$0.3\ \mu m$	$0.7\ \mu m$
t_2	$0.8\ \mu m$	ⓐ$(0.4)\ \mu m$	$0.6\ \mu m$
t_3	$1.2\ \mu m$	$0.2\ \mu m$	$0.8\ \mu m$

ㄱ. ㉡+㉢의 길이는 항상 $1.0\ \mu m$이므로, ⓐ는 0.4이다.

ㄷ. t_2일 때 X의 길이$=㉠+2㉡+2㉢=2.8\ \mu m$이고, ㉠의 길이$+㉢의 길이=1.4\ \mu m$이므로 $\dfrac{㉠의\ 길이+㉢의\ 길이}{X의\ 길이}=\dfrac{1}{2}$이다.

바로 알기

ㄴ. ㉡과 ㉢의 길이의 합은 액틴 필라멘트의 길이의 $\dfrac{1}{2}$이므로 항상 일정하다.

128 골격근의 수축과 길이 계산 답 ③

알짜 풀이

㉠의 길이와 ㉡의 길이의 합은 t_1과 t_2일 때 같다. t_1일 때 ㉢에 위치하는 지점은 t_2일 때도 ㉢에 위치하는데, ⓑ와 ⓒ는 ㉢일 수 없으므로 ⓐ는 ㉢이다. 따라서 l_1인 지점은 ㉢에 위치하고, ⓑ는 ㉡, ⓒ는 ㉠이다.

ㄱ. t_1에서 t_2로 될 때 ㉡(ⓑ)의 길이가 $3d$에서 $2d$로 감소하였으므로 ㉠(ⓒ)의 길이는 d만큼 증가하고, ㉢(ⓐ)의 길이는 $2d$만큼 증가한다. 따라서 t_1일 때 ㉠(ⓒ)의 길이는 $3d$이고, t_2일 때 ㉢(ⓐ)의 길이가 $4d$이다. t_1일 때 A대의 길이는 $1.6\ \mu m$이고, A대의 길이는 $2㉡(ⓑ)+㉢(ⓐ)=6d+2d=8d=1.6\ \mu m$이므로 $d=0.2$이다.

시점	X의 길이	㉠(ⓒ)의 길이	㉡(ⓑ)의 길이	㉢(ⓐ)의 길이
t_1	$2.8\ \mu m$	$0.6\ \mu m$	$0.6\ \mu m$	$0.4\ \mu m$
t_2	$3.2\ \mu m$	$0.8\ \mu m$	$0.4\ \mu m$	$0.8\ \mu m$

ㄷ. t_2일 때 H대(㉢)(ⓐ)의 길이는 t_1일 때보다 $0.4\ \mu m$ 증가한 $0.8\ \mu m$이다.

바로 알기

ㄴ. t_2일 때 Z_1로부터 Z_2 방향으로 거리가 l_2인 지점은 ㉠(ⓒ)에 해당한다.

129 중추 신경계와 말초 신경계 답 ⑤

알짜 풀이

교감 신경과 부교감 신경 중 중간뇌에 연결된 것은 부교감 신경이므로 ㉠은 부교감 신경이고, ㉡은 교감 신경이다. 중간뇌와 말초 신경으로 연결된 기관인 Ⅰ은 홍채이다. 심장과 ㉡(교감 신경)으로 연결되는 B는 척수이고, A는 연수이다. A(연수)와 ㉠(부교감 신경)으로 연결되는 Ⅱ는 소장이고, B(척수)와 ㉠(부교감 신경)으로 연결되는 Ⅲ은 방광이다.

ㄴ. A(연수)는 호흡 운동을 조절하는 중추이다.

ㄷ. ㉡(교감 신경)은 신경절 이전 뉴런이 신경절 이후 뉴런보다 짧다.

바로 알기

ㄱ. ㉠은 부교감 신경이다. B(척수)에 연결된 부교감 신경은 방광과 연결되므로 Ⅲ은 방광이다.

130 특정 기관이 제거된 동물에서의 오줌 생성량 답 ③

알짜 풀이

ㄷ. 콩팥에서 단위 시간당 수분 재흡수량이 많을수록 오줌 생성량이 감소한다. t_1일 때 오줌 생성량은 ㉡에서가 ㉠에서보다 적으므로 콩팥에서의 단위 시간당 수분 재흡수량은 ㉡에서가 ㉠에서보다 많다.

바로 알기

ㄱ. ㉡에서 호르몬 X의 분비를 촉진하는 자극 Ⅰ에 의해 오줌 생성량이 감소했으므로 X는 항이뇨 호르몬(ADH)이고, (가)가 제거된 ㉠에서 자극 Ⅰ에 의해 오줌 생성량이 크게 감소하지 않았으므로 (가)는 항이뇨 호르몬(ADH)이 분비되는 뇌하수체 후엽이다.

ㄴ. t_1일 때 ㉠에게 X(항이뇨 호르몬(ADH))를 주사하면 콩팥에서 수분 재흡수량이 증가함에 따라 오줌 생성량이 감소하고, 오줌의 삼투압이 증가하며, 혈장 삼투압이 감소한다.

131 응집 반응을 통한 ABO식 혈액형 파악 답 ④

자료 분석

적혈구＼혈장	㉠ (응집소 α)	㉡ (응집소 없음)	㉢ (응집소 α, β)	㉣ (응집소 β)
㉠ (응집원 B)	×	×	○	○
㉡ (응집원 A, B)	? (○)	×	○	? (○)
㉢ (응집원 없음)	? (×)	ⓐ (×)	×	? (×)
㉣ (응집원 A)	○	? (×)	ⓑ (○)	×

(○ : 응집됨, × : 응집 안 됨)

알짜 풀이

㉠의 혈액은 항 B 혈청에만 응집 반응이 일어나므로 B형임을 알 수 있다. 응집원 B가 있는 ㉠의 적혈구를 ㉢의 혈장과 ㉣의 혈장에 각각 섞었을 때 응집 반응이 모두 일어나므로 ㉢과 ㉣의 혈장에는 모두 응집소 β가 있다. 응집소 α가 있는 ㉠의 혈장과 ㉣의 적혈구를 섞었을 때 응집 반응이 일어나므로 ㉣의 적혈구에는 응집원 A가 있다. 만약 ㉣의 적혈구에 응집원 B도 있다면 ㉣의 ABO식 혈액형은 AB형이므로 응집소가 없어야 하는데 아니므로 모순이다. 따라서 ㉣의 ABO식 혈액형은 응집원 A와 응집소 β가 있는 A형이다. ㉡의 적혈구와 ㉢의 혈장을 섞었을 때 응집 반응이 일어났으므로 ㉡는 응집원 A와 B가 있는 AB형이고, ㉢는 응집소 α와 β가 있는 O형이다.

ㄴ. ㉢(O형)의 혈액에는 응집소 α와 β가 있고, ㉣(A형)의 혈액에는 응집소 β가 있다.

ㄷ. ㉡(AB형)의 혈액에는 응집원 A와 B가 있으므로 ㉡(AB형)의 혈액과 항 A 혈청을 섞으면 응집 반응이 일어난다.

바로 알기

ㄱ. ㉡(AB형)의 혈장에는 응집소가 없고, ㉢(O형)의 적혈구에는 응집원이 없으므로 ⓐ는 '×'이고, ㉢(O형)의 혈장에는 응집소 α와 β가 있고, ㉣(A형)의 적혈구에는 응집원 A가 있으므로 ⓑ는 '○'이다.

132 고온, 저온 자극과 체온 조절 답 ③

알짜 풀이

ㄱ. 체온 조절 중추에 Ⅰ 자극을 주었을 때 체온이 높아지므로 Ⅰ은 저온, Ⅱ는 고온이다.

ㄷ. Ⅰ(저온) 자극을 주면 피부 근처 혈관이 수축되어 피부 근처 혈관을 흐르는 단위 시간당 혈액량이 감소하고, Ⅱ(고온) 자극을 주면 피부 근처 혈관이 확장되어 피부 근처 혈관을 흐르는 단위 시간당 혈액량이 증가한다. 따라서 피부 근처 혈관을 흐르는 단위 시간당 혈액량은 Ⅰ(저온) 자극을 주었을 때가 Ⅱ(고온) 자극을 주었을 때보다 적다.

바로 알기

ㄴ. Ⅰ(저온) 자극을 주었을 때 X가 감소하고, Ⅱ(고온) 자극을 주었을 때 X가 증가하므로 X는 땀 분비량이다.

Ⅳ. 유전

10 염색체와 세포 주기　　　　071~075쪽

대표 기출 문제 133 ④　134 ③

적중 예상 문제 135 ②　136 ②　137 ④　138 ④　139 ⑤
　　　　　　　　140 ①　141 ③　142 ①　143 ③　144 ⑤
　　　　　　　　145 ②　146 ④

133 핵형과 핵상　　　　　　　　　　답 ④

자료 분석

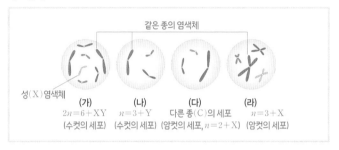

성(X)염색체　(가)　　　　(나)　　　　(다)　　　　(라)
　　　　$2n=6+XY$　$n=3+Y$　다른 종(C)의 세포,　$n=3+X$
　　　　(수컷의 세포)　(수컷의 세포)　(암컷의 세포, $n=2+X$)　(암컷의 세포)

알짜 풀이

(가)~(라)에서 각각 가장 큰 염색체를 비교해 보면 (가), (나), (라)는 같은 종의 세포이고, (다)는 다른 종의 세포임을 알 수 있다. 따라서 (다)는 C의 세포이다. (가)에는 크기와 모양이 같은 3쌍의 상동 염색체가 있고, 노란색의 염색체가 하나 있으므로 이 염색체는 성염색체이다. (가)에 나타난 성염색체가 Y 염색체이면 Y 염색체가 있는 (가)와 (라)는 모두 수컷의 세포이므로 (나)와 (다)는 모두 암컷의 세포이다. 이 경우 (나)와 (다)는 모두 핵상이 n이므로 X 염색체 1개와 나머지 상염색체가 있고, X 염색체는 나타내지 않았으므로 (나)를 갖는 개체의 체세포 1개당 염색체 수와 (다)를 갖는 체세포 1개당 염색체 수는 각각 8이다. 그런데 B와 C의 체세포 1개당 염색체 수가 서로 다르다는 조건을 만족하지 않으므로 (가)에 나타난 성염색체는 X 염색체(㉠)이다. 따라서 (가)는 X 염색체와 Y 염색체를 모두 갖는 수컷의 세포, (나)는 Y 염색체를 갖는 수컷의 세포, (다)와 (라)는 모두 암컷의 세포이다. A와 B는 체세포 1개당 염색체 수가 8이고, C는 체세포 1개당 염색체 수가 6이다.

ㄴ. (가)는 수컷의 세포이고, (라)는 암컷의 세포이므로 서로 다른 개체의 세포이다.

ㄷ. C의 체세포 분열 중기의 세포($2n=4+XX$)에는 4개의 상염색체가 있고 각 염색체는 2개의 염색 분체를 갖는다. 따라서 C의 체세포 분열 중기의 세포 1개당 상염색체의 염색 분체 수는 8이다.

바로 알기

ㄱ. ㉠은 X 염색체이다.

134 유전자와 염색체　　　　　　　　　　답 ③

자료 분석

대립유전자	P의 세포			Q의 세포		
	(가) n	(나) $2n$	(다) n	(라) $2n$	(마) n	(바) n
㉠	×	?○	○	?○	○	×
㉡	×	×	×	○	○	×
㉢	?×	○	○	○	○	○
㉣	×	ⓐ	○	○	×	○
㉤	○	○	×	×	×	×
㉥	×	×	×	?○	×	○

(가)의 핵상은 n　(바)의 핵상은 n　(마)의 핵상은 n　(다)의 핵상은 n　(○: 있음, ×: 없음)

알짜 풀이

핵상이 $2n$인 세포에는 상동 염색체가 쌍으로 있고, 핵상이 n인 세포에는 상동 염색체 중 1개씩만 있다. 대립유전자는 상동 염색체의 같은 위치에 있으므로, 핵상이 n인 세포에는 대립유전자가 1개씩만 있다. P의 세포에서 (가)와 (다)에 있는 유전자의 종류가 서로 다르므로 (가)와 (다)의 핵상은 모두 n이고, Q의 세포에서 (마)와 (바)에 있는 유전자의 종류가 서로 다르므로 (마)와 (바)의 핵상은 모두 n이다. 핵상이 n인 (마)와 (바)의 세포에는 상동 염색체 중 1개씩만 있으므로 ㉢은 ㉠, ㉡, ㉣, ㉥과 대립유전자가 아니고, ㉢은 ㉤과 대립유전자이다. 핵상이 n인 (다)와 (바)를 비교하면 ㉣은 ㉠, ㉥과 대립유전자가 아니고, ㉣은 ㉡과 대립유전자이다. 따라서 ㉠은 ㉥과 대립유전자이다. (나)에 대립유전자 ㉢과 ㉤이 모두 있고, (라)에 대립유전자 ㉡과 ㉣이 모두 있으므로 (나)와 (라)의 핵상은 모두 $2n$이다. 따라서 (나)에는 (가)와 (다)에 있는 유전자가 모두 있고, (라)에는 (마)와 (바)에 있는 유전자가 모두 있다.

ㄱ. ㉠은 ㉥과, ㉡은 ㉣과, ㉢은 ㉤과 각각 대립유전자이다.

ㄷ. 핵상이 n인 (가)에는 대립유전자 ㉢과 ㉤ 중 1가지만 있으므로 ㉢이 없고, ㉠~㉥ 중 ㉤만 있다. 따라서 ㉤은 상염색체에 있는 ㉮의 유전자이고, ㉠과 ㉥, ㉡과 ㉣은 모두 X 염색체에 있는 ㉯의 유전자이다. Q의 세포인 (라)에 ㉠과 ㉥, ㉡과 ㉣이 모두 있으므로 Q의 ㉯의 유전자형은 BbDd이다.

바로 알기

ㄴ. (나)에는 (가)와 (다)에 있는 유전자가 모두 있으므로 ⓐ는 '○'이다.

135 염색체와 DNA　　　　　　　　　　답 ②

알짜 풀이

ㄴ. ㉠은 히스톤 단백질에 DNA가 감겨 있는 구조인 뉴클레오솜이다.

바로 알기

ㄱ. Ⅰ과 Ⅱ는 각각 부모로부터 하나씩 물려받은 상동 염색체를 구성하는 염색 분체이므로 Ⅰ과 Ⅱ에 저장된 유전 정보는 서로 다르다.

ㄷ. ㉡은 유전 물질인 DNA이다. 하나의 DNA에는 많은 수의 유전자가 정해진 위치에 있다.

136 염색체의 구조　　　　　　　　　　답 ②

알짜 풀이

ㄴ. (가)는 DNA와 히스톤 단백질로 이루어진 뉴클레오솜이다. 간기의 덜 응축된 염색체와 분열기의 응축된 염색체에는 모두 뉴클레오솜이 있다.

바로 알기

ㄱ. ⊙과 ⓒ에 저장된 유전 정보는 같으므로 ⊙에 A가 있으면 ⓒ에도 A가 있다.

ㄷ. (나)는 유전 물질인 DNA이고, DNA의 기본 구성 단위는 인산, 당(ⓐ), 염기로 이루어진 뉴클레오타이드이다.

137 염색체와 유전자   답 ④

알짜 풀이

ㄴ. X는 수컷에만 있는 성염색체에 위치한 E를 가지므로 수컷이다.

ㄷ. ⊙과 ⓒ은 크기와 모양이 같은 상동 염색체이므로 각각 부모로부터 하나씩 물려받은 것이다.

바로 알기

ㄱ. 암컷의 유전자형은 aaBBDD이고, 수컷의 유전자형은 AⓐⓑbDE이다. 그런데 이 둘 사이에서 유전자형이 aaBBDE인 자손이 태어났으므로 ⓐ는 a, ⓑ는 B이다.

138 핵형 분석   답 ④

알짜 풀이

ㄱ. 상염색체와 ⊙을 나타낸 핵형 분석 결과에서 44개(22쌍)의 상염색체와 1개의 성염색체가 나타나 있으므로, 이 사람은 성염색체가 XY인 남자이다.

ㄴ. 동원체(ⓐ)는 세포 분열 시 염색체를 분리하기 위해 방추사가 부착되는 부위이다.

바로 알기

ㄷ. ⓒ과 ⓔ은 하나의 염색체를 구성하는 염색 분체이다. 따라서 ⓒ과 ⓔ은 복제된 DNA로 구성되어 있으므로 두 DNA의 염기 배열 순서는 동일하다.

139 핵형과 핵상   답 ⑤

알짜 풀이

ㄱ. (가), (나), (다)는 모두 핵상이 n이다.

ㄴ. (다)와 (라)에 들어 있는 염색체를 비교해 보면 (다)에는 성염색체로 크기가 작은 Y 염색체가 1개 들어 있고, (라)에는 성염색체로 크기가 큰 X 염색체가 2개 들어 있으므로 (다)는 수컷의 세포, (라)는 암컷의 세포이다. (나)에 들어 있는 염색체는 (다)와 (라)에 들어 있는 염색체와 크기, 모양이 다르므로 (나)~(라)는 각각 서로 다른 개체의 세포이다.

ㄷ. 핵상이 $2n$인 (라)에는 X 염색체가 2개 들어 있고, 핵상이 n인 (가)에는 X 염색체가 1개 들어 있다.

140 유전자와 핵상   답 ①

자료 분석

세포	대립유전자				B+D
	A	b	D	d	
$(2n, A\_bbDd)$ I	○	○	⊙○	⊙○	1
$(n, aabbDD)$ Ⅱ	ⓒ×	○	?○	ⓒ×	ⓐ 2
$(2n, aaaaBBbbDDdd)$ Ⅲ	ⓒ×	○	?○	⊙○	ⓑ 4
(n, AbD) Ⅳ	⊙○	⊙○	?○	×	1

ⅣV에 b가 있음
Ⅳ에 D가 있음
(○: 있음, ×: 없음)

알짜 풀이

Ⅳ에는 d가 없으므로 D가 있다. 그런데 Ⅳ는 B+D가 1이므로 Ⅳ에는 B가 없고 b가 있다. 따라서 ⊙은 '○'이고, ⓒ은 '×'이다. Ⅳ에는 A가 있으므로 Ⅳ는 핵상이 n이고, 유전자형이 AbD이다. Ⅱ와 Ⅲ에는 모두 b가 있으므로 Ⅱ와 Ⅲ 중 B+D가 4인 세포는 B와 b를 모두 가져 핵상이 $2n$인 세포이다. 따라서 ⓑ=4이고, Ⅲ은 핵상이 $2n$이다. Ⅲ의 유전자형은 aaBbDd(DNA 복제된 상태: aaaaBBbbDDdd)이다. Ⅰ은 b와 d가 모두 있고, B+D가 1이므로 핵상이 $2n$이다. 따라서 Ⅰ은 유전자형이 A_bbDd이므로 Ⅰ과 Ⅲ은 각각 서로 다른 사람의 세포이다. d가 없는 Ⅱ와 Ⅳ는 모두 핵상이 n이다.

ㄱ. Ⅲ에는 A가 없으므로 Ⅲ은 유전자형이 aaBbDd(DNA 복제된 상태: aaaaBBbbDDdd)이다. 따라서 Ⅱ와 Ⅲ이 한 사람(aaBbDd)의 세포이고, Ⅰ과 Ⅳ가 다른 한 사람(A_bbDd)의 세포이다.

바로 알기

ㄴ. Ⅰ과 Ⅲ은 핵상이 $2n$으로 같다.

ㄷ. Ⅱ(DNA 복제된 상태: aabbDD)에서 a와 B의 DNA 상대량을 더한 값은 2이다.

141 염색체와 유전자   답 ③

알짜 풀이

(가)는 $n=4$(Y), (나)는 $2n=8$(XY), (다)는 $2n=8$(XX)이다. (가)와 (나)는 수컷의 세포, (다)는 암컷의 세포이다.

ㄱ. Ⅰ과 Ⅱ는 같은 종이므로 체세포 1개당 염색체 수가 같다. 그런데 ⊙을 제외한 염색체 수가 (가)는 3, (나)는 7, (다)는 8이므로 핵상이 (가)는 n, (나)와 (다)는 모두 $2n$이다. 따라서 이 동물 종의 핵상과 염색체 수는 $2n=8$이므로 ⊙은 Y 염색체이고, (가)와 (나)에서는 모두 Y 염색체가 제외되어 있다.

ㄷ. (가)는 수컷(XY)의 세포이고, (다)는 암컷(XX)의 세포이다.

바로 알기

ㄴ. (가)와 (나)는 같은 개체(수컷)의 세포이다. 그런데 (나)($2n$)의 A의 DNA 상대량이 4이므로 (나)를 갖는 개체의 유전자형은 AA이다. 따라서 (가)에 A가 있으므로 ⓐ는 2 또는 1이다.

142 염색체와 유전자   답 ①

알짜 풀이

ⓒ에 대립유전자인 B와 b가 모두 있으므로 ⓒ은 핵상이 $2n$이고, ⊙과 ⓒ도 모두 핵상이 $2n$이다. 그런데 A와 a의 DNA 상대량의 합이 ⓒ에서는 1이지만, ⓒ에서는 2이므로 A와 a는 X 염색체에 있으며, 자녀 1은 딸(XX), 자녀 2는 아들(XY)이다. 따라서 유전자형이 어머니는 AaBB, 자녀 1(딸)은 aaBB, 자녀 2(아들)는 AYBb이므로 아버지는 aYBb이다.

ㄱ. 그림의 세포는 핵상이 $2n$이며, A가 있는 X 염색체와 또 하나의 X 염색체를 가지므로 이 세포는 어머니(Aa)의 것이다.

바로 알기

ㄴ. 자녀 1은 성염색체가 XX인 딸, 자녀 2는 성염색체가 XY인 아들이다. 자녀 2는 어머니로부터 A가 있는 X 염색체를 물려받았다.

ㄷ. 유전자형이 어머니는 AaBB, 아버지는 aYBb이므로 체세포 1개당 $\dfrac{\text{B의 DNA 상대량}}{\text{a의 DNA 상대량}}$은 어머니$\left(\dfrac{2}{1}\right)$가 아버지$\left(\dfrac{1}{1}\right)$의 2배이다.

143 유전자와 염색체 　　　　답 ③

자료 분석

세포	DNA 상대량 성(X) 염색체에 있음				상염색체에 있음	
	E	e	F	f	G	g
I ⊙	1	0	0	? 1	0	? 1
I ○	2	0	0	ⓐ 2	0	④ 핵상이 2n 이며 동형 접합성
I ○	ⓑ 0	0	? 0	0	? 0	
II ◎	1	1	ⓒ 1	1	? 2	0
II ○	? 0	2	0	? 2	? 2	? 0

알짜 풀이

○의 G와 g의 DNA 상대량 합이 4, E와 e의 DNA 상대량 합이 2이므로 ○은 핵상이 2n인 I의 세포이고, E와 e는 성염색체에, G와 g는 상염색체에 있다. ◎에 E와 e가 모두 있으므로 ◎은 핵상이 2n인 II의 세포이고, E와 e는 X 염색체에 있다. ○은 g가 있으므로 I의 세포이고, ○은 e가 있으므로 II의 세포이며, ⊙은 G가 없으므로 I의 세포이다.

ㄱ. ⊙은 I의 세포이다.

ㄷ. ○의 핵상은 n이다. X 염색체에 있는 e와 f가 하나의 생식세포에 있으므로 ◎은 E와 F, e와 f가 각각 함께 있는 염색체를 갖는다.

바로 알기

ㄴ. ○의 F와 f의 DNA 상대량이 모두 0이므로 F와 f는 X 염색체에 있다. 따라서 ⓐ는 2, ⓒ는 1이다. ○은 핵상이 n이고, Y 염색체를 가지고 있으므로 E와 e가 모두 없다. 따라서 ⓑ는 0이고, ⓐ+ⓑ+ⓒ=3이다.

144 염색체와 유전자 　　　　답 ⑤

알짜 풀이

ㄱ. II의 세포인 (다)에 ◎과 ○이 있고, (라)에 ⊙과 ○이 있으므로 (다)와 (라)는 모두 핵상이 n이고, ⊙과 ◎은 모두 ○의 대립유전자가 아니다. 따라서 ○은 ○의 대립유전자이고, ⊙은 ◎의 대립유전자이다.

ㄴ. ⓐ에 들어 있는 성염색체는 XX이고, ⓑ에 들어 있는 성염색체는 Y이므로 I과 II는 성별이 서로 다르다. II의 세포인 (나)에는 ◎만 있으므로 (나)는 핵상이 n이고, ⊙과 ◎은 상염색체에 있으며, ○과 ○은 X 염색체에 있다. 따라서 II는 수컷, I은 암컷이므로 ⓑ는 II의 세포이고, 핵상이 n이며, 성염색체로 Y 염색체만 있는 (나)에 해당한다.

ㄷ. (가)를 갖는 I은 성염색체가 XX인 암컷이다. 그런데 (가)에는 ○이 없고, ⊙, ◎, ○이 있으므로 (가)는 핵상이 2n이다. 따라서 I은 유전자형이 ⊙◎◎○이므로 (가)에서 ◎의 DNA 상대량은 ◎의 DNA 상대량의 2배이다.

145 세포 주기 　　　　답 ②

알짜 풀이

세포당 DNA 상대량이 1인 세포는 DNA가 복제되지 않은 G_1기, DNA 상대량이 1보다 크고 2보다 작은 세포는 DNA가 복제 중인 S기, DNA 상대량이 2인 세포는 DNA가 복제된 후인 G_2기와 M기에서 관찰된다. 그런데

(나)에서 G_1기 세포가 가장 많으므로 ○은 G_1기이고, ◎은 S기, ◎은 G_2기, ⊙은 M기이다.

ㄷ. S기(◎)에 DNA가 복제되므로 세포당 DNA양은 G_2기(◎) 세포가 G_1기(○) 세포의 2배이다.

바로 알기

ㄱ. I 의 세포에는 M기(⊙) 세포와 G_2기(◎) 세포가 있다.

ㄴ. ◎은 DNA가 복제되는 S기이다. 방추사는 M기에 형성되며, S기 세포에서는 형성되지 않는다.

146 세포 주기와 핵형 　　　　답 ④

알짜 풀이

ㄱ. 세포 주기는 G_1기(◎) → S기 → G_2기(⊙) → M기(○)의 순서로 진행된다.

ㄴ. (나)는 22번 염색체와 성염색체를 모두 나타낸 것이므로 P는 남자(XY)이고, ⓐ는 X 염색체이다.

바로 알기

ㄷ. (나)의 각 염색체는 2개의 염색 분체로 구성되며, 응축된 상태이다. 따라서 (나)의 염색체는 세포가 분열하는 시기인 M기(○)에 관찰된다.

11　세포 분열 　　　　077~081쪽

대표 기출 문제	147 ③	148 ①			
적중 예상 문제	149 ③	150 ①	151 ⑤	152 ②	153 ⑤
	154 ②	155 ④	156 ③	157 ⑤	158 ②
	159 ①	160 ③			

147 체세포 분열 　　　　답 ③

자료 분석

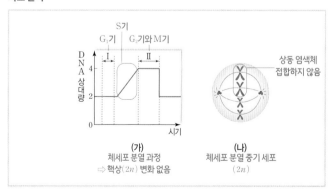

(가)	(나)
체세포 분열 과정 ⟹ 핵상(2n) 변화 없음	체세포 분열 중기 세포 (2n)

알짜 풀이

ㄱ. 체세포 분열 과정에서는 상동 염색체가 분리되지 않아 핵상의 변화가 일어나지 않는다. 따라서 구간 I을 포함한 모든 시기에서 세포의 핵상은 2n이다.

ㄴ. (나)는 염색 분체가 분리되기 전인 체세포 분열 중기 세포이다. DNA 상
대량이 4인 시기의 세포는 DNA가 복제된 G_2기 세포와 분열기(M기) 세
포이므로 구간 Ⅱ에는 (나)가 관찰되는 시기가 있다.

바로 알기

ㄷ. 상동 염색체의 접합은 체세포 분열에서는 일어나지 않고, 감수 1분열에서
일어나므로 (나)에서는 일어나지 않는다.

148 감수 분열과 유전자
답 ①

자료 분석

알짜 풀이

ⓒ에서 A＋a＋B＋b가 1이므로 ⓒ에는 A, a, B, b 중 1개만 있다. 따라서
(가)의 유전자와 (나)의 유전자 중 하나는 상염색체에 있고, 다른 하나는 성염
색체에 있으므로 A＋a＋B＋b는 Ⅰ에서 3, Ⅱ에서 6, Ⅲ에서 4, Ⅳ에서 1
이다.

ㄱ. ⓐ는 ⓑ보다 작으므로 ⓐ는 3, ⓑ는 6이다. 따라서 Ⅰ은 ⊙, Ⅱ는 ⓒ, Ⅲ
은 ⓔ, Ⅳ는 ⓒ이다.

바로 알기

ㄴ. ⓒ은 A＋a＋B＋b가 6이므로 DNA가 복제된 감수 1분열 중기 세포인
Ⅱ이다.

ㄷ. ⓔ은 Ⅲ이며, 핵상이 n인 감수 2분열 중기 세포이므로 ⓔ의 염색체 수는
23이다.

149 세포 주기와 체세포 분열
답 ③

알짜 풀이

ㄱ. X의 분열 결과 형성되는 딸세포의 핵상과 염색체 수는 $2n＝4$이므로 X
는 염색 분체가 분리 중인 M기(분열기) 세포이다. 그런데 세포 1개당
DNA 상대량은 ⓔ 시기 세포가 X의 절반이므로 ⓔ은 DNA가 복제되
기 전인 G_1기이다. 따라서 M기는 ⊙이며, ⓒ은 S기, ⓒ은 G_2기이다. S
기(ⓒ)의 세포에 핵막이 있다.

ㄴ. X는 체세포 분열 후기 세포이다. 따라서 ⓐ는 A가 있는 염색체의 상동
염색체이므로 ⓐ에 A의 대립유전자인 a가 있다.

바로 알기

ㄷ. 염색 분체의 형성과 분리는 모두 M기(⊙)에 일어난다.

150 체세포 분열과 DNA양
답 ①

알짜 풀이

ㄱ. 이 동물의 핵상과 염색체 수는 $2n＝4$이고, ⊙은 체세포 분열 후기의 세
포이다. 세포 1개당 DNA 상대량이 t_2일 때의 세포가 t_1일 때의 세포의
2배이므로 t_2일 때의 세포는 G_2 또는 M기의 세포이다. 따라서 ⊙의
DNA 상대량은 t_2일 때의 세포와 같은 2이다.

바로 알기

ㄴ. ⊙은 체세포 분열 후기의 세포이므로 ⓐ와 ⓑ는 하나의 염색체를 구성하
고 있던 염색 분체가 분리된 것이다.

ㄷ. t_1일 때의 세포는 DNA가 복제되지 않은 G_1기 세포이다. 따라서 t_1일 때
의 세포에는 2개의 염색 분체로 구성된 염색체가 없다.

151 체세포 분열과 DNA양
답 ⑤

알짜 풀이

(가)에서 세포 1개당 DNA 상대량이 절반으로 감소한 후 다시 2배 증가하므
로 (가)는 체세포 분열 과정에서의 DNA 상대량 변화를 나타낸 것이다. 따라
서 ⊙은 체세포 분열 후기의 세포이며, 이 동물의 핵상과 염색체 수는 $2n＝4$
이다.

ㄱ. ⊙은 체세포 분열 후기의 세포이므로 ⓐ는 ⓑ와 ⓒ 중 하나의 상동 염색체
이다.

ㄴ. t_2일 때 세포 1개당 DNA 상대량이 증가하고 있으므로 이 시기는 DNA
가 복제되는 S기이다. S기의 세포에는 핵막과 뉴클레오솜이 모두 있다.

ㄷ. 이 동물($2n＝4$)의 체세포 분열 중기 세포 1개당 염색 분체 수는 $4×2＝$
8이다.

152 세포 주기와 감수 분열
답 ②

알짜 풀이

(가)는 체세포를 배양했을 때 세포당 DNA양에 따른 세포 수를 나타낸 것이다.

ㄷ. 이 동물은 성염색체가 XX이고, ⊙은 감수 2분열 후기 세포이므로 ⊙의
세포당 DNA 상대량은 G_1기 세포와 같은 1이다.

바로 알기

ㄱ. Ⅰ에는 핵상이 $2n$인 G_1기 세포가 있다. 따라서 Ⅰ에 핵상이 n인 세포는
없다.

ㄴ. ⊙의 분열 결과 형성되는 딸세포는 염색체 수가 3이므로 ⊙은 감수 2분열
후기 세포이다. 따라서 Ⅱ에서 ⊙은 관찰되지 않는다. Ⅱ에서는 G_2기 세
포와 체세포 분열기의 세포가 관찰된다.

153 세포 분열과 핵상
답 ⑤

알짜 풀이

(가)와 (다)에 있는 상염색체의 크기과 모양이 서로 같으므로 (가)와 (다)는 같
은 종의 세포이다. 그런데 (가)에는 5개의 염색체, (다)에는 2개의 염색체가
나타나 있으므로 (가)는 핵상이 $2n$, (다)는 핵상이 n이다. (나)는 (가), (다)
와 다른 종의 세포이고, 상동 염색체가 쌍을 이루고 있지 않으므로 핵상
이 n이다. (가)는 핵상과 염색체 수가 $2n＝6$이므로 (가)와 (다)는 모두 수컷
(XY) B의 세포이다. 따라서 (나)는 암컷(XX) A의 세포이다. 그런데 A와
B는 체세포 1개당 염색체 수가 서로 다르고, (나)를 갖는 A의 핵상과 염색체
수가 $2n＝4$는 될 수 없으므로 A의 핵상과 염색체 수는 $2n＝8$이다. 따라서
(나)의 핵상과 염색체 수는 $n＝4$이고, (나)에 X 염색체가 표시되어 있지 않
으므로 ⊙은 Y 염색체이다.

ㄱ. (가)($2n＝4＋$XY)와 (다)($n＝2＋$X)에는 모두 X 염색체가 표시되어
있지 않으므로 (가)의 ⓐ와 ⓑ는 모두 상염색체이다.

ㄴ. A($2n＝6＋$XX)의 체세포 분열 중기 세포 1개당 상염색체의 염색 분체
수는 $6×2＝12$이다.

ㄷ. B($2n＝4＋$XY)의 감수 1분열 중기 세포에는 Y 염색체(⊙)가 있다.

154 세포 분열과 유전자　답 ②

자료 분석

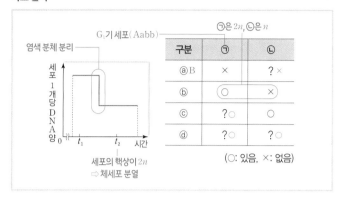

구분	㉠	㉡
ⓐB	×	? ×
ⓑ	○	×
ⓒ	? ○	○
ⓓ	? ○	? ○

(○: 있음, ×: 없음)

알짜 풀이

㉠과 ㉡은 핵상이 다르며, ㉠에 ⓑ가 있고, ㉡에 ⓑ가 없으므로 핵상이 ㉠은 $2n$, ㉡은 n이다. 그런데 ㉠($2n$)은 t_2일 때의 세포이므로 그림은 체세포 분열에서의 DNA양 변화를 나타낸 것이다.

ㄷ. ㉠($2n$)은 G_1기 세포이고, t_1일 때의 세포는 체세포 분열 중기 세포이므로 세포 1개당 X 염색체의 DNA 상대량은 t_1일 때의 세포가 ㉠의 2배이다.

바로 알기

ㄱ. t_1일 때의 세포는 핵상이 $2n$이므로 ㉡(n)은 t_1일 때의 세포에 해당하지 않는다.

ㄴ. ㉠($2n$)에 ⓐ가 없으므로 이 남자의 유전자형은 Aabb이고, ⓐ는 B이다. 따라서 ㉡(n)에 ⓒ와 ⓓ가 모두 있으므로 ⓒ는 ⓓ의 대립유전자가 아니다.

155 감수 분열과 DNA양　답 ④

알짜 풀이

체세포 분열과 감수 분열 과정에서 딸세포의 염색체 수가 모세포의 $\frac{1}{4}$배가 되는 경우는 없으므로 (나)는 DNA 상대량이고, (가)는 염색체 수이다.

ㄴ. B와 D는 염색체 수가 같고, DNA 상대량이 D가 B보다 많으므로 B는 G_1기 세포, D는 감수 1분열 중기 세포이다. 따라서 C는 감수 2분열 중기 세포이므로 ⓐ는 $2x$이고, ⓑ는 x이다.

ㄷ. 이 동물의 핵상과 염색체 수는 $2n=2x$이므로 감수 1분열 중기 세포(D)에 x개의 2가 염색체가 있다.

바로 알기

ㄱ. A는 DNA 상대량이 D의 $\frac{1}{4}$이므로 감수 2분열이 끝난 생식세포이다.

156 감수 분열　답 ③

알짜 풀이

ㄱ. (가)는 감수 1분열 중기 세포($2n=4$), (나)는 감수 2분열 중기 세포($n=4$), (다)는 감수 2분열 후기 세포이다. (다)의 분열 결과 형성되는 딸세포($n=2$)의 염색체 수는 2이므로 (가)와 (다)는 모두 Ⅰ($2n=4$)의 세포이고, (나)는 Ⅱ($2n=8$)의 세포이다.

ㄷ. A~C는 모두 감수 분열 중인 세포이므로 분열 결과 형성되는 딸세포의 핵상은 모두 n으로 같다.

바로 알기

ㄴ. (가)에는 2쌍의 상동 염색체가 있으므로 (가)의 염색 분체 수는 8이다. 반면 Ⅱ($2n=8$)의 감수 1분열 중기 세포의 2가 염색체 수는 4이다.

157 생식세포 형성과 DNA양　답 ⑤

알짜 풀이

이 남자는 유전자형이 AaBBDd이며, 이 남자에게서 형성되는 생식세포 중 유전자형이 ABd인 생식세포의 비율이 $\frac{1}{2}$이므로 이 남자에게서 A와 d(a와 D)가 같은 염색체에 있다. ㉠에서 DNA 상대량이 A가 2이고 D가 0이므로 ㉠은 상동 염색체가 분리된 감수 2분열 중기 세포(n), ㉡에서 DNA 상대량이 a와 d가 각각 1이므로 ㉡은 G_1기 세포($2n$), ㉢에서 DNA 상대량이 A가 1, a가 0이므로 ㉢은 생식세포(n), ㉣에서 DNA 상대량이 A와 D가 각각 2이므로 ㉣은 감수 1분열 중기 세포($2n$)이다.

ㄱ. ㉠은 상동 염색체가 분리되었으므로 핵상이 n이며, ㉡는 상동 염색체가 분리되지 않았으므로 핵상이 $2n$이다.

ㄴ. B의 DNA 상대량은 ㉠에서 2, ㉡에서 2, ㉢에서 1, ㉣에서 4이므로 ⓐ=2, ⓑ=2, ⓓ=4이며, ㉢에서 a의 DNA 상대량이 2이므로 ⓒ=2이다.

ㄷ. DNA가 복제된 후 감수 1분열에서 상동 염색체가, 감수 2분열에서 염색 분체가 각각 분리되므로 ㉠~㉣을 감수 분열 순서에 따라 나열하면 ㉡ → ㉣ → ㉠ → ㉢이다.

158 감수 분열과 유전자의 DNA 합　답 ②

알짜 풀이

P의 핵상과 염색체 수는 $2n=8$이므로 상염색체 수는 Ⅰ은 6, Ⅱ는 6, Ⅲ은 3, Ⅳ는 3이다. 따라서 Ⅰ과 Ⅱ는 각각 ㉡과 ㉣ 중 하나이고, Ⅲ과 Ⅳ는 각각 ㉠과 ㉢ 중 하나이다. A와 B의 DNA 상대량을 더한 값은 ㉡에서 6이고, ㉣에서 3이므로 ㉡에서 DNA 상대량은 2+4이고, ㉣에서 DNA 상대량은 1+2임을 알 수 있다. ㉡에서의 값이 ㉣에서의 값의 2배이므로 ㉡이 Ⅱ, ㉣이 Ⅰ이다. 또한 ㉠의 A와 B의 DNA 상대량을 더한 값은 1이므로 ㉠은 Ⅳ이고, 나머지 ㉢은 Ⅲ이다.

ㄴ. ㉢(Ⅲ)의 핵상은 n이므로 ㉲는 3이다. ㉡(Ⅱ)의 A와 B의 DNA 상대량을 더한 값은 6이고 ㉠(Ⅳ)의 A와 B의 DNA 상대량을 더한 값은 1이므로 ㉴는 4이다. 따라서 ㉲+㉴=7이다.

바로 알기

ㄱ. ㉠은 Ⅳ이다.

ㄷ. Ⅰ(㉣)의 A와 B의 DNA 상대량을 더한 값은 3이므로 P의 (가)의 유전자형은 AABb 또는 AaBB 중 하나이다.

159 유전자의 DNA 합　답 ①

자료 분석

세포	E e ⓐ+ⓑ	DNA 상대량을 더한 값 Eⓐ+f	eⓑ+f	E F ⓐ+ⓒ
(가)	1	㉠1	? 0	2
(나)	㉡4	6	6	? 2

f의 DNA 상대량 4, ⓐ와 ⓑ는 각각 DNA 상대량 2

알짜 풀이

ㄱ. (나)의 핵상은 $2n$이며 DNA가 복제된 상태이므로 ⓐ~ⓒ의 DNA 상대량은 모두 짝수이다. (나)에서 ⓐ+f와 ⓑ+f의 값이 모두 6이므로 f의 DNA 상대량은 4이고, ⓐ와 ⓑ의 DNA 상대량은 각각 2이며, 나머지 ⓒ의 DNA 상대량은 0이다. 따라서 Ⅱ의 ㉰의 유전자형은 Eeff이고, ⓐ의 DNA 상대량은 2이며, ⓒ는 F이다. (가)에서 ⓐ+ⓒ의 값은 2이므로

DNA 상대량은 ⓐ가 1, ⓒ가 1이다. (가)에 E가 있으므로 ⓐ는 E, ⓑ는 e이다.

바로 알기

ㄴ. (가)(EF)에서 ⓐ(E)의 DNA 상대량인 ㉠은 1이고, (나)(EEeeffff)에서 ⓐ(E)와 ⓑ(e)의 DNA 상대량은 각각 2이므로 ㉡은 4이다. 따라서 ㉠(1)+㉡(4)=5이다.

ㄷ. (가)(EF)에 f가 없다.

160 생식세포 형성 과정 답 ③

자료 분석

세포	DNA 상대량			
	성염색체에 있음		상염색체에 있음	
	H	h	T	t
ⓓ Ⅰ	?0	1	?1	0
ⓑ Ⅱ	?0	㉠2	?4	0
ⓐ Ⅲ	0	1	2	?0
ⓒ Ⅳ	0	㉡0	㉢2	?0

알짜 풀이

ㄱ, ㄴ. Ⅰ의 h의 DNA 상대량이 1이므로 Ⅰ은 ⓓ이다. ⓑ의 염색체는 ⓐ의 염색체가 복제되었으므로 h의 DNA 상대량은 2이고, ⓓ(Ⅰ)에 h가 있으므로 ⓒ에는 h가 없다. 따라서 ㉠과 ㉡ 중 하나는 2이고, 나머지 하나는 0이므로 ㉢은 2이다. ⓐ(Ⅲ)의 T의 DNA 상대량이 2이므로 ⓑ의 T의 DNA 상대량은 4이다. 따라서 Ⅱ는 ⓑ, Ⅳ는 ⓒ이고, ㉠은 2, ㉡은 0이다.

바로 알기

ㄷ. Ⅲ의 h의 DNA 상대량이 1, T의 DNA 상대량이 2이므로 Ⅲ은 G₁기 세포인 ⓐ이고, ⓐ에는 t가 없다. H와 h는 성염색체에, T와 t는 상염색체에 있고, ⓑ, ⓒ, ⓓ에는 모두 H가 없다.

---

161 상염색체 유전과 X 염색체 유전 답 ④

자료 분석

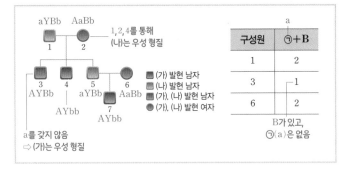

를 갖지 않음
⇨ (가)는 우성 형질

a를 갖지 않음

B가 있고,
㉠(a)은 없음

알짜 풀이

(나)가 발현된 1과 2로부터 (나)가 발현되지 않은 4가 태어났으므로 (나)는 우성 형질이며, 1과 2는 각각 B를 1개씩 갖는다. 1에는 ㉠이 1개 있고, (나)가 발현된 3에는 B가 있으므로 ㉠이 없다. ㉠이 A이면 (가)는 열성 형질이므로 6의 (가)와 (나)의 유전자형은 aaBB이며, 6으로부터 태어나는 자녀는 모두 (나)가 발현되어야 한다. 그런데 7에게서 (나)가 발현되지 않았으므로 ㉠은 a이다.

ㄴ. a를 갖지 않는 3에게서 (가)가 발현되었으므로 (가)는 우성 형질이다. (가)의 유전자가 상염색체에 있으면 3은 (가)의 유전자형이 AA이므로 1과 2에게서 모두 (가)가 발현되어야 한다. 그런데 1에게서 (가)가 발현되지 않았으므로 (가)의 유전자는 X 염색체에 있다. 따라서 (나)의 유전자는 상염색체에 있다.

ㄷ. (가)가 발현되지 않은 5는 (가)의 유전자형이 aY이고, 7에게서 (나)가 발현되지 않았고, 5에게서 (나)가 발현되었으므로 5는 (나)의 유전자형이 Bb이다. 6은 a+B=2이고, 6에게서 (가)와 (나)가 모두 발현되었으므로 6의 유전자형은 AaBb이다. 따라서 5(aYBb)와 6(AaBb) 사이에서 7의 동생이 태어날 때, 이 아이에게서 (가)와 (나)가 모두 발현될 확률은 $\frac{1}{2} \times \frac{3}{4} = \frac{3}{8}$이다.

바로 알기

ㄱ. ㉠은 a이다.

---

162 다인자 유전과 단일 인자 유전 답 ②

알짜 풀이

(가)의 유전자와 (나)의 유전자는 서로 다른 상염색체에 있고, ⓐ에게서 나타날 수 있는 (가)와 (나)의 표현형이 최대 15(=5×3)가지이므로 ⓐ의 (가)의 표현형은 최대 5가지, (나)의 표현형은 최대 3가지이다. ⓐ의 (나)의 표현형이 최대 3가지(EE, Ee, ee)이므로 P와 Q는 모두 (나)의 유전자형이 Ee이다. P의 (가)의 유전자형이 AaBbDd이므로 P의 생식세포에서 대문자로 표시되는 (가)의 대립유전자의 수는 4가지(3개, 2개, 1개, 0개)이다. 그런데 ⓐ의 (가)의 표현형이 최대 5가지이므로 Q의 생식세포에서 대문자로 표시되는 (가)의 대립유전자의 수가 2가지임을 알 수 있다. P와 Q는 (가)의 표현형이 같으므로 Q는 (가)의 유전자형에서 대문자로 표시되는 대립유전자의 수가 3이다. 따라서 Q의 (가)의 유전자형이 AABbdd, AAbbDd, AaBBdd, aaBBDd, AabbDD, aaBbDD 중 하나일 때 Q의 생식세포에서 대문자로 표시되는 (가)의 대립유전자의 수가 2가지(2개, 1개)가 될 수 있다. (가)의 유전자형이 P가 AaBbDd이고, Q가 AABbdd일 때(Q의 유전자형이 다른 경우도 동일), ⓐ에게서 나타날 수 있는 (가)의 표현형은 표와 같다. 따라서 ⓐ의 (가)의 유전자형에서 대문자로 표시되는 대립유전자의 수가 유전자형이 AabbDd

12 사람의 유전 083~089쪽

대표 기출 문제	161 ④	162 ②		
적중 예상 문제	163 ⑤	164 ③	165 ②	166 ①	167 ②
	168 ④	169 ①	170 ②	171 ④	172 ①
	173 ④	174 ①	175 ④	176 ⑤	177 ⑤
	178 ②				

인 사람과 같은 2일 확률은 $\frac{1}{16}+\frac{3}{16}=\frac{1}{4}$이다.

구분		P의 생식세포			
		3개$\left(\frac{1}{8}\right)$	2개$\left(\frac{3}{8}\right)$	1개$\left(\frac{3}{8}\right)$	0개$\left(\frac{1}{8}\right)$
Q의 생식세포	2개$\left(\frac{1}{2}\right)$	5개$\left(\frac{1}{16}\right)$	4개$\left(\frac{3}{16}\right)$	3개$\left(\frac{3}{16}\right)$	2개$\left(\frac{1}{16}\right)$
	1개$\left(\frac{1}{2}\right)$	4개$\left(\frac{1}{16}\right)$	3개$\left(\frac{3}{16}\right)$	2개$\left(\frac{3}{16}\right)$	1개$\left(\frac{1}{16}\right)$

P와 Q는 모두 (나)의 유전자형이 Ee이므로 ⓐ의 (나)의 유전자형이 Ee일 확률은 $\frac{1}{2}$이다. 따라서 ⓐ가 유전자형이 AabbDdEe인 사람과 (가)와 (나)의 표현형이 모두 같을 확률은 $\frac{1}{4}\times\frac{1}{2}=\frac{1}{8}$이다.

163 상염색체 유전과 가계도 분석　답 ⑤

알짜 풀이

ㄱ. 정상인 1과 2에서 (가)가 발현된 3이 태어났으므로 (가)는 정상(A)이 우성, 발현(a)이 열성이다. 그런데 정상(우성)인 4에게서 (가)가 발현된(열성) 7(딸)이 태어났으므로 (가)는 상염색체 유전 형질이다. 따라서 (가)의 유전자형이 1, 2, 4는 모두 Aa이고, 3, 5, 6, 7은 모두 aa이다.

ㄴ. 6(aa, XY)은 5(aa, XX)에게서 상염색체에 있는 a와 성염색체인 X 염색체를 모두 물려받았다.

ㄷ. 4(Aa, XY)와 5(aa, XX) 사이에서 (가)가 발현된 딸(aa, XX)이 태어날 확률은 $\frac{1}{2}\times\frac{1}{2}=\frac{1}{4}$이다.

164 상염색체 유전과 ABO식 혈액형　답 ③

알짜 풀이

ㄱ. 2, 3, 4는 모두 응집원 B를 가지므로 혈액형이 B형 또는 AB형이다. 그런데 1과 4가 공통된 응집소(α)를 가지므로 4는 혈액형이 B형($I^{B}i$)이고, 1은 혈액형이 O형(ii)이다. 따라서 2는 혈액형이 AB형($I^{A}I^{B}$)이고, 3은 혈액형이 B형($I^{B}i$)이다. 만약 ㉠이 열성 형질이면 1은 유전자형이 $iirr$이고, 3과 4는 2로부터 I^{B}가 있는 동일한 상염색체를 물려받았으므로 3과 4는 ㉠의 표현형이 서로 같아야 한다. 그러나 3과 4는 ㉠의 표현형이 서로 다르므로 ㉠은 우성 형질이고, 유전자의 구성이 1은 iR/ir, 2는 $I^{A}r/I^{B}r$, 3은 $I^{B}r/iR$, 4는 $I^{B}r/ir$이다.

ㄴ. 2($I^{A}r/I^{B}r$), 3($I^{B}r/iR$), 4($I^{B}r/ir$)는 모두 I^{B}와 r가 같이 있는 염색체를 갖는다.

바로 알기

ㄷ. 1(iR/ir)과 2($I^{A}r/I^{B}r$) 사이에서 ABO식 혈액형이 A형이면서 ㉠을 나타내는 아이($I^{A}r/iR$)가 태어날 수 있다.

165 상염색체 유전 형질　답 ②

알짜 풀이

ㄴ. (나)는 상염색체 열성 형질이므로 유전병을 갖는 부모(㉠)는 모두 유전자형이 열성 동형 접합성이다.

바로 알기

ㄱ. (가)의 경우, 유전병을 가질 확률이 남자와 여자에서 같으므로 상염색체 유전 형질이며, 정상 부모 사이에서 유전병을 갖는 자녀가 태어나지 않으므로 정상이 열성, 유전병이 우성 형질이다. (나)의 경우, 유전병을 갖는 딸의 부모가 모두 정상일 수 있으므로 정상이 우성, 유전병이 열성이고,

정상(우성) 아버지로부터 유전병을 갖는(열성) 딸이 태어나므로 상염색체 유전 형질이다.

ㄷ. (가)는 상염색체 우성 형질이므로 (가)를 갖는 부모가 모두 유전자형이 이형 접합성인 경우, 이 부모 사이에서 정상 자녀(열성 동형 접합성)가 태어날 수 있다.

166 상염색체 유전과 DNA양　답 ①

알짜 풀이

ㄱ. 어머니의 체세포 1개당 a의 DNA 상대량이 2이므로 어머니는 (가)의 유전자형이 aa이다. 그런데 아들 ㉠이 A를 가지므로 ㉠은 A를 아버지로부터 물려받았다. 따라서 (가)는 상염색체 유전 형질이고, (가)의 유전자형이 아버지는 Aa, ㉠은 Aa이다.

바로 알기

ㄴ. 어머니(aa), ㉠(Aa), ㉡ 중 1명만 아버지(Aa)와 (가)의 표현형이 서로 다르므로 아버지와 표현형이 다른 사람은 어머니이고, ㉡은 (가)의 유전자형이 Aa이다. 따라서 ㉠과 ㉡은 (가)의 유전자형이 같다.

ㄷ. 아버지(Aa)와 어머니(aa) 사이에서 ㉡의 동생이 태어날 때, 이 아이의 (가)의 표현형이 어머니와 같을(aa) 확률은 $\frac{1}{2}$이다.

167 상염색체 유전과 ABO식 혈액형　답 ②

알짜 풀이

㉠의 표현형이 정상인 어머니와 아버지 사이에서 유전병 ㉠을 갖는 자녀 1과 2가 태어났으므로 정상(H)이 우성, 유전병(㉠)(h)이 열성 형질이고, ㉠은 상염색체 유전 형질이다. 자녀 1~3의 혈액형이 각각 O형(ii), A형($I^{A}i$), B형($I^{B}i$)이므로 어머니와 아버지는 각각 혈액형이 A형($I^{A}i$)과 B형($I^{B}i$) 중 서로 다른 하나이다. 따라서 두 형질의 유전자형이 어머니와 아버지는 각각 $I^{A}i$Hh와 $I^{B}i$Hh 중 서로 다른 하나이고, 자녀 1은 iihh, 자녀 2는 $I^{A}i$hh이다.

ㄴ. 어머니와 아버지는 두 형질의 유전자형이 각각 $I^{A}i$Hh와 $I^{B}i$Hh 중 서로 다른 하나이므로 이형 접합성이다.

바로 알기

ㄱ. 두 형질의 유전자가 같은 염색체에 있다면 자녀 1과 2가 모두 ㉠의 표현형이 유전병 ㉠일 수는 없다. 따라서 두 형질의 유전자는 서로 다른 염색체에 있다.

ㄷ. 자녀 3은 혈액형의 유전자형이 $I^{B}i$이다. 따라서 자녀 3의 동생이 태어날 때, 이 아이의 ㉠의 표현형이 정상일 확률은 $\frac{3}{4}$이고, ABO식 혈액형의 유전자형이 $I^{B}i$일 확률은 $\frac{1}{4}$이므로 구하고자 하는 확률은 $\frac{3}{16}$이다.

168 단일 인자 유전　답 ④

알짜 풀이

ㄴ. ㉠(ADEE*GI)과 ABEE*FG인 개체 사이에서 태어난 자손(F_1)의 표현형은 최대 27가지($=3\times3\times3$)이므로 E와 E* 사이의 우열 관계는 분명하지 않다. 따라서 유전자형이 EE인 개체와 EE*인 개체의 (나)의 표현형은 다르다.

ㄷ. ㉠(ADEE*GI)과 ㉡(ADEEFI) 사이에서 태어난 자손(F_1)의 (가)~(다)의 표현형이 모두 ㉡(ADEEFI)과 같을 확률은 $\frac{1}{2}$(AD)$\times\frac{1}{2}$(EE)$\times\frac{1}{2}$(F_-)$=\frac{1}{8}$이다.

바로 알기

ㄱ. ㉡(ADEEFI)과 ADEE*HI인 개체 사이에서 태어난 자손(F_1)에게서 나타날 수 있는 표현형은 최대 18가지($=2\times3\times3$)이고, (다)의 유전자형이 FH인 개체와 HH인 개체의 표현형은 같으므로 H는 F에 대해 완전 우성이다. A와 D는 B에 대해 각각 완전 우성이며, A와 D 사이의 우열 관계는 분명하지 않다(A=D>B). F와 I는 G에 대해 각각 완전 우성이고, H는 I에 대해 완전 우성이다(H>F>I>G).

형질	(가)	(나)	(다)
유전자형	AA, AD, AB, BD	EE, EE*, E*E*	FG, FI, GG, GI
표현형	3가지	3가지	3가지

형질	(가)	(나)	(다)
유전자형	AA, AD, DD	EE, EE*	FH, FI, HI, II
표현형	3가지	2가지	3가지

169 X 염색체 유전과 DNA양 답 ①

알짜 풀이

ㄱ. ㉠의 표현형이 정상인 아버지는 a(열성 대립유전자)를 갖지 않으므로 ㉠은 정상에 대해 열성 형질이다. 그런데 ㉠이 상염색체 유전 형질이라면 어머니와 아버지 사이에서 유전병 ㉠을 갖는 자녀 2가 태어났으므로 아버지는 a를 1개 가져야 하는데, 이는 주어진 자료와 일치하지 않는다. 따라서 ㉠은 X 염색체 열성 형질이다.

바로 알기

ㄴ. ㉠의 유전자형이 어머니는 aa, 아버지는 AY, 자녀 1은 Aa, 자녀 2는 aY이다. 따라서 아버지의 G_1기 세포 1개당 A의 DNA 상대량은 0.5이다.

ㄷ. 자녀 1(Aa)과 ㉠의 표현형이 정상인 남자(AY) 사이에서 아이가 태어날 때, 이 아이가 ㉠(aY)일 확률은 $\frac{1}{4}$이다.

170 상염색체 유전과 X 염색체 유전 답 ②

자료 분석

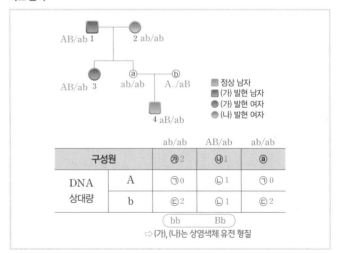

세포	DNA 상대량					
	A	a	B	b	D	d
$2n$(aaYYBB__DDDD)Ⅰ	0	?2	2	?	x 4	0
n(aabbdd)Ⅱ	0	y 2	0	2	?0	2
n(ABD)Ⅲ	?1	0	z 1	?0	1	0
$2n$(aYB__DD)Ⅳ	?0	1	1	?	2	?0

X 염색체에 있음 / 상염색체에 있음

여자 ㉠(AaBbDd)의 세포 / 남자 ㉡의 세포

B가 1개, D가 2개 ⇒ Ⅳ는 $2n$(_aB__DD)

알짜 풀이

Ⅳ는 DNA 상대량이 B가 1, D가 2이므로 Ⅳ는 핵상이 $2n$이고, 유전자형이 _aB__DD이다. z는 4가 될 수 없으므로 x와 y 중 하나가 4이다. 만약 y가 4이면 Ⅱ는 핵상이 $2n$이고, 유전자형이 aabY_d(DNA 복제된 상태: aaaabbYY__dd)인 남자 ㉡의 세포이다. 따라서 B가 있는 Ⅰ과 Ⅳ는 모두 여자 ㉠의 세포이므로 Ⅲ이 남자 ㉡의 세포이다. 그런데 이 경우 Ⅲ에는 B가 없으므로 z가 0이 되는 모순이 생긴다. 따라서 x가 4이고, Ⅰ은 핵상

이 $2n$이며, 유전자형이 _aB_DD(DNA 복제된 상태: __aaBB__DDDD)이다. d가 있는 Ⅱ는 Ⅰ과 다른 사람의 세포이고, Ⅳ와도 다른 사람의 세포이므로 Ⅰ과 Ⅳ가 같은 사람의 세포이고, Ⅱ와 Ⅲ이 같은 사람의 세포이다. Ⅰ($2n$)에 A가 없으므로 Ⅳ($2n$)에도 A가 없다. 따라서 Ⅳ는 유전자형이 aYB_DD이므로 Ⅰ과 Ⅳ는 남자 ㉡의 세포이고, Ⅱ와 Ⅲ은 여자 ㉠의 세포이다. (가)는 X 염색체 유전 형질이고, (다)는 상염색체 유전 형질이므로 z가 2이면 Ⅲ은 핵상이 $2n$이고, 유전자형이 AYBBDY인 남자 세포가 되므로 모순이다. 따라서 y가 2이고, z가 1이다. Ⅲ은 핵상이 n이고, 유전자형이 ABD인 생식세포이므로 Ⅱ는 핵상이 n이고, 유전자형이 abd(DNA 복제된 상태: aabbdd)이다. 따라서 여자 ㉠의 유전자형은 AaBbDd이다.

ㄷ. ㉠(AaBbDd)과 ㉡(aYB_DD) 사이에서 아이가 태어날 때, 이 아이가 a와 D를 모두 가질 확률은 $\frac{3}{4}\times1=\frac{3}{4}$이다.

바로 알기

ㄱ. Ⅰ은 핵상이 $2n$이고, Ⅱ는 핵상이 n이다.

ㄴ. ㉠(AaBbDd)의 세포 Ⅱ에는 a, b, d가 있고, Ⅲ에는 A, B, D가 있으므로 (나)가 X 염색체 유전 형질인 경우라도 ㉠은 A와 b가 함께 있는 X 염색체는 갖지 않는다.

171 X 염색체 유전과 DNA양 답 ④

알짜 풀이

(가)가 발현된 1과 2 사이에서 정상인 4가 태어났으므로 (가)는 우성 형질이고, 2는 (가)의 유전자형이 Aa이다. 따라서 1은 A를 최소 1개 가지므로 ㉠은 a이다. 1은 a를 갖지 않고, 4는 a를 가지므로 (가)는 X 염색체 유전 형질이다. (가)의 유전자형이 1은 AY, 2는 Aa, 3은 AA 또는 Aa, 4는 aY, 5는 Aa이다.

ㄱ. 3(AA 또는 Aa)은 1(AY)로부터 A가 있는 X 염색체를 물려받았다.

ㄴ. 4(aY)에서 체세포 1개당 a(㉠)의 DNA 상대량은 1이다.

바로 알기

ㄷ. 4(aY)와 5(Aa) 사이에서 아이가 태어날 때, 이 아이가 A와 a 중 a(㉠)만 가질(aa, aY) 확률은 $\frac{1}{2}$이다.

172 X 염색체 유전과 가계도 분석 답 ①

자료 분석

구성원		㉮ 2	㉯ 1	ⓐ
		ab/ab	AB/ab	ab/ab
DNA 상대량	A	㉢ 0	㉡ 1	㉢ 0
	b	ⓒ 2	㉡ 1	㉢ 2

bb / Bb

⇒ (가), (나)는 상염색체 유전 형질

1 AB/ab, 2 ab/ab, 3 AB/ab, ⓐ ab/ab, ⓑ A_/aB, 4 aB/ab

■정상 남자 / ■(가) 발현 남자 / ●(가) 발현 여자 / ●(나) 발현 여자

알짜 풀이

1과 2는 (가)의 표현형이 서로 다르므로 ⓐ는 AA가 아니다. 따라서 ㉠은 2

가 아니다. 만약 ㉠이 1이면, ㉮는 A를 1개 갖고, 1과 2는 (가)의 표현형이 서로 다르므로 ㉡은 AA일 수 없다. 따라서 ㉡은 0이고, ㉢은 2이다. 그런데 이 경우 ⓐ는 bb인데 ㉯가 b를 갖지 않는 모순이 생긴다. 따라서 ㉠은 0이다. ⓐ는 aa이므로 ㉯는 AA일 수 없다. 따라서 ㉡은 2일 수 없으므로 1이고, ㉢은 2이다. ㉮는 bb이고, ㉯는 b를 1개 갖는다. 그런데 1과 2는 (나)의 표현형이 서로 다르므로 ㉯는 Bb이다. 따라서 (가)와 (나)는 상염색체 유전 형질이다. 유전자의 구성이 ㉮는 ab/ab이고, ⓐ도 ab/ab이므로 ㉯는 AB/ab이다. 만약 ⓑ가 ⓐ와 (가)와 (나)의 표현형이 모두 같다면 ⓑ는 유전자의 구성이 ab/ab이다. 따라서 이 경우 4도 유전자의 구성이 ab/ab이다. 그런데 이 경우 4는 ㉮(1과 2 중 하나)와 (가)와 (나)의 표현형이 모두 같을 수 없다. 따라서 ⓑ는 1과 (가)와 (나)의 표현형이 모두 같고, 1과 ⓑ는 모두 유전자의 구성이 ab/ab가 아니므로 1은 ㉯(AB/ab)이고, 2는 ㉮(ab/ab)이다.

ㄴ. 1(AB/ab)과 3(AB/ab)은 각각 체세포 1개당 B의 DNA 상대량이 1(㉡)이다.

바로 알기

ㄱ. (가)는 발현(A)이 우성, 정상(a)이 열성이고, (나)는 정상(B)이 우성, 발현(b)이 열성이다. 따라서 (가)는 상염색체 우성 형질이다.

ㄷ. 유전자의 구성이 ⓐ는 ab/ab, 4는 aB/ab이고, ⓑ는 A와 B를 모두 가지므로 ⓑ는 A_/aB이다. 따라서 ⓐ(ab/ab)와 ⓑ(A_/aB) 사이에서 태어나는 아이에게서 (가)와 (나)가 모두 발현(A_bb)될 확률은 0과 $\frac{1}{2}$ 중 하나이다.

173 상염색체 유전과 X 염색체 유전   답 ④

알짜 풀이

㉠의 경우, 1과 2는 정상이고, 3은 유전병을 가지므로 상염색체 열성 형질이다. 따라서 ㉠의 유전자는 ABO식 혈액형의 유전자와 같은 염색체에 있다. ㉠의 유전자를 H와 h라고 가정하면(H>h), ABO식 혈액형과 ㉠의 유전자의 구성이 1은 I^BH/ih, 2는 I^AH/ih, 3은 ih/ih, 5는 I^Ah/I^Bh이고, 4는 혈액형이 A형이므로 I^AH/ih이다. X 염색체 열성 형질인 적록 색맹(X>X')의 경우, 표현형이 3(X'X')은 색맹이므로 2(X'Y)도 색맹(ⓐ)이다. 따라서 적록 색맹의 표현형이 4(XY)는 정상(ⓑ)이고, 5(X'X')는 색맹이다. 그러므로 4(I^AH/ih, XY)와 5(I^Ah/I^Bh, X'X') 사이에서 태어나는 아이의 3가지 형질의 표현형이 A형, 정상(적록 색맹이 아님), 정상(㉠을 갖지 않음)일 확률은 $\frac{1}{4} \times \frac{1}{2} = \frac{1}{8}$이다.

174 다인자 유전과 단일 인자 유전   답 ①

알짜 풀이

ㄱ. ㉠에서 유전자형이 ABD, aBd, abD인 생식세포가 모두 형성되므로 ㉠과 ㉡은 모두 유전자형이 AaBbDd이며, 3쌍의 대립유전자는 모두 서로 다른 염색체에 있다. 그런데 ⓐ에게서 나타날 수 있는 (가)와 (나)의 표현형이 최대 7×2=14가지이므로 ㉠과 ㉡은 모두 유전자형이 AaBbDdEE*이며, E와 E* 사이의 우열 관계는 분명하다.

바로 알기

ㄴ. (가)의 유전자와 (나)의 유전자는 모두 서로 다른 염색체에 있다.

ㄷ. ⓐ의 (가)의 표현형이 ㉠과 같을 확률은 ⓐ의 유전자형이 AABbdd, AAbbDd, AaBBdd, AaBbDd, AabbDD, aaBBDd, aaBbDD 중 하나일 때의 확률과 같으므로 $\frac{5}{16}$이고, ⓐ의 (나)의 표현형이 ㉠과 같을 확률은 $\frac{3}{4}$이므로 구하고자 하는 확률은 $\frac{15}{64}$이다.

175 X 염색체 유전과 가계도 분석   답 ④

자료 분석

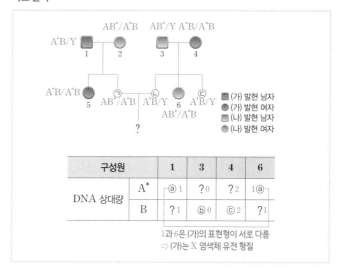

1과 6은 (가)의 표현형이 서로 다름
⇒ (가)는 X 염색체 유전 형질

구성원		1	3	4	6
DNA 상대량	A^*	ⓐ 1	? 0	? 2	1 ⓐ
	B	? 1	ⓑ 0	ⓒ 2	? 1

알짜 풀이

1과 6은 (가)의 표현형이 서로 다르므로 ⓐ는 0과 2가 모두 아니며, 1이다. 따라서 (가)는 X 염색체 유전 형질이고, (가)의 유전자형이 1은 A^*Y, 6은 AA^*이므로 (가)는 정상(A)이 우성, 발현(A^*)이 열성이다. (가)의 유전자형이 2는 AA^*, 3은 AY, 4는 A^*A^*, 5는 A^*A^*, 6은 AA^*이므로 ㉢은 A^*Y 또는 AA^*이다. ㉢은 체세포 1개당 A의 DNA 상대량이 0 또는 1이고, 1과 2는 (가)의 표현형이 서로 달라 ㉠은 유전자형이 AA일 수 없으므로 3, ㉠, ㉢ 각각의 체세포 1개당 A의 DNA 상대량을 더한 값은 2이고, 2, ㉡, ㉢ 각각의 체세포 1개당 B^*의 DNA 상대량을 더한 값은 1이다. ⓑ와 ⓒ는 각각 0과 2 중 하나이다. 만약 (나)가 상염색체 유전 형질이면 3과 4의 (나)의 유전자형은 각각 BB와 B^*B^* 중 하나이므로 ㉡, 6, ㉢의 (나)의 유전자형은 모두 BB이다. 그런데 이 경우 2, ㉡, ㉢ 각각의 체세포 1개당 B^*의 DNA 상대량을 더한 값이 1이 될 수 없다. 따라서 (나)는 X 염색체 유전 형질이고, B^*는 3이 가져야 하므로 (나)의 유전자형은 3은 B^*Y, 4는 BB이고, ⓒ는 2, ⓑ는 0이다. (나)의 유전자형이 6은 BB이고, 4와 6은 (나)의 표현형이 서로 다르므로 우열 관계는 발현(B^*)이 우성, 정상(B)이 열성이다. 유전자의 구성이 1은 A^*B/Y, 5는 A^*B/A^*B이므로 2는 AB^*/A^*B이고, 3은 AB^*/Y, 4는 A^*B/A^*B, 6은 AB^*/A^*B이다. 2는 B^*를 1개 가지므로 ㉠과 ㉢은 모두 B^*를 갖지 않는다. 따라서 ㉡과 ㉢은 모두 3(아버지)으로부터 B^*를 물려받지 않은 남자이고, 유전자의 구성이 A^*B/Y이다. ㉡(A^*B/Y)은 A를 갖지 않으므로 ㉠은 A를 1개 갖고, 여자이므로 유전자의 구성이 AB^*/A^*B이다.

ㄴ. 3(AB^*/Y), ㉠(AB^*/A^*B), ㉢(A^*B/Y) 각각의 체세포 1개당 A의 DNA 상대량을 더한 값은 2(ⓒ)이다.

ㄷ. ㉠(AB^*/A^*B)과 ㉡(A^*B/Y) 사이에서 아이가 태어날 때, 이 아이의 (가)와 (나)의 표현형이 모두 ㉡과 같을 확률은 아이의 유전자의 구성이 A^*B/A^*B, A^*B/Y일 확률과 같으므로 $\frac{1}{2}$이다.

바로 알기

ㄱ. (가)는 X 염색체 열성 형질이고, (나)는 X 염색체 우성 형질이다.

176 다인자 유전   답 ⑤

알짜 풀이

(가)의 유전자는 모두 서로 다른 상염색체에 있으므로 유전자형이 AaBbDd인 아버지와 aaBbDd인 어머니 사이에서 태어나는 아이의 유전자형은

$Aa\left(\dfrac{1}{2}\right)$와 $aa\left(\dfrac{1}{2}\right)$ 중 하나, $BB\left(\dfrac{1}{4}\right)$와 $Bb\left(\dfrac{1}{2}\right)$와 $bb\left(\dfrac{1}{4}\right)$ 중 하나, $DD\left(\dfrac{1}{4}\right)$와 $Dd\left(\dfrac{1}{2}\right)$와 $dd\left(\dfrac{1}{4}\right)$ 중 하나이다. 따라서 이 아이의 유전자형에서 대문자로 표시되는 대립유전자의 수가 2일 확률($AaBbdd$, $AabbDd$, $aaBBdd$, $aaBbDd$, $aabbDD$)은 $\dfrac{5}{16}$이고, 대문자로 표시되는 대립유전자의 수가 3일 확률($AaBBdd$, $AaBbDd$, $AabbDD$, $aaBBDd$, $aaBbDD$)도 $\dfrac{5}{16}$이므로 구하고자 하는 확률은 $\dfrac{5}{16}+\dfrac{5}{16}=\dfrac{5}{8}$이다.

177 단일 인자 유전과 다인자 유전   답 ⑤

알짜 풀이

ㄱ. P와 Q의 (가)의 유전자형이 모두 Ee라면 (가)에서 나타나는 표현형이 3가지이므로 모순이고, 모두 EE라면 (가)에서 나타나는 표현형이 1가지이므로 모순이다. 따라서 P와 Q의 유전자형은 각각 EE와 Ee 중 하나이다.

ㄴ. (가)와 (나)의 유전자는 모두 독립되어 있고 ㉠에게서 나타날 수 있는 표현형이 14가지이므로 (가)는 최대 2가지, (나)는 최대 7가지가 되어야 한다. ㉠은 EEHHRRTT인 사람과 같은 표현형(대문자로 표시되는 대립유전자의 수 6)을 가질 수 있으므로 P와 Q는 모두 H, R, T를 갖는다. (나)에서 나타나는 표현형은 최대 7가지이고, P와 Q의 (나)의 표현형은 같으므로 P와 Q의 (나)의 유전자형은 모두 HhRrTt이다. 따라서 P에서 E, H, r, T를 모두 갖는 생식세포가 형성될 수 있다.

ㄷ. ㉠과 유전자형이 EeHhrrtt인 사람의 (가)와 (나)의 표현형이 같을 확률($Ee(1)$)은 $\dfrac{1}{2}\times\dfrac{6}{64}=\dfrac{3}{64}$이다.

178 단일 인자 유전   답 ②

자료 분석

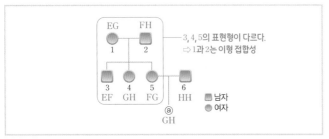

알짜 풀이

ㄴ. 3, 4, 5의 (가)의 유전자형이 각각 서로 다르므로 1과 2의 (가)의 유전자형은 모두 이형 접합성이다. 표를 보면 3, 4, 5의 (가)의 유전자형이 모두 HH가 아니므로 6의 (가)의 유전자형은 HH이고, 3, 4, 5의 (가)의 표현형은 E_, F_, G_ 중 서로 다른 하나이다. 따라서 1 또는 2에 E, F, G가 있다. 만약 2의 (가)의 유전자형이 EH라면 3과 5는 모두 H를 갖지 않으므로 E를 모두 물려받아 (가)의 표현형이 E_로 같아야 하는데 아니므로 모순이다. 만약 2의 (가)의 유전자형이 GH라면 1의 (가)의 유전자형은 EF이어야 하는데 이러한 유전자형을 갖는 부모 사이에서 (가)의 표현형이 G_인 자녀가 태어날 수 없으므로 모순이다. 따라서 2의 (가)의 유전자형은 FH이고, 1의 (가)의 유전자형은 EG이다. 1과 2 사이에서 태어날 수 있는 자녀의 (가)의 유전자형은 EF, EH, FG, GH이다. 따라서 4의 (가)의 유전자형은 GH이며, 3과 5의 (가)의 유전자형은 각각 EF와 FG 중 하나이다. 1~6 중 @와 (가)의 표현형이 같은 사람은 1명이므로 5의 (가)의 유전자형은 FG이고, 3의 (가)의 유전자형은 EF이며, @의 (가)의 유전자형은 GH이다. 따라서 4와 @의 (가)의 유전자형은 모두 GH로 같다.

ㄱ. (가)를 결정하는 데 4개의 대립유전자가 관여하고, 1쌍의 대립유전자에 의해 결정되므로 복대립 유전이다.

ㄷ. @의 동생이 태어날 때, 이 아이가 가질 수 있는 유전자형은 FH와 GH이므로 (가)의 표현형이 2와 같을 확률($F\_$)은 $\dfrac{1}{2}$이다.

13 염색체 이상과 유전자 이상   091~097쪽

대표 기출 문제   179 ⑤

적중 예상 문제	180 ⑤	181 ②	182 ④	183 ③	184 ④
	185 ③	186 ④	187 ①	188 ②	189 ④
	190 ②	191 ⑤	192 ②	193 ③	194 ③
	195 ④	196 ④			

179 염색체 수 이상과 X 염색체 유전   답 ⑤

자료 분석

		상염색체 유전 형질		X 염색체 유전 형질	
		(가)	(나)	(다)	
구성원	**성별**	**㉠**	**㉡**	**㉢**	
Aa,bD/Y 아버지	남	○	×	×	
aa,Bb/bd 어머니	여	×	○	@ ○	
aa,Bd/Y 자녀 1	남	×	○	○	
Aa,Bd/bD 자녀 2	여	○	×	×	
Aa,bd/Y 자녀 3	남	○	×	○	
aa,bd/bD/Y 자녀 4	남	×	×	○	

(○: 발현됨, ×: 발현 안 됨)

클라인펠터 증후군(XXY)

알짜 풀이

㉠이 발현되지 않은 어머니로부터 ㉠이 발현된 자녀 3(남자)이 태어났으므로 ㉠은 X 염색체 우성 형질이 아니고, ㉡이 발현된 어머니로부터 ㉡이 발현되지 않은 자녀 3(남자)이 태어났으므로 ㉡은 X 염색체 열성 형질이 아니다. ㉠이 X 염색체 열성 형질이고, ㉡이 X 염색체 우성 형질이면 (나)와 (다)의 유전자 구성은 아버지와 자녀 3이 각각 bd/Y이고, 자녀 1이 BD/Y이다. 따라서 자녀 1과 자녀 3에게 서로 다른 X 염색체를 물려준 어머니의 (나)와 (다)의 유전자 구성은 BD/bd이다. 그런데 이 경우 ㉠과 ㉡이 모두 발현되는 자녀 2가 태어날 수 없으므로 ㉠의 유전자와 ㉡의 유전자 중 하나는 상염색체에 있으며, ㉢의 유전자는 X 염색체에 있다.

ㄱ. 자녀 1과 자녀 3에게서 모두 ㉢이 발현되었으므로 어머니에게도 ㉢이 발현된다. 따라서 @는 '○'이다.

ㄴ. 클라인펠터 증후군의 염색체 이상을 보이는 자녀 4(남자)에게서 ⓒ이 발현되지 않았으므로 ⓒ은 X 염색체 열성 형질이다. 따라서 ⓒ은 (다)이다. ⓐ은 X 염색체 우성 형질이 아니므로 ⓑ이 X 염색체 우성 형질인 (나)이고, ⓐ은 상염색체 우성 형질인 (가)이다. 어머니와 자녀 1은 (가)의 유전자형이 aa이므로 아버지, 자녀 2, 자녀 3은 (가)의 유전자형이 모두 Aa이다. (나)와 (다)의 유전자 구성은 아버지가 bD/Y, 자녀 1이 Bd/Y, 자녀 3이 bd/Y이므로 어머니는 Bd/bd이고, 자녀 2는 Bd/bD이다. 따라서 자녀 2는 A, B, D를 모두 갖는다.

ㄷ. (다)가 발현되지 않은 자녀 4(bd/bD/Y)는 아버지로부터 X 염색체(bD)와 Y 염색체를 모두 물려받았으므로 G는 아버지의 감수 1분열 과정에서 성염색체의 비분리가 일어나 형성되었다.

180 사람의 유전병   답 ⑤

알짜 풀이

ㄱ, ㄷ. 고양이 울음 증후군은 5번 염색체의 결실에 의해 나타나며, 핵형 분석을 통해 확인할 수 있으므로 Ⅲ이다. 따라서 '염색체의 결실'은 ⓐ에 해당한다.

ㄴ. 알비노증(백색증)에서는 멜라닌 색소가 결핍되므로 ⓑ은 '멜라닌 색소가 결핍된다.'이고, Ⅱ는 알비노증(백색증), Ⅰ은 낫 모양 적혈구 빈혈증이다. 이 두 유전병은 모두 유전자 돌연변이에 의해 나타난다.

181 염색체 돌연변이와 핵형   답 ②

알짜 풀이

ㄴ. (나)에는 a가 있는 부위의 중복이 일어난 염색체가 있다.

바로 알기

ㄱ. (가)는 정상 세포이고, A와 a가 각각 있는 2개의 9번 염색체가 상동 염색체 쌍을 이루고 있으므로 핵상이 2n이다. 그러나 (다)는 염색체 돌연변이가 1회 일어나 형성된 세포이므로 핵상이 n+1인 생식세포이다.

ㄷ. (다)는 핵상이 n+1인 생식세포이고, (다)에 들어 있는 2개의 9번 염색체는 상동 염색체 관계이므로 (다)는 감수 1분열에서 상동 염색체가 비분리되어 형성되었다.

182 감수 분열과 염색체 수 이상   답 ④

알짜 풀이

⑤~ⓒ의 염색체 수는 각각 24(n+1), 23(n), 22(n−1) 중 하나이다. (가)에서 감수 2분열 결과 ⑤과 핵상이 n인 딸세포가 형성되었으므로 ⑤은 핵상이 n이고, (다)에서 핵상이 n+1인 정자가 형성되었으므로 ⓒ의 핵상은 n−1이다. 따라서 ⓑ의 핵상은 n+1이다.

ㄴ. X 염색체 수는 ⑤(n=22+X)이 1개, ⓑ(n+1=22+XX)이 2개이다. 따라서 X 염색체의 수는 ⓑ이 ⑤의 2배이다.

ㄷ. ⓒ(n−1=22)이 정상 난자(n=22+X)와 수정되어 태어나는 아이는 터너 증후군(2n−1=44+X) 염색체 이상을 보인다.

바로 알기

ㄱ. (다)에서는 핵상이 n−1과 n+1인 생식세포만 형성되므로 감수 1분열에서 상동 염색체의 비분리가 일어났다.

183 염색체 수 이상과 구조 이상   답 ③

알짜 풀이

(가)에 들어 있는 1쌍의 성염색체는 서로 모양과 크기가 다르므로 (가)는 성염

색체가 XY인 남자의 세포이다.

ㄱ. (가)에서 A는 X 염색체에 있으므로 정상 세포에서 a도 X 염색체에 있다. 그런데 (나)에서 A의 대립유전자인 a는 1번 염색체에 있다. 따라서 (나)에는 X 염색체의 일부가 1번 염색체로 이동하는 전좌가 일어난 염색체가 있다.

ㄷ. (나)에는 정상 X 염색체 1개와 a가 있는 일부 부위가 1번 염색체로 전좌되어 길이가 짧아진 X 염색체가 1개 들어 있다. 따라서 (나)가 형성될 때 감수 1분열에서 염색체 비분리가 일어났다.

바로 알기

ㄴ. (가)는 남자(XY)의 세포이지만, (나)에는 A와 a가 모두 있으므로 (나)는 성염색체가 XX인 여자의 생식세포이다. 따라서 (가)와 (나)는 서로 다른 사람의 세포이다.

184 염색체 비분리와 DNA양   답 ④

알짜 풀이

G_1기 세포와 G_2기 세포는 모두 핵상이 2n이며, ⓒ에는 H와 h가 모두 있으므로 ⓒ은 핵상이 2n이다. 세포당 DNA 상대량은 G_2기 세포가 G_1기 세포의 2배이므로 ⓑ은 G_2기 세포이고, 핵상이 2n이며, ⓑ에는 h가 2개 있다. 그런데 ⓑ(2n)에 T가 없으므로 ⓒ(2n)에도 T가 없고, 이 남자는 T를 갖지 않는다. ⓑ과 ⓒ에서 H와 h의 DNA 상대량을 더한 값이 T와 t의 DNA 상대량을 더한 값의 2배이므로 H와 h는 상염색체에 있고, T와 t는 성염색체에 있다. T와 t가 X 염색체에 있다고 가정하면, 이 남자의 유전자형은 HhtY이다. ⓔ에는 t가 1개 있으므로 ⓔ은 생식세포이고, ⑤은 감수 2분열 중기 세포이다. 따라서 ⑤에는 H만 2개 있고, ⓔ에는 t만 1개 있다. 그런데 감수 1분열과 감수 2분열에서 염색체 비분리가 각각 1회씩 일어났으므로 감수 1분열에서 성염색체의 비분리가, 감수 2분열에서 상염색체의 비분리가 일어났으며, 핵상과 염색체 수는 ⑤은 n−1=22, ⓑ은 2n=44+XY, ⓒ은 2n=44+XY, ⓔ은 n=21+XY이다.

ㄴ. 감수 1분열에서 성염색체가 비분리된 결과 ⓔ에는 X 염색체와 Y 염색체가 모두 들어 있다.

ㄷ. ⑤에는 H가 있으므로 ⓔ의 감수 2분열기 모세포에는 h가 있다. 그런데 ⓔ에는 h가 없으므로 ⓔ이 형성될 때 감수 2분열에서 h가 있는 상염색체의 비분리가 일어났다.

바로 알기

ㄱ. 염색체 수는 ⓑ이 46, ⑤이 22이다.

185 염색체 비분리와 결실   답 ③

알짜 풀이

ㄱ. 정자 P에는 D와 E가 함께 있는 염색체, F가 있는 염색체, F*가 있는 염색체가 있다.

ㄴ. ⑤은 F와 F*를 모두 가지므로 체세포 1개당 상염색체 수는 45이다.

바로 알기

ㄷ. ⑤의 체세포 1개당 F의 DNA 상대량이 1, F*의 DNA 상대량이 2이므로 ⑤은 어머니로부터 F*가 있는 염색체를 물려받았고, 아버지로부터 감수 1분열에서 염색체 비분리가 일어나 F가 있는 염색체와 F*가 있는 염색체를 모두 물려받았다. ⑤의 체세포 1개당 D*의 DNA 상대량이 0, E의 DNA 상대량이 2이므로 ⑤은 어머니로부터 D*가 결실된 E만 있는 염색체를 물려받았고, 아버지로부터 D와 E가 있는 염색체를 물려받았다. 따라서 아버지의 생식세포 형성 과정에서 일어난 ⓐ는 염색체 비분리이고, 어머니의 생식세포 형성 과정에서 일어난 ⓑ는 염색체 결실이다.

186 염색체 구조 이상과 유전자   답 ④

알짜 풀이

(나)에는 A가 있는 염색체와 a가 있는 염색체가 모두 있으므로 핵상이 $n+1$ 인 생식세포이다. 그런데 (나)에 있는 이 두 염색체의 유전자 배열 순서가 [ABCD]와 [aBDC]로 서로 다르므로 (나)는 돌연변이가 2회 일어나 형성된 생식세포이고, (가)는 돌연변이가 1회 일어나 형성된 생식세포이다.

ㄱ. (나)가 형성될 때 돌연변이는 2회 일어났으므로 정상 세포에서 E, F, G(g)는 같은 염색체에 있다. 그런데 (가)에서는 g가 [ABCD]와 같은 염색체에 있으므로 (가)에 [g] 부위의 전좌가 일어난 염색체가 있다.

ㄴ. (가)와 정상 생식세포는 염색체 수가 2($n=2$)로 같지만, (가)에 있는 전좌가 일어난 염색체는 정상 생식세포에 있는 염색체와 모양이 다르므로 핵형 분석을 통해 이 두 세포를 구별할 수 있다.

바로 알기

ㄷ. 역위는 한 염색체의 일부가 떨어졌다가 거꾸로 붙는 현상이다. 따라서 (나)에는 [CD] 부위가 역위된 염색체가 있다. 그리고 (나)에 있는 [aBDC]의 염색체와 [ABCD]의 염색체는 감수 1분열 과정에서 상동 염색체가 비분리된 것이다.

187 염색체 비분리와 상염색체 유전   답 ①

알짜 풀이

체세포 1개당 A^*의 DNA 상대량이 딸>아버지>㉠이므로 (가)의 유전자형이 딸은 A^*A^*이고, ㉠은 A만 가지며, A는 정상 대립유전자, A^*는 유전병 대립유전자이다. 아버지는 정상이면서 A^*를 1개 가지므로 (가)의 유전자형이 AA^*이다. 따라서 (가)는 상염색체 유전 형질이며, 정상(A)이 유전병(A^*)에 대해 우성이다. (가)의 유전자형은 아버지가 AA^*, 어머니가 A^*A^*, 딸이 A^*A^*, ㉠이 AA이다.

ㄱ. ㉠은 (가)의 유전자형이 AA이므로 아버지(AA^*)로부터 A를 2개 물려받았고, 어머니(A^*A^*)로부터 A^*를 물려받지 않았다. 따라서 ㉡은 (가)의 유전자형이 AA^*이므로 ㉠과 ㉡은 (가)의 유전자형이 서로 다르다.

바로 알기

ㄴ. ㉠은 아버지로부터 A를 2개 물려받았으므로 ⓐ는 아버지(AA^*)의 감수 2분열에서 염색 분체가 비분리되어 형성되었다.

ㄷ. A와 A^*는 상염색체에 있다. 따라서 세포 1개당 성염색체 수는 ⓐ와 ⓑ가 각각 1개이고, 상염색체 수는 ⓐ($n+1=23+Y$)가 23, ⓑ ($n-1=21+X$)가 21이다.

188 염색체 구조 이상과 복대립 유전   답 ②

자료 분석

	가장 열성인 대립유전자	FG	EG	EF	GG	FGG
구성원		아버지	어머니	자녀 1	자녀 2	자녀 3
표현형		Ⅰ	?Ⅲ	Ⅲ	Ⅱ	Ⅰ
DNA 상대량	ⓐG	1	?1	x 0	2	y 2
	ⓑF	z 1	0	?1	0	?1
	ⓒE	?0	?1	?0	?0	?0

어머니로부터 G를 2개 물려받음(중복)

알짜 풀이

아버지는 ⓐ를 1개 가지므로 z는 2가 아니고, x와 y 중 하나가 2이다. 따라서 자녀 1~3 중 ⓐ를 2개 갖는 자녀가 2명이므로 어머니는 ⓐ를 최소 1개 갖는다. 그런데 자녀 1~3은 표현형이 모두 서로 다르고, 우열 관계가 E>F>G이므로 아버지와 어머니는 모두 유전자형이 이형 접합성이다. 그런데 어머니는 ⓑ를 갖지 않으므로 유전자형이 어머니는 ⓐⓒ이고, 아버지는 ⓐⓑ이다. 따라서 $z=1$이고, ⓐ~ⓒ 중 ⓐ(G)가 가장 열성이다. 아버지는 표현형이 Ⅰ이므로 ⓑ는 Ⅰ을 나타내는 대립유전자이다. 자녀 1과 3 중 한 사람은 G(ⓐ)를 2개 갖고, 자녀 2도 G(ⓐ)를 2개 갖는데 이 둘은 표현형이 서로 다르므로 G(ⓐ)를 2개 갖는 사람 중 한 명이 ㉮이고, ㉠은 중복이다. 어머니의 생식세포 형성 시 중복(㉠)이 일어났으므로 ㉮는 어머니로부터 2개의 G(ⓐ)를 물려받았고, 아버지로부터 1개의 ⓑ를 물려받았으므로 표현형이 아버지와 같은 Ⅰ이다. 따라서 ㉮는 자녀 3이고, $y=2$, $x=0$이다. 유전자형이 아버지는 ⓐⓑ, 어머니는 ⓐⓒ, 자녀 1은 ⓑⓒ, 자녀 2는 ⓐⓐ, 자녀 3은 ⓐⓐⓑ이므로 우열 관계는 ⓒ(Ⅲ)>ⓑ(Ⅰ)>ⓐ(Ⅱ)이다. 따라서 ⓐ는 G, ⓑ는 F, ⓒ는 E이다.

ㄷ. 아버지(FG)와 어머니(EG) 사이에서 태어나는 아이의 표현형이 아버지와 같을 확률은 아이의 유전자형이 FG일 확률과 같으므로 $\frac{1}{4}$이다.

바로 알기

ㄱ. ㉮는 표현형이 아버지와 같은 Ⅰ인 자녀 3이다.

ㄴ. 어머니의 표현형(Ⅲ)은 자녀 1(Ⅲ)과 같지만, 유전자형(EG)은 자녀 1(EF)과 다르다.

189 염색체 비분리와 X 염색체 유전   답 ④

알짜 풀이

(가)의 표현형이 어머니와 아버지는 ㉠, Ⅰ과 Ⅱ는 ㉡이므로 ㉠이 우성(A), ㉡이 열성(a) 형질이다. 따라서 어머니와 아버지 중 한 사람은 A와 a 중 A만 갖는다. 만약 어머니의 (가)의 유전자형이 AA이면 Ⅰ과 Ⅱ가 모두 유전병 (가)를 나타내기 위해서는 염색체 비분리가 최소 2회 일어나야 한다. 따라서 A만 갖는 사람은 아버지이고, (가)는 X 염색체 유전 형질이다. (가)의 유전자형이 아버지는 AY, 어머니는 Aa이다.

ㄱ. (가)의 유전자형이 Ⅰ는 a, Ⅱ는 aY이므로 염색체 비분리는 아버지에게서 일어났다.

ㄷ. 핵상과 염색체 수가 ⓐ는 $n-1=22+0$, ⓑ는 $n=22+X$, ⓒ는 $n=22+Y$, ⓓ는 $n=22+X$이다. 따라서 X 염색체의 수는 ⓐ와 ⓒ가 모두 0이다.

바로 알기

ㄴ. Ⅱ는 핵형이 정상이며, Ⅰ은 터너 증후군 염색체 이상을 보인다.

190 염색체 비분리   답 ②

자료 분석

세포	DNA 상대량			
	H	T	㉠ t	㉡ h
(가) Ⅱ	0	0	0	2
(나) Ⅲ	2	②2	2	0
(다) Ⅳ	2	1	0	0
(라) Ⅴ	0	0	0	ⓐ1
(마) Ⅰ	2	2	0	2

감수 1분열에서 X 염색체 비분리

38 메가스터디 N제 생명과학 Ⅰ

알짜 풀이

ㄴ. (라)(Ⅴ)의 ⓒ(h)의 DNA 상대량(ⓐ)은 1이다.

바로 알기

ㄱ. (다)는 DNA 상대량이 1인 유전자가 있으므로 생식세포인 Ⅳ와 Ⅴ 중 하나이다. (다)에 H의 DNA 상대량이 2이므로 7번 염색체에서 비분리가 일어났음을 알 수 있다. 따라서 (다)는 Ⅳ이다. (나)와 (마)는 DNA 상대량이 2인 유전자가 3개이므로 생식세포인 Ⅴ가 아니다. (가)가 Ⅴ라면 염색체 비분리로 인해 1쌍의 대립유전자가 모두 없고 나머지 1쌍의 대립유전자 중 하나의 DNA 상대량은 1이어야 하는데 2이므로 모순이다. 따라서 (라)는 Ⅴ이다. 난자 형성 과정 중 X 염색체에서 비분리가 일어났으므로 (라)에서 DNA 상대량이 0인 ⑤은 t이고, ⓒ은 h이다. 따라서 T와 t를 모두 갖지 않는 (가)는 Ⅱ이고, T와 t를 모두 갖는 (나)는 Ⅲ이며, (마)는 Ⅰ이다.

ㄷ. (나)(Ⅲ)에 T와 t 모두 있으므로 난자 형성 과정 중 감수 1분열에서 X 염색체 비분리가 일어났다.

191 염색체의 수 이상과 구조 이상   답 ⑤

알짜 풀이

ㄱ. ABO식 혈액형은 상염색체 유전 형질이다. 그런데 ⓒ의 성(X)염색체에 I^A가 있으므로 ⓒ에 전좌가 일어난 염색체가 있다.

ㄴ. ⓒ에 성염색체가 2개(X 염색체와 Y 염색체) 들어 있으므로 ⓒ이 형성될 때 염색체의 구조 이상(전좌)과 감수 1분열에서 성염색체의 비분리가 모두 일어났다. 따라서 상염색체의 분리는 정상적으로 일어났으므로 상염색체 수는 ⑦∼ⓔ이 모두 22로 같다.

ㄷ. ⓒ($n-1=22$)과 정상 난자($n=22+$X)가 수정되어 태어나는 아이는 터너 증후군($2n-1=44+$X) 염색체 이상을 보인다.

192 염색체 비분리와 유전 형질   답 ②

자료 분석

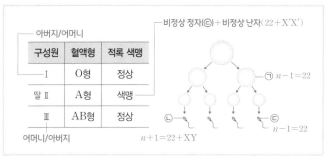

알짜 풀이

ABO식 혈액형을 통해 Ⅱ가 딸이고, Ⅰ과 Ⅲ은 각각 아버지와 어머니 중 서로 다른 한 사람임을 알 수 있다.

ㄴ. 딸(Ⅱ)의 핵상은 정상(2n)이므로 ⓔ의 핵상은 $n-1=22$이다. 그런데 ⑦과 ⓒ은 염색체 수가 서로 다르므로 핵상과 염색체 수는 ⑦이 $n-1=22$, ⓒ이 $n+1=22+$XY이다. 따라서 ⑦의 상염색체 수는 22이고, ⓒ의 성염색체 수는 2이다.

바로 알기

ㄱ. 적록 색맹의 유전자형이 딸(Ⅱ)은 X'X', 아버지는 XY, 어머니는 XX'이므로 딸은 어머니로부터 X 염색체를 2개(X'X') 물려받았다. 따라서 어머니의 감수 2분열 과정에서 X 염색체의 비분리가 일어났다.

ㄷ. ⓒ($n+1=22+$XY)이 정상 난자($n=22+$X)와 수정되어 태어난 아이는 클라인펠터 증후군($2n+1=44+$XXY) 염색체 이상을 보인다.

193 유전자 돌연변이와 염색체 돌연변이   답 ③

자료 분석

구성원	성별	(가) X 염색체 유전 형질	(나) 같은 상염색체에 있는 유전 형질	ABO식 혈액형
hY, I^Ar/iR 아버지	남	×	◯	A형
HH, I^Br/ir 어머니	여	◯	×	B형
Hh, iR/ir 자녀 1	여	◯	◯	O형
HY, I^AR/ir 자녀 2	남	◯	◯	A형
h, I^Br/iR 자녀 3	여	×	◯	B형

어머니로부터 X 염색체를 물려받지 않음 ┘   아버지로부터 R를 물려받음(유전자 돌연변이) ┘   (◯: 발현됨, ×: 발현 안 됨)

알짜 풀이

(가)의 유전자형이 아버지가 HH, 어머니가 hh이면 자녀 1과 2가 모두 염색체 수에 이상이 있고, 아버지가 HY, 어머니가 hh이면 자녀 1의 염색체 수에 이상이 있으므로 모두 주어진 조건을 만족하지 않는다. 따라서 (가)의 유전자형이 아버지는 hh 또는 hY이고, 어머니는 HH이므로 자녀 3은 어머니(ⓙ)로부터 H를 물려받지 않았다. 그런데 (가)의 유전자와 ABO식 혈액형 유전자가 같은 염색체에 있으면 유전자 구성이 아버지는 I^Ah/ih, 어머니는 I^BH/iH이므로 자녀 3이 어머니로부터 I^B를 물려받아야 하는 모순이 생긴다. 따라서 (가)는 X 염색체 유전 형질이고, (가)의 유전자형이 아버지는 hY, 어머니는 HH, 자녀 1은 Hh, 자녀 2는 HY, 자녀 3은 h이다. ㉮는 아버지이고, 자녀 1∼3은 모두 어머니와 (나)의 표현형이 서로 다르므로 어머니는 (나)의 유전자형이 RR는 아니다. ABO식 혈액형 유전자(I^A, I^B, i)와 (나)의 유전자의 구성이 아버지가 I^AR/iR, 어머니가 I^Br/ir이면 어머니에게서 r가 R로 바뀌는 돌연변이가, 아버지가 I^Ar/ir, 어머니가 I^BR/ir이면 어머니에게서 R가 r로 바뀌는 돌연변이가, 아버지가 I^Ar/ir, 어머니가 I^Br/iR이면 어머니에게서 R가 r로 바뀌는 돌연변이가 각각 일어났으므로 주어진 조건을 만족하지 않는다. 아버지가 I^AR/ir, 어머니가 I^Br/ir이면 자녀 1과 3이 모두 돌연변이가 일어난 생식세포의 수정으로 태어났으므로 주어진 조건을 만족하지 않는다. 따라서 아버지는 I^Ar/iR, 어머니는 I^Br/ir이고, 아버지에게서 r(⑤)가 R(ⓒ)로 바뀌는 돌연변이가 일어나 형성된 생식세포와 정상 생식세포의 수정으로 자녀 2가 태어났다.

ㄱ. 자녀 3은 X 염색체가 1개이므로 터너 증후군 염색체 이상을 보인다.

ㄴ. 어머니(ⓙ, I^Br/ir)는 자녀 1(iR/ir)에게 r(⑤)와 i가 함께 있는 염색체를 물려주었다.

바로 알기

ㄷ. 아버지(hY, I^Ar/iR)와 어머니(HH, I^Br/ir) 사이에서 태어나는 아이의 (가), (나), ABO식 혈액형의 표현형이 모두 자녀 1과 같을 확률은 $1 × \frac{1}{4} = \frac{1}{4}$이다.

194 염색체 비분리와 가계도 분석   답 ③

알짜 풀이

ㄱ. 1과 3은 A와 a 중 서로 다른 1가지만 가지는데, 만약 1이 a만 가지면 2도 a만 가지므로 3이 A만 가질 수 없다. 따라서 1은 A만 갖고, 3은 a만 가지므로 정상(A)이 우성, 유전병(a)이 열성이고, 3은 유전병을 나타낸다. 그런데 1은 A만 갖는데 3이 유전병을 나타내므로 이 유전병은 X 염

색체 유전 형질이다. 따라서 유전자형이 1은 AY, 2는 Aa, 3은 aY, 4
는 AY, 5는 aa이다. 따라서 5(aa)로부터 태어난 7(정상)은 유전자형이
AaY이므로 클라인펠터 증후군을 염색체 이상을 보이면 6과 7은 체세포
1개당 상염색체 수가 같다.

ㄷ. 2와 6은 유전자형이 Aa, 7은 유전자형이 AaY이므로 2, 6, 7은 모두 유
전병 대립유전자 a를 갖는다.

바로 알기

ㄴ. 7은 유전자형이 AaY이므로 4(AY)의 감수 1분열 과정에서 성염색체
의 비분리가 일어나 X 염색체와 Y 염색체를 모두 7에게 물려주었다.

---

195 염색체 비분리와 핵형   답 ④

알짜 풀이

(가)의 감수 분열 과정에서 성염색체의 비분리가 1회 일어났으므로 ㉠~㉣의
상염색체는 각각 22개이다. 따라서 성염색체의 수는 ㉠이 2, ㉡이 1이고, ㉢
에는 성염색체기 없으며, X 염색체의 수는 ㉡이 1이고, ㉡에는 X 염색체가
없다.

ㄴ. 핵상과 염색체 수가 ㉠은 $n+1=22+YY$, ㉡은 $n=22+X$, ㉢은
$n-1=22$이므로 ㉣은 $n=22+X$이다. 따라서 염색체 비분리는 ㉠과
㉢이 형성되는 감수 2분열에서 일어났다.

ㄷ. 정상 난자($n=22+X$)에는 성염색체로 X 염색체가 1개 들어 있다. 따
라서 ㉢($n-1=22$)과 정상 난자($n=22+X$)가 수정되어 태어나는 아
이는 터너 증후군($2n-1=44+X$) 염색체 이상을 보인다.

바로 알기

ㄱ. 그림의 세포에 들어 있는 두 성염색체는 크기가 서로 다르다. 따라서 그림
은 성염색체가 XY인 (가)에 들어 있는 성염색체를 나타낸 것이다. ㉠은
성염색체가 YY이다.

---

196 염색체 비분리와 전좌   답 ④

자료 분석

구성원	세포	DNA 상대량					
		E	e	F	f	G	g
(Ee+Fg/fG) 아버지	ⓐ	0	2	0	?2	?2	0
(Ee+FG/fg) 어머니	ⓑ	1	?0	?1	?0	1	0
(EE+FG/Fg) 자녀 1	ⓒ	?2	0	2	?0	?1	1
(.e+fG 또는 Fg/fg) 자녀 2	ⓓ	?0	2	0	?2	0	?2
(ee+eg+FG/Fg) 자녀 3	ⓔ	?0	③	?2	0	?1	2

ee(Ⅰ)+eg(㉠)(Ⅱ)

알짜 풀이

어머니의 세포 ⓑ에서 G와 g의 DNA 상대량을 더한 값이 1이므로 ⓑ의 핵
상은 n이다. 자녀 1의 세포 ⓒ에서 F의 DNA 상대량이 2이고, g의 DNA
상대량이 1이므로 ⓒ는 핵상이 $2n$인 G_1기 세포이다. ⓒ($2n$)에서 E와 F의
DNA 상대량이 각각 2이므로 아버지와 어머니는 모두 E와 F를 갖는다. 아
버지는 E를 갖는데 아버지의 세포 ⓐ에는 E가 없으므로 ⓐ의 핵상은 n이다.
ⓐ(n)의 e의 DNA 상대량이 2이므로 ⓐ(n)는 DNA가 복제된 상태이다.
자녀 2의 세포 ⓓ에는 F와 G의 DNA 상대량이 모두 0이므로 f와 g가 있다.
아버지는 f와 g가 함께 있는 염색체를 갖지 않으므로 ⓓ의 f와 g는 어머니로
부터 물려받은 것이고, ⓓ의 핵상은 n이다. 자녀 3의 세포 ⓔ는 e의 DNA

상대량이 3이므로 핵상이 $2n$이다.

ㄱ. 어머니의 생식세포 형성 과정에서 g가 1번 염색체로 이동하는 돌연변이
가 일어나 e와 g가 있는 난자 Ⅱ가 형성되었다. 따라서 ㉠은 g이다.

ㄴ. 어머니(Ee+FG/fg)의 체세포 1개당 $\dfrac{\text{E의 DNA 상대량}}{\text{F의 DNA 상대량}}=\dfrac{1}{1}=1$이다.

바로 알기

ㄷ. 아버지의 (가)의 유전자형은 Ee이므로 감수 2분열에서 염색체 비분리가
1회 일어나 ee를 갖는 정자 Ⅰ이 형성되었다.

1등급 도전 문제   098~105쪽

197 ③	198 ①	199 ⑤	200 ③	201 ③	202 ②
203 ④	204 ③	205 ③	206 ①	207 ⑤	208 ⑤
209 ②	210 ③	211 ⑤	212 ④		

---

197 염색체와 핵형   답 ③

자료 분석

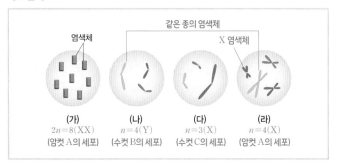

(가) $2n=8(XX)$ (암컷 A의 세포)   (나) $n=4(Y)$ (수컷 B의 세포)   (다) $n=3(X)$ (수컷 C의 세포)   (라) $n=4(X)$ (암컷 A의 세포)

알짜 풀이

(가)의 상염색체와 ㉠을 더하면 8개이고, (나)~(라)의 상염색체와 ㉠을 더하
면 각각 3, 3, 4개이므로 (가)의 핵상은 $2n$이고, (나)~(라)의 핵상은 모두 n
이다. ㉠이 X 염색체이면 (가)는 핵상과 염색체 수가 $2n=8$이고, 성염색
체가 XX인 암컷의 세포이다. 이 경우 (나)와 (다)는 각각 핵상과 염색체 수
가 $n=3(X)$ 또는 $n=4(Y)$이다. ㉠이 Y 염색체이면 (가)는 염색체 수가
$2n=10$이고, 성염색체가 XX인 암컷의 세포이다. 이 경우 (나)와 (다)는 각
각 핵상과 염색체 수가 $n=3(Y)$ 또는 $n=4(X)$이다. 따라서 (나)와 (다)
는 모두 A의 세포가 아니므로 (라)가 A의 세포이다. (라)는 암컷(A)의 세
포이므로 (나)와 (다)는 모두 수컷의 세포이고, (나)와 (라)는 같은 종의 세포
이므로 (나)는 B의 세포이고, (다)는 C의 세포이다. 따라서 (가), (나), (라)
가 같은 종의 세포이므로 ㉠은 X 염색체이고, 핵상과 염색체 수가 (가)는
$2n=8(XX)$, (나)는 $n=4(Y)$, (라)는 $n=4(X)$이고, B와 C의 체세포 1
개당 염색체 수는 서로 다르므로 (다)는 핵상과 염색체 수가 $n=3(X)$이다.

ㄱ. A는 암컷이고, B와 C는 모두 수컷이다.

ㄷ. 체세포 1개당 염색체 수는 A($2n=8$)가 8개이고, C($2n=6$)가 6개이다.

바로 알기

ㄴ. (나)~(라) 중 B의 세포인 (나)에는 X 염색체(㉠)는 없고, Y 염색체는 있다.

198 감수 분열과 유전자 답 ①

알짜 풀이

핵상이 Ⅰ과 Ⅱ는 모두 $2n$이고, Ⅲ과 Ⅳ는 모두 n이다. Ⅱ와 Ⅲ에서는 모두 대립유전자의 DNA 상대량이 짝수이고, ⓐ와 ⓑ는 각각 1과 2 중 하나이므로 (가)와 (라)는 각각 핵상이 n과 $2n$ 중 서로 다른 하나이고, (나)와 (다)도 각각 핵상이 n과 $2n$ 중 서로 다른 하나이다. 그런데 (라)에는 ㉠이 있고, (가)에는 ㉠이 없으므로 (라)는 핵상이 $2n$이고, (가)는 핵상이 n이며, (라)에는 ㉢이 있고, (다)에는 ㉢이 없으므로 (다)는 핵상이 n이다. 따라서 (나)는 핵상이 $2n$이다. 핵상이 n인 (가)와 (다)에 모두 b가 있으므로 P의 유전자형은 bb이다. 따라서 (가)~(라)에는 모두 B가 없고, b가 있으므로 ㉡은 B이고, ㉠과 ㉢은 각각 A와 a 중 하나이므로 P의 유전자형은 Aabb이다. (다)에 A와 b가 있으므로 (가)에 a와 b가 있다. 그런데 (가)에 ㉢이 있으므로 ㉢은 a이고, ㉠은 A이다.

ㄱ. (다)는 핵상이 n이고, Ⅲ과 Ⅳ 중 하나이다.

바로 알기

ㄴ. (나)는 핵상이 $2n$이고, Ⅰ과 Ⅱ 중 하나이므로 (나)에서 $\dfrac{\text{b의 DNA 상대량}}{\text{A의 DNA 상대량}}=2$이다.

ㄷ. P의 유전자형은 Aabb이므로 (라)에는 B(㉡)가 없다.

199 생식세포 형성 과정과 DNA양 답 ⑤

자료 분석

알짜 풀이

㉡과 ㉢은 각각 DNA 상대량을 더한 값 중에 1이 있으므로 Ⅰ과 Ⅳ 중 하나이다. $y=0$이면 ㉡은 a와 B를 모두 갖지 않는다. 그런데 x와 z는 각각 1과 2 중 하나이므로 ㉡의 유전자형은 AAbY 또는 AbbY이므로 핵상이 $2n$이고, ㉡은 Ⅰ이다. 이 경우 ㉢은 Ⅳ인데, ㉢의 a+B=1이므로 모순이 생긴다. $z=0$이면 ㉡은 a와 b를 모두 갖지 않으므로 $x=2$이고, $y=1$이다. 따라서 ㉡은 A와 B를 1개씩 가져 핵상이 n이므로 Ⅳ이다. 이 경우 ㉢은 Ⅰ이고, A+B=2인 ㉠은 Ⅱ이다. 그런데 Ⅱ(㉠)의 A+B가 4가 아닌 2이므로 모순이 생긴다. 따라서 $x=0$이므로 ㉡은 A와 B를 모두 갖지 않고, $y=1$, $z=2$이므로 ㉡(ab)은 핵상이 n인 Ⅳ이다. ㉢은 핵상이 $2n$인 Ⅰ이고, a와 b를 최소 1개씩 가진다. 그런데 ㉢의 a+B=1이므로 ㉢은 B를 갖지 않고, ㉠은 A+B=2이므로 P는 A를 갖는다. 따라서 (나)의 유전자는 X 염색체에 있으며 P의 유전자형은 AabY이고, ⓑ는 2이다. ㉠과 ㉣은 각각 Ⅱ와 Ⅲ 중 하나이므로 둘 다 A+B=2이다. 따라서 ⓒ는 2이다. 그런데 ⓐ+ⓑ+ⓒ>4이므로 ⓐ는 0보다 크다. 따라서 ㉠은 Ⅱ(AAaabbYY), ㉣은 Ⅲ(AAYY)이고, ⓐ는 2이다.

ㄱ. (나)의 유전자(B, b)는 X 염색체에 있다.

ㄴ. ⓐ+ⓑ=ⓒ+z=2+2=4이다.

ㄷ. Ⅱ($2n=46$)의 2가 염색체 수는 23, Ⅲ($n=23$)의 염색 분체 수는 46이고, ㉣(AabY)의 A+b=2, ㉠(AAaabbYY)의 a+b=4이다.

200 감수 분열과 DNA 상대량 답 ③

알짜 풀이

ⓐ와 ⓑ는 중기의 세포이므로 ㉡, ㉢, ㉣은 각각 0, 2, 4 중 하나이고, ㉠은 1이다. 4는 감수 1분열 중기 세포에서만 나타날 수 있는 DNA 상대량이므로 ㉢은 4이고, ⓑ는 감수 1분열 중기 세포이며, ⓐ는 감수 2분열 중기 세포이다. ⓐ~ⓒ에서 H의 DNA 상대량은 모두 같으므로 ㉡은 0이고, 나머지 ㉣은 2이다. ⓐ~ⓒ의 H, h, R, T의 DNA 상대량은 표와 같다.

세포	DNA 상대량			
	H	**h**	**R**	**T**
ⓐ	㉡(0)	㉡(0)	㉣(2)	㉣(2)
ⓑ	㉡(0)	㉣(2)	㉢(4)	㉣(2)
ⓒ	㉡(0)	㉠(1)	㉠(1)	㉡(0)

ㄱ. ㉠(1)+㉣(2)=3이다.

ㄴ. 감수 1분열 중기 세포인 ⓑ에서 H와 h의 DNA 상대량의 합이 2이므로 (가)의 유전자는 성염색체에 있다.

바로 알기

ㄷ. P의 감수 1분열 중기 세포에서 R의 DNA 상대량이 4이므로 r를 갖지 않는다. 따라서 h, r, T를 모두 갖는 생식세포가 형성될 수 없다.

201 체세포 분열과 감수 분열 답 ③

알짜 풀이

(나)에서 형성되는 생식세포의 염색체 조합이 2^{12}가지이므로 (나)의 핵상과 염색체 수는 $2n=24$이다. 그런데 (가)의 ㉠ 1개당 염색 분체 수가 (나)의 ㉠ 1개당 염색체 수의 2배이므로 (가)의 핵상과 염색체 수는 (나)와 같은 $2n=24$이다. 따라서 (나)의 체세포 분열 중기 세포 1개당 염색 분체 수는 48이고, 감수 2분열 중기 세포 1개당 염색 분체 수는 24이다. (가)의 감수 1분열 중기 세포 1개당 ⓐ의 수는 6이 될 수는 없으므로 ㉡은 체세포 분열 중기 세포이고, ㉠은 감수 2분열 중기 세포이다.

ㄱ. (나)의 체세포 분열 중기 세포(㉡) 1개당 염색 분체 수는 48이므로 (가)의 감수 1분열 중기 세포 1개당 ⓐ의 수는 12이다. 따라서 ⓐ는 2가 염색체이다.

ㄴ. (가)의 감수 2분열 중기 세포(㉠, $n=12$) 1개당 염색체 수는 12이다.

바로 알기

ㄷ. 체세포 분열 중기 세포(㉡)는 상동 염색체가 분리되지 않은 상태이므로 핵상이 $2n$이다.

202 단일 인자 유전 답 ②

알짜 풀이

(가)의 유전자형이 DF인 사람과 DD인 사람의 표현형이 같으므로 D는 F에 대해 완전 우성이고, 유전자형이 EF인 사람과 EE인 사람의 표현형이 같으므로 E는 F에 대해 완전 우성이다. (가)의 표현형은 4가지이므로 D, E, F의 우열 관계는 D=E>F이고, 표현형으로는 [DE], [D], [E], [F]가 있다. (나)의 표현형은 최대 3가지이고, (다)의 표현형은 최대 2가지이다. ⓐ에게서 나타날 수 있는 (가)~(다)의 표현형은 최대 12가지이므로 $4 \times 3 \times 1$ 또는 $3 \times 2 \times 2$의 경우가 가능하다. 만약 $4 \times 3 \times 1$이라면, (가)의 표현형은 4가

지여야 하므로 Ⅰ과 Ⅱ는 ㉠과 ㉣ 또는 ㉢과 ㉣ 중 하나이다. 그러나 이때 ㉣의 (나)의 유전자형이 G^*G^*이므로 어떤 경우에도 (나)의 표현형이 3가지일 수 없으므로 모순이다. 따라서 $3 \times 2 \times 2$의 경우가 성립한다. ⓐ에게서 나타날 수 있는 (다)의 표현형은 2가지여야 하므로 Ⅰ과 Ⅱ는 각각 ㉡과 ㉢ 중 하나이다. ⓐ에게서 나타날 수 있는 (가)의 표현형은 [DE], [D], [E], (나)의 표현형은 [GG], [GG*], (다)의 표현형은 [H], [H*]가 있다.

ⓐ의 (가)~(다)의 표현형이 모두 ㉠과 같을 확률([E], [GG*], [H])은 $\frac{1}{2} \times \frac{1}{2} \times \frac{1}{2} = \frac{1}{8}$이다.

203 상염색체 유전과 복대립 유전   답 ④

알짜 풀이

ⓐ에게서 나타날 수 있는 (가)와 (나)의 표현형은 최대 6가지이므로 (가)의 유전자와 (나)의 유전자는 서로 다른 염색체에 있고, ⓐ에게서 나타날 수 있는 (가)의 표현형은 2가지 또는 3가지이다. 그런데 P와 Q는 (가)의 유전자형이 같고, ⓐ의 유전자형이 AA^*일 수 있으므로 P와 Q는 모두 유전자형이 AA^*로 같고, ⓐ의 유전자형이 AA^*일 확률은 $\frac{1}{2}$이다. ⓐ의 유전자형이 EE일 수 있으므로 P와 Q는 각각 E를 최소 1개 갖는다. 그런데 ⓐ의 유전자형이 EE일 확률은 $\frac{1}{2}$보다 낮으므로 P와 Q의 (나)의 유전자형은 모두 EE가 아니다. ⓐ의 (나)의 표현형이 P와 같을 확률이 Q와 같을 확률보다 높으므로 P와 Q의 (나)의 유전자형은 각각 AA^*DE와 AA^*EF 중 서로 다른 하나이고, $x = \frac{1}{2} \times \frac{1}{4} = \frac{1}{8}$이다. ⓐ의 (나)의 유전자형은 DE, DF, EE, EF 중 하나이고, 우열 관계가 D>F, E>F이며, $1<y<3$이므로 D와 E 사이에는 우열 관계가 분명하지 않고, 유전자형이 P는 AA^*EF, Q는 AA^*DE이며, $y=2$이다. 따라서 ⓐ의 (나)의 표현형은 최대 3가지이므로 (가)의 표현형은 최대 2가지이고, A와 A^* 사이의 우열 관계는 분명하다.

ㄴ. ⓐ가 A^*를 가질 확률은 $\frac{3}{4}$이고, E를 가질 확률도 $\frac{3}{4}$이므로 구하고자 하는 확률은 $\frac{9}{16}$이다.

ㄷ. ⓐ의 (가)와 (나)의 표현형이 모두 P와 같을 확률은 $\frac{3}{4} \times \frac{1}{2} = \frac{3}{8}$이고, (가)와 (나)의 표현형이 모두 P와 다를 확률은 $\frac{1}{4} \times \frac{1}{2} = \frac{1}{8}$이므로 구하고자 하는 확률은 $1 - \left(\frac{3}{8} + \frac{1}{8}\right) = \frac{1}{2}$이다.

바로 알기

ㄱ. D와 E 사이에는 우열 관계가 분명하지 않으므로 P(EF)와 Q(DE)는 (나)의 표현형이 서로 다르다.

204 다인자 유전   답 ③

알짜 풀이

Ⅰ과 Ⅱ 사이에서 태어나는 ⓐ의 ㉠이 0인 경우(aabbdd)가 있으므로 Ⅰ의 (가)의 유전자형은 AaBbDd이고, Ⅱ는 a, b, d를 최소 1개씩 가진다. Ⅳ의 (가)의 유전자형은 AaBbDd이므로 Ⅳ에서 형성되는 생식세포 1개당 대문자로 표시되는 대립유전자(A, B, D)의 개수는 3, 2, 1, 0의 4가지이다. 그런데 Ⅲ과 Ⅳ 사이에서 태어나는 ⓑ의 표현형이 최대 4가지이므로 Ⅲ의 (가)의 유전자형은 aabbdd이다. 따라서 Ⅱ의 (가)의 유전자형도 aabbdd이다.

ㄱ. ⓐ의 ㉠이 0(aabbdd)일 확률은 $\frac{1}{2} \times \frac{1}{2} \times \frac{1}{2} = \frac{1}{8}$이다.

ㄴ. Ⅱ와 Ⅲ의 (가)의 유전자형은 aabbdd이다. Ⅰ과 Ⅳ의 (가)의 유전자형은 AaBbDd이다.

바로 알기

ㄷ. ⓐ의 ㉠이 0(aabbdd)일 확률은 $\frac{1}{2} \times \frac{1}{2} \times \frac{1}{2} = \frac{1}{8}$이고, 1(Aabbdd, aaBbdd, aabbDd)일 확률은 $\frac{1}{8} + \frac{1}{8} + \frac{1}{8} = \frac{3}{8}$이다. 이 확률은 ⓑ의 경우에도 마찬가지이므로 구하고자 하는 확률은 $\frac{1}{2} \times \frac{1}{2} = \frac{1}{4}$이다.

205 다인자 유전   답 ③

알짜 풀이

자녀 2의 대문자로 표시되는 대립유전자의 수가 0이므로 부모 모두 df+e를 가진다. 따라서 (가)의 유전자형은 아버지가 ??/df+?e, 어머니가 Df/df+?e이다. 자녀 1은 대문자로 표시되는 대립유전자를 아버지로부터 최대 3개, 어머니로부터 최대 2개를 물려받을 수 있으므로 ㉠은 3, ㉡은 5이다. 따라서 아버지의 (가)의 유전자형은 DF/df+Ee, 어머니의 (가)의 유전자형은 Df/df+Ee이다.

ㄱ. ㉡은 5이다.

ㄷ. 자녀 2의 동생이 태어날 때, 이 아이에게서 나타날 수 있는 표현형은 다음과 같다.

정자 / 난자	DF+E(3)	DF+e(2)	df+E(1)	df+e(0)
Df+E(2)	5	4	3	2
Df+e(1)	4	3	2	1
df+E(1)	4	3	2	1
df+e(0)	3	2	1	0

따라서 자녀 2의 동생이 태어날 때, 이 아이와 유전자형이 DdEEFf인 사람의 표현형이 같을 확률(대문자로 표시되는 대립유전자의 수 4)은 $\frac{3}{16}$이다.

바로 알기

ㄴ. 어머니의 (가)의 유전자형은 DdEeff이다.

206 다인자 유전   답 ①

알짜 풀이

어머니는 ⓐ~ⓕ를 모두 가지고 있으므로 유전자형이 HhRrTt이고, ㉡은 3이다. 자녀 1은 ⓐ~ⓕ 중 ⓐ, ⓓ, ⓕ만 가지고 있으므로 유전자형이 모두 동형 접합성이고 ㉢으로 가능한 것은 0과 2 중 하나이다. 만약 ㉢이 2라면, ⓐ, ⓓ, ⓕ 중 하나는 대문자로 표시되는 대립유전자인데, ⓐ와 ⓕ 중 하나가 대문자로 표시되는 대립유전자라면, 아버지와 자녀 2는 ⓐ와 ⓕ를 모두 가지므로 ㉠과 ㉣이 모두 0이 아니다. 따라서 ⓓ가 대문자로 표시되는 대립유전자이고, ⓐ와 ⓕ는 소문자로 표시되는 대립유전자이다. 이때 아버지와 자녀 2는 대문자로 표시되는 대립유전자를 1개 이상 가지고 있다. 따라서 ㉠과 ㉣이 모두 0이 아니므로 모순이다. 따라서 ㉢은 0이고, 자녀 1의 유전자형은 열성 동형 접합성이므로 hhrrtt이다. ⓐ, ⓓ, ⓕ는 소문자로 표시되는 대립유전자, ⓑ, ⓒ, ⓔ는 대문자로 표시되는 대립유전자이므로 ㉠은 1, ㉣은 2이다.

ㄱ. ㉠은 1이다.

ㄴ. ⓑ와 ⓒ는 모두 대문자로 표시되는 대립유전자이므로 ⓑ는 ⓒ와 대립유전자가 아니다.

ㄷ. 아버지의 (가)의 유전자형은 Hhrrtt(hhRrtt, hhrrTt)이고, 어머니의 (가)의 유전자형은 HhRrTt이므로 자녀 2의 동생이 태어날 때, 이 아이에게서 나타날 수 있는 표현형은 최대 5가지(대문자로 표시되는 대립유전자 수 4, 3, 2, 1, 0)이다.

구분		난자			
		3	2	1	0
정자	1	4	3	2	1
	0	3	2	1	0

207 상염색체 유전과 복대립 유전 답 ⑤

자료 분석

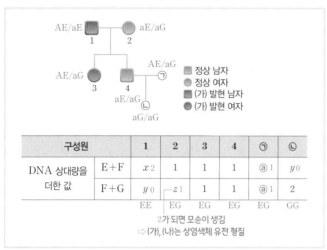

구성원		1	2	3	4	㉠	㉡
DNA 상대량을 더한 값	E+F	x 2	1	1	1	ⓐ1	y 0
	F+G	y 0	z 1	1	1	ⓐ1	2
		EE	EG	EG	EG	EG	GG

2가 되면 모순이 생김
⇨ (가), (나)는 상염색체 유전 형질

알짜 풀이

(나)가 X 염색체 유전 형질이면 x와 y는 모두 2가 아니므로 $z=2$이다. 따라서 (나)의 유전자형이 2는 FG, 3은 EG, 4는 FY이므로 1은 EY이고, $x=1$, $y=0$이다. 그런데 이 경우 ㉡의 (나)의 유전자형이 GG가 되는 모순이 생긴다. 따라서 (가)와 (나)는 상염색체 유전 형질이다. z는 0이 아니고, z가 2이면 $x+y=1$이 되는 모순이 생기므로 $z=1$이다. 따라서 2~4는 모두 (나)의 유전자형이 EG이다. ㉡은 (나)의 유전자형이 FF가 될 수 없으므로 $y=0$이고, ㉡은 (나)의 유전자형이 GG이다. $x=2$이므로 1은 (나)의 유전자형이 EE이다. 3(EG)과 4(EG)는 모두 2(EG)로부터 G가 있는 염색체를 물려받았는데 (가)의 표현형이 서로 다르다. 따라서 1(EE)은 (가)의 유전자형이 Aa이고, (가)는 발현(A)이 우성, 정상(a)이 열성이다. 유전자의 구성이 1은 AE/aE, 2는 aE/aG, 3은 AE/aG, 4는 aE/aG이다. ㉠은 G를 가지므로 ⓐ=1이고, ㉠은 (나)의 유전자형이 EG이다. 그런데 4(aE/aG)와 ㉠(EG)은 (가)와 (나)의 표현형이 서로 다르므로 ㉠은 (가)의 표현형이 발현(A_)이고, a와 G가 함께 있는 염색체를 가지므로 유전자의 구성이 AE/aG이다. 따라서 ㉡은 유전자의 구성이 aG/aG이다.

ㄱ. ㉡은 (가)와 (나)의 유전자형이 aaGG이다.

ㄴ. 체세포 1개당 a와 E의 DNA 상대량을 더한 값은 1(AE/aE), 2(aE/aG), 4(aE/aG)가 각각 3으로 같다.

ㄷ. 4(aE/aG)와 ㉠(AE/aG) 사이에서 태어나는 아이의 (가)와 (나)의 표현형이 모두 ㉠과 같을(A_E_) 확률은 $\frac{1}{2}$이다.

208 가계도 분석 답 ⑤

자료 분석

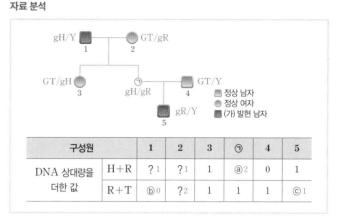

구성원		1	2	3	㉠	4	5
DNA 상대량을 더한 값	H+R	?1	?1	1	ⓐ2	0	1
	R+T	ⓑ0	?2	1	1	1	ⓒ1

알짜 풀이

(나)를 결정하는 대립유전자의 우열 관계는 H>R>T이다. 4에서 H+R의 값은 0이고, R+T의 값은 1이므로 (가)와 (나)의 유전자는 X 염색체에 있다. (가)가 발현된 1로부터 (가)가 발현되지 않은 3이 태어났으므로 (가)는 열성 형질이다. 5는 (가)가 발현되었고, H+R의 값은 1이므로 5의 유전자형은 gH/Y 또는 gR/Y이다. 만약 5의 유전자형이 gH/Y라면, ⓒ는 0, ⓑ는 1, ⓐ는 2이다. 여자인 ㉠에서 H+R의 값은 2이고, R+T의 값은 1이므로 ㉠의 유전자형은 gH/gR이다. 1의 유전자형은 gR/Y이므로 3에게 gR를 물려주는데, 이때 3의 H+R과 R+T의 값이 모두 1일 수 없으므로 모순이다. 따라서 5의 유전자형은 gR/Y이다. 이 집안 구성원의 유전자형은 1은 gH/Y, 2는 GT/gR, 3은 GT/gH, ㉠은 gH/gR, 4는 GT/Y이고, ⓐ는 2, ⓑ는 0, ⓒ는 1이다.

ㄱ. ㉠의 유전자형은 gH/gR이므로 (가)의 유전자형은 동형 접합성이다.

ㄴ. 이 가계도 구성원 중 G와 T를 모두 갖는 사람은 2, 3, 4로 3명이다.

ㄷ. 5의 동생이 태어날 때, 이 아이의 (가)와 (나)의 표현형이 모두 2와 같을 확률(G_R_)은 $\frac{1}{4}$이다.

209 염색체 비분리와 DNA양 답 ②

자료 분석

Ⅱ와 Ⅲ은 생식세포
⇨ (가), (나)는 모두 a를 가짐

세포		DNA 상대량				
		A	a	B	b	
ⓔ($n=22+$Y) Ⅰ		ⓐ2	0	0	ⓑ0	AAYY
ⓒ($n+1=22+$XX) Ⅱ		0	1	2	?0	aBB
ⓒ($n+1=23+$Y) Ⅲ		ⓒ1	1	0	0	AaY
ⓛ($n-1=21+$X) Ⅳ		0	0	0	?2	bb
㉠($2n=44+$XY) Ⅴ		2	ⓓ2	0	2	AAaabbYY

㉠($2n$)에 B가 없음
⇨ B, b는 성염색체에 있음

알짜 풀이

㉠, ㉡, ⓔ은 모두 염색 분체가 분리되기 전의 세포이므로 각각 Ⅰ, Ⅳ, Ⅴ 중 서로 다른 하나이며, ⓒ과 ⓛ은 각각 Ⅱ와 Ⅲ 중 서로 다른 하나이다. 그런데 Ⅱ와 Ⅲ에 모두 a가 있으므로 (가)와 (나)는 모두 a를 가지며, 상동 염색체가 분리되기 전의 세포인 ㉠($2n$)은 Ⅴ이고, ⓓ는 2이다. 따라서 Ⅴ(㉠)에 B가

없으므로 B와 b는 성염색체에 있다. B와 b가 X 염색체에 있다고 가정하면 (가)의 유전자형은 AabY이다. 이 경우 Ⅱ에 B가 2개 있으므로 Ⅱ는 (나)의 세포인 ⓜ($n+1$)이며, Ⅱ(ⓜ)가 형성될 때 감수 2분열에서 염색체 비분리가 일어났다. 따라서 (나)의 감수 1분열은 정상적으로 일어났으므로 ⓔ(n)은 Ⅰ이며, ⓐ는 2, ⓑ는 0이고, (나)의 유전자형은 AaBY이다. A와 a가 모두 없는 Ⅳ는 ⓛ($n-1$)이므로 (가)의 감수 1분열에서 염색체 비분리가 일어났으며, a가 있는 Ⅲ은 ⓒ($n+1$)이므로 ⓒ는 1이다.

ㄷ. 핵상과 염색체 수가 ⓖ(Ⅴ)은 $2n=44+XY$, ⓛ(Ⅳ)은 $n-1=21+X$, ⓒ(Ⅲ)은 $n+1=23+Y$, ⓔ(Ⅰ)은 $n=22+Y$, ⓜ(Ⅱ)은 $n+1=22+XX$이므로 A와 b의 DNA 상대량을 더한 값은 ⓛ과 ⓔ이 각각 2로 같고, 성염색체 수도 ⓛ과 ⓔ이 각각 1로 같다.

바로 알기

ㄱ. ⓐ는 2, ⓑ는 0, ⓒ는 1, ⓓ는 2이다.

ㄴ. ⓒ(Ⅲ)에 A와 a가 모두 있으므로 ⓒ이 형성될 때 감수 1분열에서 상동 염색체의 비분리가 일어났다.

210 염색체 비분리와 X 염색체 유전 답 ③

자료 분석

			우성 표현형		
구성원	성별	ⓖ	ⓛ	ⓒ	
Bd/bD 어머니	여	?	ⓐ	ⓑ	
자녀 1	여	?	ⓑ	ⓑ	
자녀 2	여	ⓐ	ⓐ	ⓐ	
bd 자녀 3	?여	ⓑ	ⓑ	ⓐ	

아버지(bd/Y), 각각 Bd/bd, bD/bd 중 하나, 터너 증후군($2n-1=44+X$)

알짜 풀이

자녀 1과 2는 모두 딸이므로 아버지에게서 같은 X 염색체를 물려받았다. 그런데 이 두 사람은 ⓛ과 ⓒ의 표현형이 모두 서로 다르므로 아버지는 ⓛ과 ⓒ의 유전자의 구성이 bd/Y이고, 어머니는 ⓛ과 ⓒ의 유전자형이 BbDd이다. 그런데 어머니는 ⓛ과 ⓒ 중 하나만 발현되고, 자녀 1과 2 한 사람은 ⓛ과 ⓒ이 모두 발현되고, 나머지 한 사람은 ⓛ과 ⓒ이 모두 발현되지 않으므로 어머니는 ⓛ과 ⓒ의 유전자의 구성이 Bd/bD이다. 따라서 정상적인 수정에 의해 태어나는 아이는 성별에 상관없이 ⓛ과 ⓒ의 표현형이 자녀 1과 같은 ⓑ, ⓑ이거나, 자녀 2와 같은 ⓐ, ⓐ이다. ⓛ과 ⓒ의 표현형이 서로 다른 자녀 3은 아버지로부터 X 염색체를 1개 물려받았고, 어머니로부터 X 염색체를 물려받지 않아 ⓛ과 ⓒ의 유전자형이 bd이다.

ㄷ. 자녀 1(XX)과 2(XX)의 ⓛ과 ⓒ의 유전자의 구성은 각각 Bd/bd와 bD/bd 중 서로 다른 하나이고, 터너 증후군 염색체 이상을 보이는 자녀 3(X)은 ⓛ과 ⓒ의 유전자의 구성이 bd이다.

따라서 체세포 1개당 $\dfrac{\text{b의 DNA 상대량}}{\text{성염색체의 DNA 상대량}}$은 자녀 1과 2는 각각 $\dfrac{1y}{2x}$와 $\dfrac{2y}{2x}$ 중 서로 다른 하나이고, 자녀 3은 $\dfrac{1y}{1x}$이다.

바로 알기

ㄱ. 자녀 3은 어머니로부터 성(X)염색체를 물려받지 않았으므로 ⓖ에는 X 염색체가 없다.

ㄴ. 자녀 3은 아버지로부터만 X 염색체 1개를 물려받았으므로 ⓖ~ⓒ의 표현형이 모두 아버지와 같다. 따라서 아버지는 ⓖ과 ⓛ의 발현 여부가 모두 ⓑ이고, ⓒ의 발현 여부가 ⓐ이다.

자료 분석

구성원	대립유전자				대문자로 표시되는 대립유전자의 수
	㉮	㉯	㉰	㉱	
AaBb 아버지	○	ⓐ○	ⓐ○	○	ⓖ 2
Aabb 또는 aaBb 어머니	○	○	ⓑ×	ⓐ○	ⓛ 1
AABb 또는 AaBB 자녀 1	○	○	?	×	ⓒ 3
aabb 자녀 2	?	×	×	○	ⓓ 0
(2n+1) 자녀 3	○	?○	○	ⓑ×	ⓔ 4

(소문자) (대문자) (대문자) (소문자)

아버지에게서 3개(감수 2분열 비분리),
어머니에게서 1개 또는 아버지에게서 2개,
어머니에게서 2개(감수 2분열 비분리)

알짜 풀이

만약 ⓖ~ⓔ 중에 5가 있다면 ⓔ이 5이다. 이 경우 자녀 3은 A와 B만 가지므로 ㉮와 ㉰가 각각 A와 B 중 하나이고, ㉯와 ㉱는 각각 a와 b 중 하나이다. 그런데 이 경우 자녀 3을 제외한 가족 구성원 중 ㉯와 ㉱만 갖는 사람이 없으므로 ⓖ~ⓔ은 모두 0이 아니고, ㉮와 ㉰만 갖는 사람도 없으므로 ⓖ~ⓔ은 모두 4가 아니다. 따라서 주어진 조건을 만족하지 않으므로 ⓖ~ⓔ은 각각 0~4 중 하나이다. 대문자로 표시되는 대립유전자의 수가 0인 사람은 a와 b만 갖고, 핵형이 정상이면서 대문자로 표시되는 대립유전자의 수가 4인 사람은 A와 B만 갖는다. 따라서 ⓖ~ⓔ 중에 0과 4가 모두 있을 수는 없으므로 ⓔ은 0과 4 중 하나이다. 만약 ⓔ이 0이면 자녀 3은 a와 b만 가지므로 ㉮와 ㉰는 각각 a와 b 중 하나이고, ㉯와 ㉱는 각각 A와 B 중 하나이다. 그런데 이 경우 ㉯와 ㉱만 갖는 사람이 없으므로 ⓖ~ⓔ 중에 4가 없어 주어진 조건을 만족하지 않는다. 따라서 ⓔ은 4이므로 자녀 3은 체세포의 핵이 $2n+1$이다. 핵형이 정상이면서 대문자로 표시되는 대립유전자의 수가 1인 사람과 3인 사람은 각각 ㉮~㉱ 중 3가지를 가지므로 ⓛ과 ⓒ은 각각 1과 3 중 하나이다. 따라서 ⓖ과 ⓓ은 각각 0과 2 중 하나이다. 그런데 ⓐ가 '×'이면 아버지와 자녀 2는 모두 ㉯와 ㉱만 가지므로 주어진 조건을 만족하지 못한다. 따라서 ⓐ는 '○', ⓑ는 '×'이고, 아버지는 유전자형이 AaBb이므로 ⓖ은 2이고, ⓓ은 0이다. 자녀 2는 a와 b만 가지므로 ㉮와 ㉰는 각각 a와 b 중 서로 다른 하나이고, ㉯와 ㉱는 각각 A와 B 중 서로 다른 하나이며, ⓛ은 1, ⓒ은 3이다. 자녀 3은 대문자로 표시되는 대립유전자의 수가 4, 소문자로 표시되는 대립유전자의 수가 1이다. 유전자형이 아버지는 AaBb, 어머니는 Aabb 또는 aaBb이므로, P($n+1$)는 감수 2분열에서 염색체 비분리가 일어나 형성되었다.

ㄱ. 자녀 3은 아버지로부터 A와 B 만 물려받았고, 어머니로부터 대문자로 표시되는 대립유전자와 소문자로 표시되는 대립유전자를 물려받았으므로 어머니로부터 ㉮(소문자로 표시되는 대립유전자)와 ㉯(대문자로 표시되는 대립유전자)를 물려받았다. 따라서 ㉮와 ㉯는 서로 다른 상염색체에 있으므로 ㉮와 ㉰가 서로 대립유전자이고, ㉯와 ㉱가 서로 대립유전자이다.

ㄴ. 아버지(AaBb)와 자녀 1(AABb 또는 AaBB)은 모두 A를 갖는다.

ㄷ. 아버지에게서 감수 2분열 비분리(AAB 또는 ABB)가 일어나 형성된 P($n+1$, 대문자로 표시되는 대립유전자 수 3)와 정상 난자(n, 대문자로 표시되는 대립유전자 수 1)가 수정되거나 어머니에게서 감수 2분열 비분리(AA 또는 BB)가 일어나 형성된 P($n+1$, 대문자로 표시되는 대립유전자 수 2)와 정상 정자(n, 대문자로 표시되는 대립유전자 수 2)가 수정되어 자녀 3이 태어났다.

자료 분석

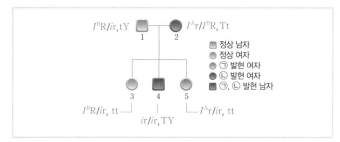

$I^B R/ir, tY$　1　—　2　$I^A r/I^B R, Tt$

■ 정상 남자
● 정상 여자
◐ ㉠ 발현 여자
◑ ㉡ 발현 여자
◙ ㉠, ㉡ 발현 남자

3　　4　　5

$I^B R/ir$, tt　　　　　　$I^A r/ir$, tt
　　　　ir/ir, TY

알짜 풀이

ㄴ. ㉠이 발현되지 않은 1과 2 사이에서 ㉠이 발현된 5가 태어났으므로 ㉠은 상염색체 열성 형질이며, ㉠의 유전자는 ABO식 혈액형의 유전자와 같은 염색체에 있고, ㉡의 유전자는 X 염색체에 있다. AB형인 2로부터 O형인 (가)가 태어날 수 없으므로 (가)는 상염색체의 비분리가 일어나 형성된 염색체 수가 비정상적인 정자와 상염색체의 비분리가 일어나 형성된 염색체 수가 비정상적인 난자의 수정으로 태어났다. (가)는 2로부터 I^A와 I^B를 모두 물려받지 않았으므로 1로부터 2개의 i를 물려받았다. 5는 2로부터 I^A와 I^B 중 하나를 물려받으므로 (나)와 (다) 중 하나이다. 5의 ㉠의 유전자형이 rr이므로 R+t의 값은 최대 2이다. 따라서 5는 (다)이고, 5의 ㉡의 유전자형은 tt이다. (나)의 R+t의 값이 3이므로 (나)의 체세포에는 t가 최소 1개 있다. 만약 (나)가 4라면 4의 유전자형은 RR+tY이므로 ㉠과 ㉡이 모두 발현되지 않아야 하지만 4에게서 ㉠과 ㉡이 모두 발현되었으므로 모순이다. 따라서 (나)는 3이고, (가)는 4이다.

ㄷ. 5의 동생이 태어날 때, 이 아이의 ㉠, ㉡, ABO식 혈액형의 표현형이 모두 (나)(3)와 같을 확률은 ㉠이 발현되지 않고 B형일 확률$\left(\dfrac{1}{2}\right)$×㉡이 발현되지 않을 확률$\left(\dfrac{1}{2}\right)=\dfrac{1}{4}$이다.

바로 알기

ㄱ. 5(tt)는 ㉡이 발현되지 않았으므로 ㉡은 우성 형질이다.

V. 생태계와 상호 작용

14 생태계의 구성과 기능　　　109~113쪽

대표 기출 문제　213 ①　214 ⑤

적중 예상 문제　215 ②　216 ④　217 ⑤　218 ③　219 ②
　　　　　　　　220 ②　221 ⑤　222 ③　223 ②　224 ①
　　　　　　　　225 ①　226 ④　227 ①　228 ②　229 ③

213 생태계 구성 요소 사이의 상호 관계　　　　답 ①

자료 분석

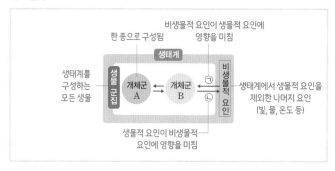

한 종으로 구성됨
비생물적 요인이 생물적 요인에 영향을 미침

생태계
생태계를 구성하는 모든 생물
생물 군집
개체군 A ⇄ 개체군 B ⇄ 비생물적 요인
생태계에서 생물적 요인을 제외한 나머지 요인 (빛, 물, 온도 등)

생물적 요인이 비생물적 요인에 영향을 미침

알짜 풀이

ㄱ. X는 식물 종이므로 생물 군집에 속한다.

바로 알기

ㄴ. ⓐ는 생물인 식물 종 X가 비생물적 요인(토양)에 영향을 미친 사례이므로 ㉡에 해당한다.

ㄷ. 종 다양성은 한 지역에 서식하는 생물종의 다양함을 의미하며, 동일한 생물종이라도 형질이 각 개체 간에 다르게 나타나는 것은 유전적 다양성에 해당한다.

214 식물 군집의 구조　　　　답 ⑤

자료 분석

밀도 확인 가능　　A의 상대 밀도는 40 %　　C의 상대 빈도는 12.5 %

구분	A	B	C	D	E	합계
개체 수	⑨6	48	18	48	30	240
빈도 — 출현한 방형구 수	22	20	⑩	16	12	80

구분	A	B	C	D	E	합계
상대 빈도 ㉠(%)	27.5	? 25	ⓐ12.5	20	15	100
상대 밀도 ㉡(%)	40	? 20	7.5	20	12.5	100
상대 피도 ㉢(%)	36	17	13	? 24	10	100
중요치	103.5	62	33	64	37.5	

알짜 풀이

이 지역에서 A~E의 전체 개체 수가 240이고, A의 개체 수가 96이므로 A의 상대 밀도는 40 %이다. 따라서 ㉡은 상대 밀도이다. 출현한 방형구 수는 B가 C의 2배이고, ㉢은 B가 C의 2배가 아니므로 ㉠이 상대 빈도이고, ㉢은 상대 피도이다.

ㄱ. 이 지역에서 A~E가 출현한 방형구 수의 합이 80이고, C는 출현한 방형구 수가 10이므로 C의 상대 빈도인 ⓐ는 12.5이다.

ㄴ. 상대 밀도(%), 상대 빈도(%), 상대 피도(%)의 총 합은 각각 100 %이다. 따라서 D의 상대 피도는 24 %이고 지표를 덮고 있는 면적이 가장 작은 종은 상대 피도가 가장 작은 E이다.

ㄷ. B의 개체 수가 48이므로 상대 밀도(ⓒ)는 20 %$\left(=\frac{48}{240} \times 100\right)$이고, 출현한 방형구 수가 20이므로 상대 빈도(ⓐ)는 25 %이다. 따라서 중요치(중요도)는 A가 103.5, B가 62, C가 33, D는 64, E는 37.5이므로 우점종은 A이다.

215 생태계 구성 요소 사이의 상호 관계   답 ②

알짜 풀이

ㄷ. 초식동물이 속하는 A는 소비자이고, B는 분해자이다. 사람(동물)은 소비자(A)이므로 사람의 활동으로 수질이 오염되는 것은 A가 비생물적 요인(물)에 영향을 미치는 예이다.

바로 알기

ㄱ. 분해자는 소비자의 사체나 배설물을 분해하여 물질과 에너지를 얻는 생물 요소이다. 따라서 분해자인 B는 유기물을 무기물로 분해한다. 반면 생산자는 광합성 과정을 통해 무기물(CO_2, H_2O)로부터 유기물(포도당)을 합성한다.

ㄴ. 노루가 가을에 번식하는 것은 비생물적 요인(빛, 일조 시간)이 생물적 요인(노루)에 영향을 미치는 ⓐ의 예에 해당한다.

216 생태계 구성 요소와 구성 요소 사이의 관계   답 ④

자료 분석

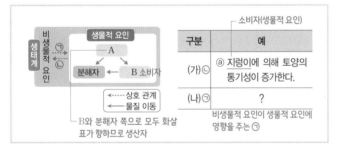

알짜 풀이

ㄴ. A에서 분해자와 B로 물질이 이동하므로 A는 생산자, B는 소비자이다. 생산자(A)와 소비자(B)는 서로 다른 종(개체군)으로 구성되며, 같은 지역에 서식하는 다양한 종이 모여 하나의 군집을 구성한다.

ㄷ. (가)는 생물적 요인인 지렁이가 비생물적 요인인 토양에 영향을 미치는 예이므로 ⓒ이고, 나머지 (나)는 ⓐ이다. 선인장의 잎이 가시로 변한 것은 물이 부족한 환경에 대한 적응과 진화의 결과이므로 비생물적 요인인 물이 생물적 요인인 선인장에 영향을 미치는 ⓐ의 예에 해당한다.

바로 알기

ㄱ. 지렁이(ⓐ)는 다른 생물로부터 물질과 에너지를 얻어 살아가는 소비자(B)에 속한다.

217 생물과 환경의 상호 작용   답 ⑤

알짜 풀이

ⓐ은 빛(일조 시간), ⓒ은 물, ⓓ은 온도에 적응한 예이다.

ㄱ. 기온이 낮은 지역에 사는 북극여우(ⓐ)는 기온이 높은 지역에 사는 사막여

우(ⓑ)보다 몸집에 비해 귀와 꼬리가 짧아 피부를 통한 열의 방출이 효과적으로 억제된다.

ㄴ. 국화가 밤이 길어져 일조 시간이 짧아지는 가을에 꽃이 피는 것과 수심에 따라 투과되는 빛의 파장에 의해 해조류의 분포가 달라지는 것은 모두 빛이 생물에 영향을 미친 예이다.

ㄷ. 선인장의 줄기에 물을 저장하는 저수 조직이 발달해 있는 것은 사막과 같이 물이 부족한 환경에 대한 적응과 진화의 결과이므로 ⓒ은 물(비생물적 요인)이 선인장(생물적 요인)에게 영향을 미친 예이고, ⓓ은 온도(비생물적 요인)가 여우(생물적 요인)에게 영향을 미친 예이므로 모두 비생물적 요인이 생물적 요인에 영향을 미친 예에 해당한다.

218 생태계 구성 요소 사이의 상호 관계   답 ③

알짜 풀이

ㄱ. 여왕벌과 일벌의 역할이 다른 것은 개체군 내 상호 작용 중 하나인 사회생활이다. 이는 ⓐ의 예에 해당한다.

ㄷ. 고산 지대에 사는 사람의 적혈구 수가 평지에 사는 사람보다 많은 것은 공기(비생물적 요인)가 사람(생물적 요인)에게 영향을 미친 것이므로 ⓒ의 예에 해당한다.

바로 알기

ㄴ. 홍조류가 녹조류보다 깊은 수심까지 서식하는 것은 비생물적 요인인 수심에 따른 빛의 파장이 생물적 요인인 해조류의 분포에 영향을 미친 것이므로 ⓒ의 예에 해당한다.

219 생태계 구성 요소 사이의 상호 관계와 텃세   답 ②

자료 분석

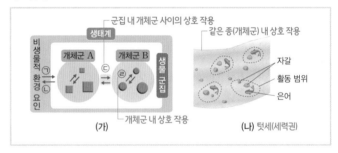

알짜 풀이

ㄷ. 식물의 광합성으로 공기의 산소 농도가 높아지는 것은 생물 군집이 비생물적 요인에 영향을 미치는 ⓒ의 예에 해당한다.

바로 알기

ㄱ. 개체군은 같은 종으로 구성된 생물 집단이므로 개체군 A는 하나의 종으로 구성되어 있다.

ㄴ. (나)는 은어 개체군을 구성하는 은어 개체들 사이에서 일어나는 상호 작용이므로 개체군 내 상호 작용인 ⓐ의 예에 해당한다.

220 개체군의 생장 곡선   답 ②

자료 분석

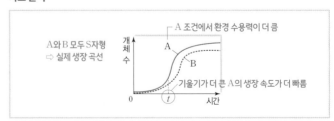

알짜 풀이

ㄷ. 개체군의 생장 속도는 개체 수의 증가율(＝접선의 기울기)이 더 클수록 빠르다. 따라서 t일 때 개체군의 생장 속도는 A에서가 B에서보다 빠르다.

바로 알기

ㄱ, ㄴ. A와 B에서 모두 생장 곡선이 S자형인 것은 환경 저항을 받을 때 나타나는 실제 생장 곡선이기 때문이다. 환경 수용력은 개체군의 최대 크기인데, 환경 수용력이 A에서가 B에서보다 크므로 A에서가 B에서보다 환경 저항을 적게 받는다.

221 개체군 내 상호 작용   답 ⑤

알짜 풀이

ㄱ. 곰이 발톱으로 나무나 기둥을 긁어 자신의 영역을 표시하는 것은 일정한 생활 공간을 먼저 확보하고 다른 개체의 접근을 막기 위한 목적이므로, (가)는 텃세(세력권)이다.

ㄴ. (나)는 리더제이며, ㉠은 리더이다. 기러기가 무리를 지어 비행할 때 리더(㉠)는 뒤따라 오는 개체들에게 길을 안내해 준다.

ㄷ. (다)는 순위제이다. '닭은 가장 덩치가 크고 힘이 센 개체부터 시작해 모이를 쪼는 순서가 정해져 있다.'는 것은 순위제의 예인 ㉡에 해당한다.

222 종 사이의 상호 작용   답 ③

알짜 풀이

ㄱ. 같은 곳에 서식하던 애기짚신벌레와 짚신벌레 중 애기짚신벌레만 살아남았으므로 이 두 종 사이에서 종간 경쟁이 일어났으며, 경쟁 배타 원리가 적용되어 경쟁에서 진 짚신벌레가 사라진 것을 알 수 있다.

ㄴ. (나)는 상리 공생의 예이다. (나)에서 흰동가리(ⓐ)와 말미잘(ⓑ)은 모두 상호 작용을 통해 이익을 얻는다.

바로 알기

ㄷ. 흰동가리(ⓐ)와 말미잘(ⓑ)은 같은 지역에 살며 하나의 군집을 구성한다.

223 개체군 사이의 상호 작용에 따른 개체 수 변화   답 ②

자료 분석

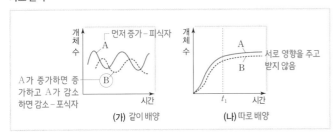

알짜 풀이

ㄴ. (가)는 포식과 피식 관계에 있는 두 개체군의 개체 수가 주기적으로 변동하는 모습이다. 따라서 (가)는 A와 B를 같이 배양했을 때, (나)는 A와 B를 따로 배양했을 때의 개체 수 변화를 나타낸 것이다.

바로 알기

ㄱ. (가)에서 A의 개체 수가 증가하면 B의 개체 수가 증가하고, B의 개체 수가 증가하면 A의 개체 수는 감소하므로 A는 피식자, B는 포식자이다.

ㄷ. (나)에서 t_1일 때 A와 B는 각각 개체 수가 증가하는 중이므로 출생률이 사망률보다 높다.

224 개체군 사이의 상호 작용   답 ①

자료 분석

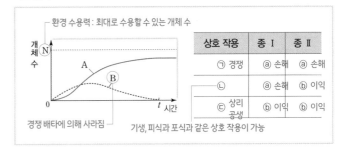

알짜 풀이

ㄱ. A와 B의 환경 수용력은 모두 두 종을 혼합 배양할 때가 단독 배양할 때보다 작으므로 두 종 사이에서 서로 손해를 보는 경쟁이 일어났다. 따라서 ㉠은 경쟁이고, ⓐ는 '손해', ⓑ는 '이익'이다. 상리 공생은 두 종 모두 이익을 얻는 상호 작용인 ㉢에 해당한다.

바로 알기

ㄴ. t일 때 A와의 경쟁에서 진 B가 이미 사라졌지만 A의 개체 수가 더 이상 증가하지 않는 것은 A가 환경 저항을 받기 때문이다.

ㄷ. 스라소니와 눈신토끼 사이의 상호 작용은 피식과 포식이며, ㉡은 피식과 포식에 해당한다. 이 경우 스라소니는 눈신토끼를 잡아먹어 이익(ⓑ)을 얻는 포식자이므로 종 Ⅱ에 해당한다.

225 개체군 사이의 상호 작용   답 ①

알짜 풀이

ㄱ. 상리 공생은 두 종이 모두 이익을 얻는 상호 작용이므로 Ⅱ이다. 종 2가 손해를 입는 Ⅰ이 경쟁이고, ⓐ는 '손해'이다. 따라서 ⓑ는 '이익'이다. (가)에서 사람과 세균 ㉠의 상호 작용은 서로 이익을 얻는 상리 공생이므로 Ⅱ의 예에 해당한다.

바로 알기

ㄴ. 개체군은 같은 종의 집단이다. 사람과 ㉠은 서로 다른 종이므로 서로 다른 개체군을 이룬다.

ㄷ. 기생충과 숙주의 상호 작용에서 숙주는 기생충에게 영양소 등을 빼앗기는 손해(ⓐ)를 입는다.

226 생물 사이의 상호 작용   답 ④

자료 분석

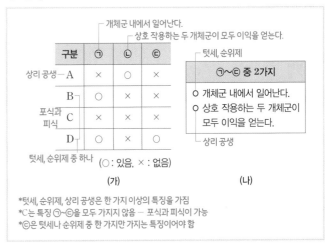

알짜 풀이

텃세, 순위제, 상리 공생, 포식과 피식 중 개체군 내에서 일어나는 상호 작용은 텃세와 순위제이므로 '개체군 내에서 일어난다.'는 ⊙이다. 상호 작용하는 두 개체군이 모두 이익을 얻는 경우는 상리 공생이므로 '상호 작용하는 두 개체군이 모두 이익을 얻는다.'는 ⓒ이다. 따라서 A는 상리 공생, C는 포식과 피식이고, B와 D는 각각 텃세와 순위제 중 하나이다.

ㄴ. 개미는 진딧물에게 먹이를 얻고, 진딧물은 개미의 보호를 받으므로 개미와 진딧물 사이에서는 서로 이익을 얻는 상리 공생(A)이 일어난다.

ㄷ. ⊙~ⓒ 중 (나)에 없는 특징은 ⓒ이다. ⓒ은 텃세와 순위제 중 하나에서만 있는 특징이므로 순위제에만 있는 특징인 '힘의 강약에 따라 서열이 정해진다.'는 (나)에 없는 ⓒ으로 가능하다.

바로 알기

ㄱ. 은어의 세력권은 텃세의 예이므로 B와 D 중 하나이다. C는 두 개체군 사이에서 일어나는 포식과 피식이다.

227 식물 군집의 천이와 구조 답 ①

알짜 풀이

ㄱ. (가)에서 일어나는 천이 과정은 산불이 난 지역에서 일어나는 2차 천이이다. 산불 등으로 인해 생물 군집이 사라진 후 일어나는 천이에서는 이미 토양이 형성되어 있으므로 초본이 개척자가 된다. 따라서 개척자인 A는 초원이고, B는 양수림, C는 음수림이다.

바로 알기

ㄴ. 중요치는 상대 밀도, 상대 빈도, 상대 피도를 합한 값이다. 음수림인 C에서 중요치는 Ⅰ이 $34+36+42=112$이고, Ⅱ는 $18+20+24=62$이므로 중요치가 높은 종 Ⅰ이 우점종이다. 따라서 Ⅰ은 음수에 속한다.

ㄷ. 산불이 난 지역의 식물 군집 (가)에서 일어난 천이는 토양이 이미 형성된 상태에서 초본이 개척자가 되어 일어나는 2차 천이이다. 1차 천이는 토양이 형성되지 않은 상태에서 지의류가 개척자가 되어 일어난다.

228 식물 군집의 구조 답 ②

자료 분석

알짜 풀이

ㄴ. ⊙은 B가 C의 2배이지만, 개체 수는 B가 C의 2배가 아니므로 ⊙은 밀도가 아니다. 또한 A~C의 ⊙을 모두 더한 값이 100이 아니므로 ⊙은 상대 빈도나 상대 피도가 아닌 빈도이다. 그런데 빈도는 B가 C의 2배이므로 ⓒ은 상대 빈도가 아닌 상대 피도이고, ⓒ은 상대 빈도이다. A~C의 상대 피도(ⓒ)를 모두 더한 값은 $100(\%)$이므로 x는 40이다. C의 상대 빈도(ⓒ)는 $\dfrac{0.3}{0.6+0.6+0.3}\times100=20\left(=\dfrac{x}{2}\right)(\%)$이다.

바로 알기

ㄱ. 중요치가 가장 높은 종인 ⓐ는 그 군집을 대표할 수 있는 우점종이다.

ㄷ. 이 식물 군집에서 A~C의 상대 밀도, 상대 빈도, 상대 피도, 중요치는 표와 같다. 따라서 우점종(ⓐ)은 중요치가 가장 높은 B이다.

종	상대 밀도	상대 빈도(ⓒ)	상대 피도(ⓒ)	중요치
A	44	40	40(x)	124
B	38	40	52	130
C	18	20	8	46

229 방형구법을 이용한 식물 군집 조사 답 ③

자료 분석

알짜 풀이

중요치는 상대 밀도, 상대 빈도, 상대 피도를 모두 더한 값이고, t_1일 때 C의 ⊙~ⓒ 중 ⓒ이 가장 크므로 ⓒ이 중요치이다. C는 중요치가 49이므로 상대 밀도는 중요치인 ⓒ에서 ⊙과 ⓒ을 더한 값을 뺀 $49-(20+15)=14$이다. 개체 수가 각각 76과 60인 B와 D의 상대 밀도가 각각 38과 30이라는 것을 통해서 개체 수가 28인 C의 상대 밀도가 14라는 것을 알 수 있다. A~D의 상대 밀도를 모두 더한 값은 $100(\%)$이므로 A의 상대 밀도는 18, 개체 수는 36이다. ⓒ이 상대 빈도이면 t_1일 때 A의 상대 빈도는 30, D의 중요치는 150이다. 그런데 이 경우 A~D의 상대 빈도를 모두 더한 값이 100이 넘는 모순이 생긴다. 따라서 ⊙이 상대 빈도, ⓒ이 상대 피도이고, t_1일 때 D의 상대 피도는 30이다. t_1일 때 중요치(상대 밀도+상대 빈도+상대 피도)는 A가 $18+20+30=68(=w)$, B가 $38+20+25=83$, C가 $14+20+15=49$, D가 $30+40(=x)+30=100$이다. t_2일 때 B~D의 상대 피도(ⓒ)를 더한 값이 100이므로 A의 상대 피도는 $0(=y)$이다. 따라서 A의 개체 수, 상대 빈도(⊙), 중요치(ⓒ) 모두 0이다. t_2일 때 C의 중요치(ⓒ)가 54이므로 상대 밀도는 $54-(20+24)=10$이다. 그런데 C의 개체 수는 12이므로 개체 수가 66인 B의 상대 밀도는 55이고, D의 상대 밀도는 $100-(55+10)=35$이므로 개체 수는 $42(=z)$이다. t_2일 때 B의 상대 빈도는 $40(=x)$이므로 D의 상대 빈도는 $100-(40+20)=40$이고, 중요치는 B가 $55+40+39=134$, C가 $10+20+24=54$, D가 $35+40+37=112$이다.

ㄱ. $w+x+y+z=68+40+0+42=150$이다.

ㄷ. t_1일 때 개체 수는 A가 B보다 적고, 상대 피도(ⓒ)는 A가 B보다 크므로 개체당 지표를 덮고 있는 평균 면적은 A가 B보다 넓다.

바로 알기

ㄴ. t_1일 때 우점종은 중요치가 100으로 가장 높은 D이지만, t_2일 때 우점종은 중요치가 134로 가장 높은 B이다.

대표 기출 문제 **230** ③ **231** ④

적중 예상 문제 **232** ② **233** ③ **234** ⑤ **235** ④ **236** ⑤
237 ② **238** ③ **239** ⑤

230 물질의 생산과 소비 및 천이 답 ③

자료 분석

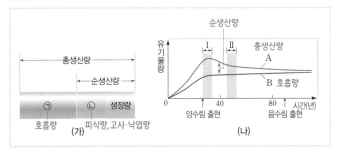

알짜 풀이

(나)에서 더 큰 값인 A는 총생산량이고, B와 ㉠은 모두 호흡량이다. ㉡은 순생산량에서 생장량을 제외한 유기물량(피식량, 고사·낙엽량)이다.

ㄷ. 순생산량은 총생산량에서 호흡량을 제외한 유기물량이므로, 구간 Ⅱ에서 순생산량은 시간에 따라 감소한다.

바로 알기

ㄱ. B는 호흡량(㉠)이다.

ㄴ. 극상은 식물 군집의 천이 과정에서 마지막 단계에 나타나는 안정된 상태이므로 음수림 출현 전인 구간 Ⅰ에서 이 식물 군집은 아직 극상을 이루지 않는다.

231 생태계에서의 물질 순환 답 ④

알짜 풀이

ㄴ. 질산화 세균에 의해 암모늄 이온(NH_4^+)이 질산 이온(NO_3^-)으로 전환되는 과정이 일어난다.

ㄷ. 물질(유기물)에 포함된 탄소와 질소는 생산자에서 상위 영양 단계인 소비자로 먹이 사슬을 따라 이동하므로 '물질이 생산자에서 소비자로 먹이 사슬을 따라 이동한다.'는 ⓐ에 해당한다.

바로 알기

ㄱ. (나)에서 암모늄 이온(NH_4^+)이 질산 이온(NO_3^-)으로 전환되는 과정이 일어나므로 (나)는 질소 순환 과정이다.

232 에너지 피라미드와 생태계의 유기물량 답 ②

알짜 풀이

ㄷ. A는 3차 소비자, B는 2차 소비자, C는 1차 소비자, D는 생산자이다. 1차 소비자(C)의 에너지 효율은 $\frac{100}{1000} \times 100 = 10\,\%$이고, 2차 소비자(B)의 에너지 효율은 $\frac{15}{100} \times 100 = 15\,\%$이다.

바로 알기

ㄱ. 생산자의 총생산량은 생산자의 호흡량과 순생산량을 더한 값이므로 생산자(D)의 호흡량은 ㉠이다. ㉡은 순생산량에서 생장량을 제외한 피식량과 낙엽·고사량이다.

ㄴ. 각 영양 단계의 호흡량은 각 영양 단계에서 소비되는 에너지양이므로 상위 영양 단계로 이동하지 않는다. 따라서 생산자의 호흡량(㉠)에는 1차 소비자(C)에서 2차 소비자(B)로 이동하는 에너지가 포함되어 있지 않다.

233 생태계의 유기물량 답 ③

알짜 풀이

ㄱ. 순생산량＝총생산량－호흡량이고, 생장량＝순생산량－(피식량＋고사 및 낙엽량)이므로 순생산량은 생장량보다 많다. 따라서 A는 순생산량, B는 생장량이다.

ㄴ. ㉠은 순생산량(A)과 생장량(B)의 차이이므로 피식량＋고사 및 낙엽량이다. 이 중 피식량은 1차 소비자의 섭식량과 같으며, 생산자에서 1차 소비자로 이동하는 에너지양이므로 ㉠에 포함된다.

바로 알기

ㄷ. 생산자가 합성한 유기물의 총량은 총생산량이며, 순생산량(A)과 호흡량의 합이다. 따라서 Ⅰ~Ⅲ에서의 총생산량은 모두 같다.

234 생태계의 유기물량 답 ⑤

알짜 풀이

ㄱ. 총생산량은 호흡량과 순생산량을 더한 값이고, 1차 소비자의 호흡량은 총생산량과 순생산량에 모두 포함되어 있으므로 ㉠은 호흡량, ㉡은 총생산량, ㉢은 순생산량이다.

ㄴ. 생산자의 생장량은 총생산량(㉡)과 순생산량(㉢)에 모두 포함되어 있다.

ㄷ. t_1, t_2, t_3일 때 순생산량(㉢)이 모두 서로 같다. $\frac{총생산량}{호흡량} = 1 + \frac{순생산량}{호흡량}$이므로 $\frac{총생산량(㉡)}{호흡량(㉠)}$의 값이 작을수록 호흡량이 많고, 총생산량도 많다.
따라서 총생산량은 t_1일 때가 t_3일 때보다 많다.

235 탄소 순환과 질소 순환 답 ④

알짜 풀이

(가)에서 대기의 물질은 세균 A를 거쳐 식물로 전달되므로 (가)는 질소 순환이고, (나)는 탄소 순환이다.

ㄴ. 탄소 순환에서는 식물이 광합성을 통해 대기의 CO_2를 흡수함으로써 탄소가 생물 군집으로 유입된다. 따라서 광합성에 의해 ㉠이 일어난다.

ㄷ. 질소 순환에서 식물과 동물에 포함된 질소 화합물은 분해자에 의해 NH_4^+(암모늄 이온)으로 분해된 후 탈질소 작용을 통해 N_2로 전환되어 대기로 돌아가므로 B는 분해자에 속한다. 분해자 중에는 단백질을 분해하여 NH_4^+을 생성하는 세균이 있다.

바로 알기

ㄱ. 질소 순환에서 대기 중의 N_2는 A에 해당하는 뿌리혹박테리아와 같은 질소 고정 세균에 의해 NH_4^+으로 전환된 후 식물에게 흡수된다. 탈질소 세균은 NO_3^-을 N_2로 전환시켜 대기로 돌려보내는 탈질소 작용을 한다.

236 질소 순환 답 ⑤

알짜 풀이

ㄱ. 질소 순환에서 질소 고정 작용에 의해 N_2가 NH_4^+(㉠)으로 전환되고, 질산화 작용에 의해 NH_4^+(㉠)이 NO_3^-(㉡)으로 전환된다. (가)는 N_2를 NH_4^+(㉠)으로 전환시키므로 질소 고정 세균에 해당한다.

V

ㄴ. ⓐ는 생물적 요인인 세균이 비생물적 요인인 토양의 성분에 영향을 미친 것이다. 따라서 생물이 비생물적 요인에 영향을 미치는 예에 해당한다.

ㄷ. 질소 순환에서 NO_3^- (ⓑ)이 N_2로 전환되는 탈질소 작용이 일어난다. 이는 탈질소 세균에 의해 일어나는 과정이다.

237 식물 군집의 구조와 종 다양성   답 ②

자료 분석

개체 수   상대 빈도   A~D의 비율이 (가)에서보다 불균등하게 변화

종	㉠	㉡		종	㉠	㉡
A	㉔	24		A	21	?
B (우점종)	28	? 31		B	16	12
C	x 24	24		C	12	24
D	x 24	21		D	4x	10
	(가)				(나)	

상대 밀도가 같으면 밀도도 같고, 개체 수도 같음

알짜 풀이

㉠이 상대 빈도이면 (가)에서 A~D의 상대 빈도를 모두 더한 값은 100(%)이므로 $x=24$이다. 그런데 이 경우 (나)에서 A~D의 상대 빈도를 모두 더한 값이 100보다 커지는 모순이 생긴다. 따라서 ㉠은 개체 수이고, ㉡은 상대 빈도이다. (가)에서 A와 C의 상대 밀도가 같다고 했으므로 밀도도 같다. 따라서 $x=24$이다.

ㄴ. 대기가 오염될수록 C의 개체 수는 감소한다. 그런데 C의 개체 수가 (가)에서는 24, (나)에서는 12이므로 대기의 오염도는 (가)에서가 (나)에서보다 낮다.

바로 알기

ㄱ. (가)에서 밀도는 B가 가장 크므로 상대 밀도도 B가 가장 크고, 상대 빈도(㉡)도 B가 31 %로 가장 크다. A~D의 피도가 모두 같으므로 상대 피도도 모두 같다. 따라서 (가)에서 우점종은 B이다.

ㄷ. 종 다양성은 종 풍부도와 종 균등도가 높을수록 커진다. 서식하는 식물의 종 수는 (가)와 (나)에서 서로 같지만, 각 종의 분포 비율이 (가)에서가 (나)에서보다 균등하므로 식물의 종 다양성은 (가)에서가 (나)에서보다 높다.

238 생물 다양성   답 ③

알짜 풀이

생물 다양성은 생물종이 갖고 있는 대립유전자가 얼마나 다양한지에 대한 유전적 다양성, 한 지역에 살고 있는 생물의 종 수가 얼마나 다양한지에 대한 종 다양성, 초원, 강, 산림 등 서식 환경이 서로 다른 생태계가 얼마나 다양한지에 대한 생태계 다양성으로 이루어진다.

ㄱ. (가)는 강, 호수, 숲, 협곡, 대초원 등 환경 요인이 서로 다른 다양한 생태계를 의미하는 생태계 다양성이다.

ㄴ. (나)는 종 다양성이다. 종 다양성이 높은 생태계일수록 먹이 그물이 복잡하게 형성되므로 생태계가 안정적으로 유지된다.

바로 알기

ㄷ. (다)는 유전적 다양성이다. ㉠에서 재배 중인 대부분의 감자가 감자잎마름병에 대한 저항성이 없었던 것은 재배 중인 감자 개체군의 유전적 다양성이 낮았기 때문이다.

239 생물 다양성의 보전   답 ⑤

알짜 풀이

ㄱ. 생물 다양성 중 종 다양성은 생태계를 구성하는 생물종의 다양한 정도를 의미하므로 많은 수의 물떼새, 오리, 기러기 등이 찾아오는 것은 종 다양성의 예에 해당한다.

ㄴ. 양식장 개발이나 불법 포획 등의 인간 활동으로 저어새의 서식 환경이 약화되면 저어새를 비롯한 다른 생물의 멸종 가능성을 증가시켜 생물 다양성을 감소시키는 요인이 될 수 있다.

ㄷ. 생물 다양성이 높은 지역을 국립공원으로 지정하여 보호, 관리하는 것은 생물 다양성을 보전하기 위한 노력에 해당한다.

1등급 도전 문제   118~120쪽

| 240 ② | 241 ① | 242 ④ | 243 ⑤ | 244 ③ | 245 ④ |
| 246 ⑤ | 247 ④ | 248 ④ | 249 ① | 250 ⑤ | |

240 생태계 구성 요소 사이의 상호 관계와 에너지 이동   답 ②

알짜 풀이

ㄴ. ⓐ는 생산자(B)에서 분해자로 이동하는 에너지양이므로 생산자의 고사·낙엽량에 해당하며, 고사·낙엽량은 순생산량에 포함되고, 순생산량은 총생산량에 포함된다. 따라서 ⓐ는 총생산량과 순생산량에 모두 포함되는 에너지양이다.

바로 알기

ㄱ. B에서 A로 에너지가 이동하므로 B는 피식자인 생산자, A는 포식자인 소비자이다. 따라서 A와 B는 서로 다른 생물종이므로 서로 다른 개체군을 구성한다.

ㄷ. 1차 천이 과정에서 지의류(생물적 요인)에 의해 암석의 풍화가 일어나 토양(비생물적 요인)의 형성이 촉진되는 것은 ㉡에 해당한다.

241 환경과 생물의 상호 관계   답 ①

알짜 풀이

(가)는 기온이 높은 저위도 지역에 사는 여우일수록 몸집에 비해 귀와 꼬리가 길어지는 것과 관련된 온도, (나)는 수심에 따라 해조류의 분포 차이와 관련된 빛, (다)는 건조한 곳에서 물의 손실을 막기 위한 적응과 관련된 물이다.

ㄱ. ㉠은 ㉡보다 몸집에 비해 귀가 길므로 몸의 부피에 대한 표면적의 비율이 높아 피부를 통한 열의 방출이 효과적으로 일어난다. 따라서 ㉠은 ㉡보다 기온이 높은 곳에 사는 사막여우이다. 수심이 깊은 곳일수록 청색광이 적색광보다 많이 도달하므로 ㉢은 ㉣보다 청색광을 효율적으로 흡수하는 홍조류이다.

바로 알기

ㄴ. 하나의 참나무에서 위쪽과 아래쪽에 있는 잎의 크기가 서로 다른 것은 흡수할 수 있는 빛의 양이 서로 다르기 때문이므로 이 예와 가장 관련이 깊은 환경 요소는 빛(나)이다.

ㄷ. 숲에 생물적 요인인 나무가 우거지면 지표에 도달하는 비생물적 요인인 빛의 세기가 감소하는 것은 생물이 빛(나)에 영향을 미친 예이다.

242 생태계 구성 요소 사이의 상호 관계   답 ④

알짜 풀이

ㄴ. 콩과식물의 뿌리에 공생하는 질소 고정 세균인 뿌리혹박테리아(ⓐ)는 N_2를 NH_4^+(암모늄 이온)으로 전환하여 콩과식물에게 공급한다.

ㄷ. (가)는 ⊙, (나)는 ⓒ이므로 (다)는 ⓑ이다. 지렁이(생물적 요인)에 의해 토양(비생물적 요인)이 비옥해지는 것은 (다)(ⓒ)의 예에 해당한다.

바로 알기

ㄱ. 국화가 가을에 개화하는 것은 비생물적 요인인 빛(일조 시간)이 생물적 요인인 국화에게 영향을 미친 것이므로 (가)는 ⊙이다.

243 생태계 구성 요소와 상호 관계   답 ⑤

알짜 풀이

ㄴ. 말미잘(ⓐ)과 흰동가리(ⓑ)는 서로 다른 생물종이므로 서로 다른 개체군을 구성한다.

ㄷ. 일벌과 여왕벌은 같은 생물종이므로 하나의 개체군을 구성하며, 일벌이 여왕벌에게 먹이를 제공하는 것은 개체군 내의 상호 작용(Ⅰ) 중 사회생활에 해당한다. 그런데 (가)와 (나)는 영양 단계가 서로 다르므로 서로 다른 생물종이다. 따라서 (가)와 (나)는 서로 다른 개체군을 구성하므로 ⓒ은 군집 내 개체군 사이의 상호 작용이다. 말미잘과 흰동가리는 서로 다른 종이므로 Ⅰ과 Ⅱ 중 ⓒ에 해당하는 상호 작용은 Ⅱ이다.

바로 알기

ㄱ. ⊙은 온도가 생물 요소에 영향을 미치는 것이고, 양엽이 음엽보다 잎의 두께가 두꺼운 것은 빛이 생물에 영향을 미친 예이다.

244 생태계 구성 요소 사이의 상호 관계와 질소 순환   답 ③

알짜 풀이

ㄱ. 질소 순환에서 NO_3^-(질산 이온)이 N_2(질소)로 전환되는 탈질소 작용을 통해 비생물적 요인인 대기(공기)로 질소가 이동한다. 따라서 (가)는 비생물적 요인이고, (나)는 생물 군집이다. 질소 순환에서 대기 중의 N_2가 NH_4^+(암모늄 이온)으로 전환되는 질소 고정을 통해 생물 군집으로 질소가 이동하므로 NH_4^+은 ⓐ에 해당한다.

ㄷ. 경쟁과 공생은 모두 생물 군집인 (나)를 구성하는 개체군 사이에서 일어나는 상호 작용에 해당한다.

바로 알기

ㄴ. 수생 식물의 줄기에 통기 조직이 발달해 있는 것은 물이 많은 수생 환경에 대한 적응과 진화의 결과이므로 비생물적 요인이 생물적 요인에 영향을 미치는 ⊙의 예에 해당한다.

245 군집의 천이와 상호 작용   답 ④

자료 분석

알짜 풀이

ㄴ. A는 초본인 토끼풀, B는 양수인 소나무, C는 음수인 참나무이다. 콩과식물인 토끼풀(A)과 질소 고정 세균인 뿌리혹박테리아 사이의 상호 작용은 서로 이익을 주는 상리 공생이므로 Ⅲ은 상리 공생이다. 따라서 Ⅲ의 ⓐ는 '이익'이고, 나머지인 ⓑ는 '손해'이다. ⊙에서 양수림이 혼합림을 거쳐 음수림으로 바뀌며, 이 과정에서 소나무와 참나무가 빛을 두고 경쟁한다. 두 종 사이에 경쟁이 일어나면 두 종이 모두 손해(ⓑ)를 입으므로 Ⅰ~Ⅲ 중 경쟁은 Ⅱ이다.

ㄷ. 참나무와 겨우살이 사이의 상호 작용은 기생이고, 참나무는 손해를 보는 숙주이다. 겨우살이는 참나무로부터 양분을 빼앗아 이익(ⓐ)을 얻는 기생 생물이다.

바로 알기

ㄱ. (가)에서는 개척자가 초본인 토끼풀이다. 따라서 토양이 형성된 이후에 개척자가 초본인 2차 천이가 일어난다.

246 개체군 사이의 상호 작용   답 ⑤

알짜 풀이

ㄱ. Ⅰ은 한 종(포식자, 스라소니)은 이익을 얻고, 다른 종(피식자, 눈신토끼)은 손해를 보는 포식과 피식이고, Ⅱ는 두 종이 모두 손해를 보는 종간 경쟁이다. 따라서 ⊙은 종간 경쟁이고, ⓐ는 '손해', ⓑ는 '이익'이다.

ㄴ. 편리 공생을 하는 두 종 중 한 종은 이익(ⓑ)을 얻고, 다른 종은 이익도 손해도 없다.

ㄷ. Ⅰ(포식과 피식)의 예에서 눈신토끼(피식자)는 스라소니(포식자)에게 잡아먹히며, 이 과정에서 유기물의 형태로 탄소가 이동한다.

247 군집의 천이와 에너지 흐름   답 ④

자료 분석

알짜 풀이

ㄱ. A는 초원, B는 양수림, C는 음수림이므로 (가)에서는 토양이 이미 형성된 후에 2차 천이가 일어났다.

ㄷ. 식물 군집의 생장량, 호흡량, 순생산량, 총생산량 중 1차 소비자의 호흡량이 포함된 유기물량은 순생산량과 총생산량이며, 총생산량은 순생산량과 호흡량의 합이다. 따라서 ⊙은 순생산량, ⓒ은 총생산량이고, 양수림(t_1)일 때의 호흡량은 18, 음수림(t_2)일 때의 호흡량은 45이다. $\dfrac{\text{호흡량}}{\text{순생산량}}$은 음수림($t_2$)일 때가 $\dfrac{45}{15}=3$이고, 양수림(t_1)일 때가 $\dfrac{18}{18}=1$이다.

바로 알기

ㄴ. 극상은 식물 군집이 안정해지는 천이의 최종 단계이므로 이 식물 군집은 음수림(C)에서 극상을 이루었다.

알짜 풀이

총생산량은 생장량, 호흡량, 순생산량을 모두 포함하므로 ㉠~㉢이 모두 아니다. 그런데 순생산량에 생장량이 포함되므로 ㉢은 생장량, ㉡은 순생산량이고, ㉠은 호흡량이다.

ㄴ. 에너지 효율은 1차 소비자가 $\left(\dfrac{x}{1000}\times100\right)(\%)$, 2차 소비자가 $\left(\dfrac{y}{x}\times100\right)$ $(\%)$, 3차 소비자가 $\left(\dfrac{3}{y}\times100\right)(\%)$이다. 3차 소비자의 에너지 효율은 1차 소비자의 2배이고, x와 y 중 하나가 100이므로 $x=100$, $y=15$이다. 따라서 2차 소비자의 에너지 효율은 15 %이다.

ㄷ. 상위 영양 단계로 갈수록 에너지양은 감소($1000 \rightarrow 100(x) \rightarrow 15(y)$ $\rightarrow 3$)한다.

바로 알기

ㄱ. x는 1차 소비자의 에너지양이고, y는 2차 소비자의 에너지양이다. 생산자의 호흡량(㉠)은 상위 영양 단계로 이동하지 않고 열로 방출되므로 x와 y는 모두 생산자의 호흡량(㉠)에 포함되지 않는다.

자료 분석

지역	(가)			(나)		
종	A	B	C	A	B	C
밀도 ㉠	10	50	140	?60	82	58
상대 피도 ㉡	13	25	x 62	19	22	y 59
빈도 ㉢	0.90	0.26	0.84	?0.90	0.48	0.62

(가)에서보다 상대 밀도가 6배임

비율이 서로 맞지 않음
(가)에서와 피도가 같음
∴㉡은 상대 피도

알짜 풀이

(가)에서 A~C의 ㉠을 모두 더한 값은 100보다 크고, ㉢을 모두 더한 값은 1보다 크므로 ㉠과 ㉢은 상대 빈도와 상대 피도는 아니고 각각 빈도와 밀도 중 서로 다른 하나이다. 그런데 밀도는 단위 면적당 특정 종의 개체 수이고, 빈도는 전체 방형구 수 중 특정 종이 출현한 방형구 수의 비율이다. 따라서 ㉠은 밀도이고, ㉢은 빈도이다. (가)에서 A~C의 빈도(㉢)와 ㉡을 비교해 보면 서로 비율이 맞지 않으므로 ㉡은 상대 피도이고, (가)와 (나)에서 각각 A~C의 상대 피도를 모두 더한 값은 100(%)이므로 $x=62$, $y=59$이다.

ㄱ. (가)와 (나)에서 A~C의 피도를 모두 더한 값은 서로 같은데 A의 상대 피도(㉡)가 서로 다르므로 A의 피도도 서로 다르다. 따라서 A는 빈도가 (가)와 (나)에서 같으므로 (나)에서 A의 빈도(㉢)는 0.90이다. A의 상대 밀도는 (나)에서가 (가)에서의 6배이므로 (나)에서 A의 밀도(㉠)는 60이다. 중요치(상대 밀도＋상대 빈도＋상대 피도)가 (가)에서는 A가 5＋45＋13＝63, B가 25＋13＋25＝63, C가 70＋42＋62＝174이고, (나)에서는 A가 30＋45＋19＝94, B가 41＋24＋22＝87, C가 29＋31＋59＝119이므로 (가)와 (나)에서 우점종은 모두 C이다.

바로 알기

ㄴ. (나)에서 $\dfrac{\text{A의 상대 밀도}}{\text{B의 상대 밀도}}=\dfrac{30}{41}$이고, $\dfrac{y}{x}=\dfrac{59}{62}$이다.

ㄷ. 서식하는 식물의 종 수는 (가)와 (나)에서 각각 3종으로 같지만, 각 종(A~C)의 분포 비율이 (나)에서가 (가)에서보다 균등하므로 식물의 종 다양성은 (나)에서가 (가)에서보다 높다.

자료 분석

합이 100보다 큼
⇨ ㉠은 개체 수

구분		A	B	C	D
Ⅰ	㉠	45	35	40	30
	㉡	?30	16	40	14
Ⅱ	㉠	20	20	?0	10
	㉡	25	40	?0	?35

D의 상대 밀도가 $\dfrac{1}{5}$이어야 함

알짜 풀이

ㄱ. Ⅰ에서 A~D의 상대 밀도를 모두 더한 값, 상대 빈도를 모두 더한 값, 상대 피도를 모두 더한 값은 각각 100(%)으로 서로 같다. 그런데 Ⅰ에서 A~D의 ㉠을 모두 더한 값은 100보다 크므로 ㉠은 개체 수이고, Ⅰ에서 A~D의 개체 수(㉠)가 모두 서로 다르고, 개체 수의 비율이 ㉠과 ㉡에서 서로 맞지 않으므로 ㉡과 ㉢은 각각 상대 빈도와 상대 피도 중 서로 다른 하나이다. 따라서 Ⅰ의 A는 ㉡이 30이고, ㉢은 상대 밀도이다. Ⅰ에서 우점종은 중요치가 가장 큰 C이고, C의 중요치는 약 26.7(상대 밀도)＋40(㉡)＋25(㉢)＝91.7이다.

ㄴ. Ⅰ과 Ⅱ에서 D의 상대 밀도(㉢)는 같으며, Ⅰ에서 D의 상대 밀도는 $\dfrac{30}{45+35+40+30}=\dfrac{30}{150}=\dfrac{1}{5}$이다. Ⅱ에서 C의 개체 수(㉠)를 x라고 하면, D의 상대 밀도는 $\dfrac{10}{20+20+x+10}=\dfrac{1}{5}$이므로 $x=0$이다. 따라서 Ⅰ에는 4종의 식물이 서식하지만, Ⅱ에는 3종의 식물이 서식하므로 식물의 종 다양성은 Ⅰ에서가 Ⅱ에서보다 높다.

ㄷ. Ⅰ에 4종의 식물이 서식하는 것은 종 다양성(가)에 해당한다. 따라서 (나)는 개체군 내 서로 다른 개체 사이의 유전자 차이에 의해 나타나는 유전적 다양성이다.

메가스터디 고등 학습 시리즈

메가스터디 N제

과학탐구영역 생명과학 I

정답 및 해설

메가스터디BOOKS

내용 문의 02-6984-6915 | 구입 문의 02-6984-6868,9 | www.megastudybooks.com